国家科学技术学术著作出版基金资助出版

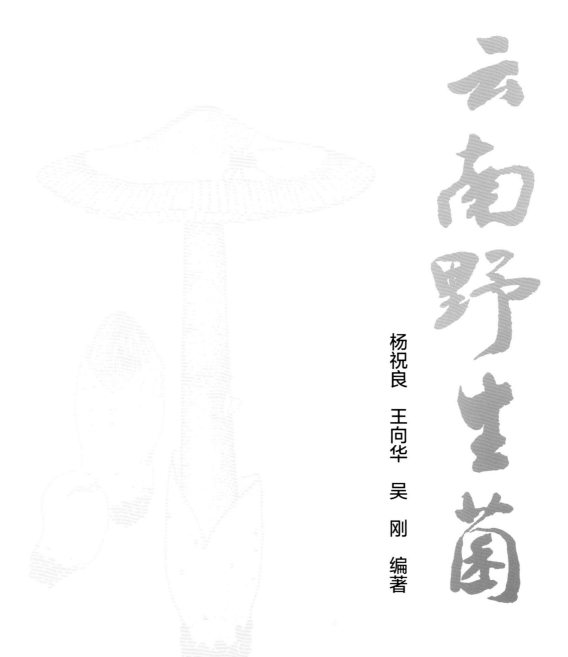

云南野生菌

杨祝良　王向华　吴　刚　编著

科学出版社
北　京

Mushrooms of Yunnan

Zhu-Liang Yang   Xiang-Hua Wang   Gang Wu

Science Press
Beijing

图书在版编目（CIP）数据

云南野生菌 / 杨祝良，王向华，吴刚编著. — 北京：科学出版社，2022.7
ISBN 978-7-03-072402-1

Ⅰ. ①云… Ⅱ. ①杨… ②王… ③吴… Ⅲ. ①野生植物 – 食用菌 – 介绍 – 云南
Ⅳ. ① Q949.3

中国版本图书馆CIP数据核字（2022）第090137号

责任编辑：李秀伟　白　雪 / 责任校对：郑金红
责任印制：吴兆东 / 书籍设计：北京美光设计制版有限公司

科 学 出 版 社 出版

北京东黄城根北街16号
邮政编码：100717
http://www.sciencep.com

北京捷迅佳彩印刷有限公司 印刷
科学出版社发行　各地新华书店经销
＊

2022年7月第 一 版　开本：787×1092 1/16
2022年10月第二次印刷　印张：24 1/2
字数：581 000

定价：368.00元
（如有印装质量问题，我社负责调换）

内容简介 Summary

云南省位于中国西南边陲，地形复杂，气候多样，土壤类型各异，植被繁丰。该区孕育了色彩斑斓的大型真菌，当地群众称之为"野生菌"。野生菌具有重要的生态价值和经济价值。本书选择性地收录了云南热带、亚热带、亚高山温带及高山寒温带分布的548种重要或有代表性的大型子囊菌和担子菌，每种均附有原生境彩图、特征描述、生境分布及生态经济价值信息。书末附参考文献及汉名和拉丁名索引。

本书可供真菌资源开发利用人员、毒菌中毒预防工作者、蘑菇爱好者、真菌研究人员及大专院校有关专业师生参考。

The complicated topography and geography, highly variable climate, and luxuriant vegetation and soil in Yunnan Province, southwestern China, provide a wide variety of favorable niches for the growth of fungi, called "wild fungi" or "wild mushrooms" by the local people. Wild mushrooms are of ecological and economic value. In total, 548 species of mushrooms were selected to represent ascomycetes and basidiomycetes distributed in tropical, subtropical, temperate subalpine and cold temperate alpine areas in Yunnan. They are documented by color photos of mushrooms in nature and descriptions of their macro- and micromorphological characteristics. Information on habitat, distribution, ecological and economical values of the species is given. References, and indexes to the Chinese and Latin names of the mushrooms are provided.

The book is intended to serve as a reference for people who are interested in the development and utilization of fungal resources, for workers in mushroom-poison prevention and control, for people who are interested in mushrooms, and for mycologists, university and college teachers and students carrying out studies in related fields.

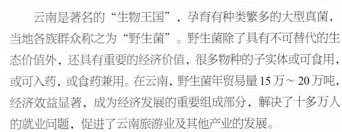

前 言

Preface

  云南是著名的"生物王国"，孕育有种类繁多的大型真菌，当地各族群众称之为"野生菌"。野生菌除了具有不可替代的生态价值外，还具有重要的经济价值，很多物种的子实体或可食用，或可入药，或食药兼用。在云南，野生菌年贸易量 15 万～20 万吨，经济效益显著，成为经济发展的重要组成部分，解决了十多万人的就业问题，促进了云南旅游业及其他产业的发展。

  云南丰富的野生菌资源吸引了众多国内外学者的目光，不少真菌学家对该区及周边地区的真菌开展过多次考察、采集和研究。早在 19 世纪末和 20 世纪初，欧洲的传教士等就曾对云南的真菌进行过零星采集或研究。20 世纪以来，我国的研究人员对云南的真菌开展了大量的研究，取得了重要而丰硕的成果，为认识云南的大型真菌奠定了坚实基础。

  正确识别野生菌是对其开发利用、毒菌中毒防治、物种有效保护等所有工作的基础。近 30 年来，在国家级和省部级各类项目特别是国家自然科学基金、云南省自然科学基金、中国科学院有关基金的资助下，作者对云南野生菌进行了野外考察、标本采集和分类鉴定，对该区的野生菌有了新的认识。为将有关成果总结发表，2019 年作者为《云南野生菌》一书申请了国家科学技术学术著作出版基金，次年本书有幸获得了该出版基金的资助。结合国内外同行对该区野生菌研究的最新成果，本书有选择地收录了云南具有代表性的重要大型真菌，旨在让读者了解"真菌王国"的概貌，激发青年读者研究真菌的热忱，开展更为系统深入的研究，揭示这一"神秘王国"的科学奥秘，为可持续利用和有效保护这类生物资源服务。

本书记载云南野生菌共计 548 种，隶属 25 目 90 科 217 属，其中 22 个属的科级分类地位尚未确定。依据生态价值和经济价值划分，外生菌根菌 296 种，腐生菌 208 种，寄生菌 12 种，食用菌 206 种，药用菌 46 种，毒菌 108 种，部分种的价值尚不明确，有待今后研究。

需要重点指出的是，有些毒菌和食用菌的外形往往非常相似，十分容易混淆，只有专业人员借助专业手段方能准确区分。不可因为某个野生菌看上去与书中某种食用菌相似就以为可以食用，更不可将本书作为采集野生食用菌的指南或依据。本书旨在传播真菌科学知识，而非促使读者采食野生菌。因此，不熟知的野生菌千万不要吃！只吃熟知的食用菌！作者对读者误食毒菌中毒及其一切后果不承担任何法律责任。

书中的物种涉及子囊菌和担子菌。在编排中，子囊菌门放前，担子菌门放后。在各门内，先按物种所属的分类阶元"目"进行归类，各目按目的拉丁名字母顺序排列。在各目内，各物种再按其科、属和种的拉丁名字母顺序排列。

在调查和研究中，作者得到了许多同仁的大力支持和热心帮助，他们是陈作红、戴玉成、郭林、胡华斌、李方、李海蛟、李树红、李泰辉、林文飞、刘培贵、苏鸿雁、图力古尔、王云、谢立璟、姚一建、于富强、臧穆、张平、赵永昌、庄文颖等。作者所在研究团队中的许多同事和研究生提供了标本和照片，他们是蔡箐、曹书琴、崔杨洋、丁晓霞、冯邦、葛再伟、龚赛、韩利红、郝艳佳、何正蜜、贾留坤、简四鹏、李静、李艳春、梁俊峰、刘菲菲、刘建伟、刘晓斌、罗宏、吕李云娇、孟欣、秦姣、唐丽萍、王庚申、王攀蒙、武揆、徐鑫、苑鹏成、曾念开、赵宽、赵琪、周生文、朱学泰等。杨祝庆为本书题写了书名。曾孝濂为本书绘制封底插图。本工作得到云南省"万人计划"云岭学者人才专项、云南省"万人计划"青年拔尖人才专项、云南省生态环境厅项目、生态环境部"生物多样性调查与评估"项目（2019HJ2096001006）的资助，在中国科学院昆明植物研究所东亚植物多样性与生物地理学重点实验室和云南省真菌多样性与绿色发展重点实验室完成。作者对上述个人及单位致以诚挚的谢意！

云南的野生菌物种极为丰富，在标本鉴定和甄选物种时，作者虽反复斟酌和推敲，但书中一定还有不少错误和遗漏，敬请读者批评指正，以便今后修订和完善。

作　者
2022 年夏

目 录
Contents

第一章
云南野生菌概况
CHAPTER ONE
Brief introduction to
mushrooms of Yunnan
1

第二章
野生菌形态特征
CHAPTER TWO
Morphology of mushrooms
7

第三章
云南野生菌物种
CHAPTER THREE
Mushroom species of Yunnan
13

第一节
子囊菌门
Section one
Ascomycota
14

柔膜菌目　Helotiales ·················15
　耳盘菌科　Cordieritidaceae ·················15
肉座菌目　Hypocreales ·················15
　麦角菌科　Clavicipitaceae ·················15
　虫草科　Cordycipitaceae ·················16
　线虫草科　Ophiocordycipitaceae ·············16
锤舌菌目　Leotiales ·················18
　锤舌菌科　Leotiaceae ·················18
盘菌目　Pezizales ·················19
　平盘菌科　Discinaceae ·················19
　马鞍菌科　Helvellaceae ·················21
　羊肚菌科　Morchellaceae ·················25

盘菌科　Pezizaceae ·······················27

火丝菌科　Pyronemataceae ·················29

根盘菌科　Rhizinaceae ·····················33

肉杯菌科　Sarcoscyphaceae ···············33

肉盘菌科　Sarcosomataceae ···············39

疣杯菌科　Tarzettaceae ····················40

块菌科　Tuberaceae ·······················40

丛耳科　Wynneaceae ······················42

星裂盘菌目　Phacidiales ···················43

星裂盘菌科　Phacidiaceae ················43

格孢腔菌目　Pleosporales ·················44

竹黄科　Shiraiaceae ·······················44

斑痣盘菌目　Rhytismatales ···············45

地锤菌科　Cudoniaceae ··················45

炭角菌目　Xylariales ·······················46

炭团菌科　Hypoxylaceae ·················46

炭角菌科　Xylariaceae ···················46

第二节
担子菌门
Section two
Basidiomycota
48

蘑菇目　Agaricales ·······················49

蘑菇科　Agaricaceae ······················49

鹅膏科　Amanitaceae ······················64

双环菇科　Biannulariaceae ···············77

粪伞科　Bolbitiaceae ······················77

美孢菌科　Callistosporiaceae ············78

丝膜菌科　Cortinariaceae ·················78

靴耳科　Crepidotaceae ····················82

粉褶蕈科　Entolomataceae ···············83

轴腹菌科　Hydnangiaceae ················88

蜡伞科　Hygrophoraceae ·················92

层腹菌科　Hymenogastraceae ···········96

丝盖伞科　Inocybaceae ··················102

马勃科　Lycoperdaceae ·················105

离褶伞科　Lyophyllaceae ··················107

大囊伞科　Macrocystidiaceae ··················117

小皮伞科　Marasmiaceae ··················117

小菇科　Mycenaceae ··················119

类脐菇科　Omphalotaceae ··················121

膨瑚菌科　Physalacriaceae ··················124

侧耳科　Pleurotaceae ··················135

光柄菇科　Pluteaceae ··················137

小脆柄菇科　Psathyrellaceae ··················140

假杯伞科　Pseudoclitocybaceae ··················145

扇菇科　Sarcomyxaceae ··················146

裂褶菌科　Schizophyllaceae ··················146

球盖菇科　Strophariaceae ··················147

口蘑科　Tricholomataceae ··················154

假脐菇科　Tubariaceae ··················162

科位置未定属种 Incertae sedis ··················163

淀粉伏革菌目 Amylocorticiales ··················176

淀粉伏革菌科 Amylocorticiaceae ··················176

木耳目 Auriculariales ··················177

木耳科 Auriculariaceae ··················177

科位置未定属种 Incertae sedis ··················179

牛肝菌目 Boletales ··················180

牛肝菌科 Boletaceae ··················180

微牛肝菌科 Boletinellaceae ··················232

双囊菌科 Diplocystidiaceae ··················232

铆钉菇科 Gomphidiaceae ··················233

圆孔牛肝菌科 Gyroporaceae ··················235

拟蜡伞科 Hygrophoropsidaceae ··················236

桩菇科 Paxillaceae ··················237

须腹菌科 Rhizopogonaceae ··················237

硬皮马勃科 Sclerodermataceae ··················239

乳牛肝菌科 Suillaceae ··················241

小塔氏菌科 Tapinellaceae··················245

鸡油菌目 Cantharellales ⋯⋯⋯⋯⋯⋯⋯245

    齿菌科 Hydnaceae ⋯⋯⋯⋯⋯⋯⋯245

地星目 Geastrales ⋯⋯⋯⋯⋯⋯⋯⋯⋯253

    地星科 Geastraceae ⋯⋯⋯⋯⋯⋯⋯253

钉菇目 Gomphales ⋯⋯⋯⋯⋯⋯⋯⋯⋯254

    棒瑚菌科 Clavariadelphaceae ⋯⋯⋯⋯⋯254

    钉菇科 Gomphaceae ⋯⋯⋯⋯⋯⋯⋯256

    木瑚菌科 Lentariaceae ⋯⋯⋯⋯⋯⋯263

锈革孔菌目 Hymenochaetales ⋯⋯⋯⋯⋯264

    锈革孔菌科 Hymenochaetaceae ⋯⋯⋯⋯264

辐片包目 Hysterangiales ⋯⋯⋯⋯⋯⋯⋯265

    鬼笔腹菌科 Phallogastraceae ⋯⋯⋯⋯265

莲叶衣目 Lepidostromatales ⋯⋯⋯⋯⋯266

    莲叶衣科 Lepidostromataceae ⋯⋯⋯⋯266

鬼笔目 Phallales ⋯⋯⋯⋯⋯⋯⋯⋯⋯266

    鬼笔科 Phallaceae ⋯⋯⋯⋯⋯⋯⋯266

多孔菌目 Polyporales ⋯⋯⋯⋯⋯⋯⋯⋯269

    拟层孔菌科 Fomitopsidaceae ⋯⋯⋯⋯269

    灵芝科 Ganodermataceae ⋯⋯⋯⋯⋯270

    树花孔菌科 Grifolaceae ⋯⋯⋯⋯⋯274

    炮孔菌科 Laetiporaceae ⋯⋯⋯⋯⋯274

    皱孔菌科 Meruliaceae ⋯⋯⋯⋯⋯⋯276

    革耳科 Panaceae ⋯⋯⋯⋯⋯⋯⋯276

    多孔菌科 Polyporaceae ⋯⋯⋯⋯⋯277

    绣球菌科 Sparassidaceae ⋯⋯⋯⋯⋯282

红菇目 Russulales ⋯⋯⋯⋯⋯⋯⋯⋯⋯283

    地花孔菌科 Albatrellaceae ⋯⋯⋯⋯⋯283

    耳匙菌科 Auriscalpiaceae ⋯⋯⋯⋯⋯286

    瘤孢孔菌科 Bondarzewiaceae ⋯⋯⋯⋯287

    猴头菌科 Hericiaceae ⋯⋯⋯⋯⋯288

    红菇科 Russulaceae ⋯⋯⋯⋯⋯⋯289

糙孢革菌目 Thelephorales ⋯⋯⋯⋯⋯⋯338

    坂氏齿菌科 Bankeraceae ⋯⋯⋯⋯⋯338

糙孢革菌科 Thelephoraceae ·······················341

银耳目 Tremellales ································343

　耳包革科 Naemateliaceae ·······················343

　银耳科 Tremellaceae ································344

拟胶瑚菌目 Tremellodendropsidales ···········347

　拟胶瑚菌科 Tremellodendropsidaceae ······347

黑粉菌目 Ustilaginales ·······················347

　黑粉菌科 Ustilaginaceae ·······················347

参考文献
REFERENCES
348

附录
APPENDIX
352

真菌汉名索引
INDEX OF CHINESE NAMES OF FUNGI
363

真菌拉丁名索引 I
INDEX OF LATIN NAMES OF FUNGI I
369

真菌拉丁名索引 II
INDEX OF LATIN NAMES OF FUNGI II
374

第一章

云南野生菌概况

CHAPTER ONE

Brief introduction to mushrooms of Yunnan

云南省地处中国西南边陲，其地形地貌复杂，海拔高差巨大，立体气候显著，土壤类型各异，热带、亚热带、亚高山温带及高山寒温带植被类型兼有。受印度洋和太平洋两支暖湿气流的影响，全省雨量充沛，雨热同季，生态环境优越，是各种生态类型的野生菌生息繁衍的理想地区。该区孕育了众多形态各异、色彩斑斓的大型真菌，当地各族群众称之为"野生菌"（顾建新，2015；孙达锋等，2021），以便与栽培的"人工菌"相区别。

第一节　云南野生菌物种多样性研究历史简介

由于该区野生菌物种极其丰富，研究和认识这些野生菌，是对其开发利用、毒菌中毒防治、物种有效保护等所有工作的出发点和重要基础。过去，不少真菌学家对该区及周边地区的真菌都开展过多次考察、采集和研究。

早在 19 世纪末和 20 世纪初，欧洲的传教士们（如 A.P.J.M. Delavay、P.P.G. Farges、H.R.E. Handel-Mazzetti 等）就对中国西南的真菌进行过采集，标本被寄送到欧洲有关大学或科研院所，并经有关专家研究和发表。在这些标本中，有些现仍保存在欧洲，如奥地利维也纳大学植物研究所标本室（WU），有些几经辗转从欧洲漂洋过海到了美国，如当时在我国云南、四川采集的一部分真菌标本，目前就保存在美国哈佛大学隐花植物标本室（FH）。用现代真菌学研究方法，对这些标本重新进行研究，对于正确认识我国西南地区真菌多样性十分必要。

20 世纪早期，我国的真菌学家开始对中国西南特别是云南的真菌进行研究。戴芳澜、裘维蕃、周家炽等在三四十年代极为艰苦的条件下，对该区真菌研究做出了开拓性的工作。《中国的真菌》（邓叔群，1963）和《中国真菌总汇》（戴芳澜，1979）是我国真菌分类研究中具有里程碑意义的巨著，其中大量的记载就涉及云南的真菌。

20 世纪 70 年代以来，我国一些真菌研究人员对该区进行了一定规模的真菌科学考察和专题调查，取得了许多重要的研究成果，出版了一系列专著，如《云南食用菌》（张光亚，1984）、《云南食用菌与毒菌图鉴》（郑文康，1988）、《西南地区大型经济真菌》（应建浙和臧穆，1994）、《横断山区真菌》（臧穆等，1996）、《中国常见食用菌图鉴》（张光亚，1999）、*Higher Fungi of Tropical China*（Zhuang, 2001）、《云南野生商品蘑菇图鉴》（王向华等，2004）、《滇中地区常见大型真菌》（张颖和欧晓昆，2013）、《中国大型真菌彩色图谱》（袁明生和孙佩琼，2013）、《中国大型菌物资源图鉴》（李玉等，2015）、《西南大型真菌 I》（桂明英等，2016）、《中国药用真菌》（吴兴亮等，2013）、《画说云南野生菌》（孙达锋等，2021）、*The Boletes of China: Tylopilus s.l.*（Li & Yang, 2021）、《中国小菇科真菌图志》（图力古尔等，2021）和《中国西南地区常见食用菌和毒菌》（杨祝良等，2021）。在这些书中对云南的野生菌或大型真菌都有报道。

近 30 年来，在国家及省部级各类研究项目特别是国家自然科学基金杰出青年科学基金项目、国家自然科学基金重大国际合作研究项目、国家自然科学基金 - 云南联合基金重点项目、生态环境部"生物多样性调查与评估"等项目的资助下，作者及其团队成员对云南野生菌发生的主要县市开展了广泛的科学考察，采集真菌标本 50 000 余份，制备用于提取 DNA 的材料 40 000 余份，分离菌株 3000 株，拍摄真菌生境照片 10 万余张，为国内外同行研究云南的野生菌提供了标本、资料和图片（如 Wang & Yao, 2005; Binder & Hibbett, 2006; Zhuang & Yang, 2008; Li & Guo, 2009; Wu *et al.*, 2016; Cui *et al.*, 2018; Reschke *et al.*, 2018; Han *et al.*, 2020; Huang *et al.*, 2020; Mu *et al.*, 2021; Wang *et al.*, 2021）。

第二节 云南野生菌的种类组成

经过数代人一个多世纪的研究，人们对云南的野生菌已经有了一个大致的认识。就现有研究成果看，云南的野生菌具有以下特点。

物种资源十分丰富，在国内首屈一指：云南野生菌种类多，分布广，产量大（张光亚，1984）。据统计，云南野生菌有 124 科 599 属 2753 种，占全国已知大型真菌总数的 57.4%（杨祝良等，2017）。其中，云南野生食用菌有 900 种，占世界食用菌物种数的 36%，占中国食用菌物种数的 90%（杨祝良等，2017；Wu et al., 2019；Li et al., 2021；孙达峰等，2021）。

区域物种特色鲜明：由于云南地跨热带和亚热带，同时境内又有亚高山温带和高山寒温带气候类型，野生食用菌的种类南北有异，这是我国其他省份所不能媲美的。在滇南低海拔的热带和南亚热带地区，重要的野生食用菌有暗褐脉柄牛肝菌、环柄韧伞、细鳞韧伞、真根蚁巢伞、白蚁谷堆蚁巢伞、灰肉红菇、细柄丝膜菌等。人们熟知的野生食药用菌，如松茸（松口蘑）、牛肝菌、枝瑚菌、乳菇、红菇、羊肚菌等主要分布在滇中和滇西北的林中，而喜山丝膜菌、黄褐鹅膏、假红汁乳菇、横断山乳菇、冷杉乳菇、云杉乳菇、网盖牛肝菌、环柄蜡伞、老君山线虫草、中华肉球菌等仅见于亚高山地区，药用菌冬虫夏草仅生于亚高山 - 高山草甸上。

新的种类有待挖掘：在云南的野生真菌中，仅蘑菇目和牛肝菌目的真菌迄今已知上千种，但大多数种的经济价值尚不明确，有待研究。另外，野生食用菌新物种近年来时有发现，如玫黄黄肉牛肝菌、彝食黄肉牛肝菌、白牛肝菌、薄囊体多汁乳菇、热带中华多汁乳菇、草鸡纵、云南硬皮马勃、鸡肾须腹菌等都是近年来在云南发现的新的野生食用菌物种。

人们说云南是"生物王国"。然而，这主要是根据动植物的研究成果而提出来的。云南到底有多少种真菌？有多少个特有种？这仍然是个谜。曾有研究估计一个地区的真菌物种数量至少是该地区维管植物的 6 倍（Hawksworth, 1991）。云南已知维管植物 17 427 种（高正文和孙航，2017），若按这个比例估算，云南至少应有 104 562 种真菌。据统计，迄今云南已知的真菌总数为 7200 余种。也就是说，云南已知真菌物种数仅占估计物种总数的 6.89%，有大量的新物种等待研究人员去发现。近年来，人们在研究云南野生菌时发现的一批批新物种和新资源就是有力例证（如 Cui et al., 2018; Han et al., 2020; Sun et al., 2020; Wang et al., 2020; He & Yang, 2021）。研究和认识云南真菌的多样性任重而道远。

第三节 云南野生菌的来龙去脉

该区地质变迁历史复杂，印度板块与亚洲大陆的碰撞、喜马拉雅山脉急剧隆起、青藏高原迅速抬升、横断山脉快速形成及第四纪冰川的进退和动植物的剧烈演化，加之南亚季风和东亚季风带来的丰沛降雨，都对该区真菌物种的发生和扩散、区系的形成和维持产生了深刻影响。

云南是三个世界级的生物多样性热点地区的交汇区。在南部，特别是北回归线以南的地区，高等真菌区系与世界热带真菌区系有着广泛的联系（杨祝良和臧穆，2003；Yang，2005）。毛杯菌属、歪盘菌属、波皮革菌属、小孔菌属、蚁巢伞属、绿褶托菇属等都是典型的热带分布的属。该区真菌具有明显的热带性质，主要有泛热带成分、热带亚洲 - 热带非洲成分和热带亚洲成分。在中部和北部，北温带成分明显，如乳菇属、红菇属、香蘑属、乳牛肝菌属、粉孢牛肝菌属、疣柄牛肝菌属、丝膜菌属、钝孔菌属、地花孔菌属等属的许多物种都分布于此。其他一些北温带或欧亚广布的物种，如梯棱羊肚菌、多色光柄菇、云杉乳菇、红孢牛肝菌、松口蘑等交汇于滇中和滇西北地区。某些东亚 - 北美间断分布的物种，如小托柄鹅膏、美洲乳牛肝菌、哈里牛肝菌、大孢地花孔菌等都是云南高原常见的物种。

云南还荟萃了大量本地或东亚的特有种，如美味蜡伞、翘鳞褶孔牛肝菌、虎皮乳牛肝菌、酒红蜡蘑、云南蜡蘑、斑柄红菇、黄丝盖伞、细柄丝膜菌、纤细乳菇、栲裂皮红菇、西藏木耳、高地口蘑等。

近年来，利用分子生物地理学的研究方法，科研人员研究了少数代表性大型真菌的起源演化，使人们对这些真菌的由来有了较为清晰的把握。例如，羊肚菌属（*Morchella*）可能在晚侏罗纪至早白垩纪（1.54 亿～ 1.23 亿年前）起源于北美洲西部，多数物种可能通过白令陆桥传播至亚洲，并且欧亚物种之间通过扩散进行过交流；晚中新世时，气候的变化特别是干旱导致了北美洲和欧洲两地区部分物种灭绝，生境破碎化引起部分异域物种形成；物种分化与青藏高原抬升有密切联系，东亚约 90% 的物种是自中新世中期至今分化出来的（Du *et al.*, 2012）。

松塔牛肝菌属（*Strobilomyces*）可能起源于非洲，起源时间不晚于始新世早期（5000 万年前），之后借助"北方热带森林"扩散至东南亚，形成了非洲 - 东南亚古热带间断分布格局；渐新世间，该属物种从东南亚向北和向南分别扩散至东亚和澳大拉西亚；中新世期间，通过白令陆桥和中国东海陆桥迁移及中新世中期至今气候变化驱动的隔离分化等，形成了东亚 - 北美和亚洲大陆 - 日本的间断分布格局（Han *et al.*, 2018）。

平菇物种复合群（*Pleurotus ostreatus* complex）的祖先可能在始新世晚期（3900 万年前）起源于东亚 - 喜马拉雅山地区，其生长基质是松科、壳斗科等针叶林和阔叶林中腐木。此后，由于青藏高原快速抬升和晚始新世全球气候变冷而分化为两个主要分支，借助白令陆桥或经欧洲通过北大西洋陆桥传播至北美洲。中新世晚期全球气候进一步变冷变干和第四纪冰期生境破碎化，加速该复合群内的遗传分化。在约 600 万年前，在青藏高原和中亚这个巨大熔炉中，逐步进化出了适应干旱环境的亚支系，荒漠中伞形科植株的残余成为"平菇后裔"的生长基质。特别是在中亚广大地区，通过利用春季冰雪融化水分，"平菇后裔"在极短的时间内，以荒漠、半荒漠中的伞形科阿魏属、刺芹属等植物根茎残骸为营养基质，完成生长发育，达到繁衍目的（Li *et al.*, 2020）。

由此可见，不同真菌类群的起源演化和迁移传播方式可能大相径庭，不可一概而论。云南野生菌的来龙去脉尚待进一步研究和揭示。

第四节　云南野生菌生态价值和经济价值

生态价值巨大：野生菌具有重要的生态价值。按营养方式的不同，真菌大致可分为共生型、腐生型和寄生型，各类真菌各司其职。真菌与植物的菌根共生是植物界与真菌界最重要的界间生物相互作用（Genre *et al.*, 2020），菌根为宿主植物提供水分及氮、磷、钾等矿质元素，提高宿主植物的抗逆能力（Smith & Read, 2008）。在很大程度上，菌根真菌的多样性决定了植物的多样性、生态系统的稳定性和生产力（van der Heijden *et al.*, 1998）。腐生型真菌分解森林中的植物残余，实现物质循环和能量流动（魏玉莲，2021）。寄生型真菌对维护生态系统中某些成员的动态平衡起着微妙的作用。真菌在森林生态系统的建立、演替、平衡、物质循环和能量流动等方面发挥着极其重要的作用，真菌多样性的丧失会直接影响森林生态系统的稳定和安全

（梁宇等，2002；严东辉和姚一建，2003；McGuire *et al.*, 2010; Rambold *et al.*, 2013）。

食药用价值高：很多野生菌的子实体或可食用，或可入药，或食药兼用。国际上被誉为菌中珍品的松茸（松口蘑）、块菌、鸡油菌、鸡枞（蚁巢伞）、松乳菇等在云南皆产。除此之外，干巴菌、玫黄黄肉牛肝菌（白葱）、白牛肝菌（白牛肝）、茶褐新牛肝菌（黑牛肝）、薄囊体多汁乳菇（奶浆菌）等风味独特、家喻户晓的野生食用菌却是欧美所缺乏的。冬虫夏草菌、中华肉球菌、竹黄、白肉灵芝、皱盖血乌芝是云南极具特色的药用菌，生境特殊，资源稀缺，价格不菲。

据估计，云南野生食用菌自然年产量 50 万吨以上，年贸易量 15 万～20 万吨，占全国野生食用菌市场份额的 70%。在云南，每年与野生菌有关的采集、销售、收购、加工、出口等产业均产生了明显的经济效益，不但成为地方经济发展的新的增长点，而且解决了十多万人的就业问题，加快了云南旅游业及其他产业的发展。预计，2022 年云南省食用菌综合产值有望达到 1000 亿元。

在云南，既有丰富多彩的美味野生食用菌，又有形形色色的毒菌，有的甚至是剧毒的。由于许多毒菌的外形与食用菌十分相似，稍不注意，就会误将毒菌当作食用菌采收、出售、食用。误食毒蘑菇，轻则损害人体健康，重则危及人的生命。在云南，几乎每年都有因误食毒蘑菇而中毒甚至死亡的事故发生。因此，在开发利用野生食用菌时，要严格区分毒菌和食用菌，加强野生食用菌知识的普及，大力宣传毒菌辨识知识，防止误采、误食毒菌（杨祝良等，2021）。

第五节　云南野生菌资源持续利用和有效保护

严防野生食用菌资源过度采集：许多野生食用菌目前尚不能人工栽培，自然产量有限。有的野生菌由于过度采集年产量已经出现下降态势。要确保真菌的再生能力，方能持续利用。要采取有效的统一管理，"采""养"结合，严禁"连根刨""一锅端"的掠夺性采摘行为（杨祝良，2002；高正文和孙航，2021）。特别要有意留下若干成熟个体，使野生菌顺利完成生活史，为正常繁衍提供保障。

加强产品深加工，提高产品附加值：云南野生食用菌产菇高峰季节在每年的 6～9 月。许多野生食用菌因不能及时加工，货源积压，价格低迷，继而导致大量野生菌腐烂在山林中造成资源浪费。改进野生菌加工技术和加快新产品研发，实现多产品、多规格、精包装，提高产品附加值，才能充分发挥资源优势。

着力野生食用菌驯化栽培和人工促繁研究：共生型野生食用菌，如松茸、牛肝菌、鸡枞（蚁巢伞）等，目前尚不能人工栽培，只能完全依赖于自然产量。有的腐生型或寄生型野生食用菌，如金耳、羊肚菌、暗褐脉柄牛肝菌、白参（裂褶菌）等云南特色真菌已被驯化并可人工栽培。个别的共生型食用菌如块菌、松乳菇可以通过培育菌根苗建立种植园的方法实现人工栽培，但产量尚不稳定。对于云南野生菌的驯化和促繁，应基于不同物种各自的生物学特性，充分利用云南独特的立体气候条件，筛选出适宜不同地区栽培的物种和品种。对部分名贵野生食用菌如松茸、块菌和干巴菌需要开展人工促繁研究，建立和完善菌根苗合成技术体系，构建菌根苗种植基地，研发生态干预增产技术等（苏开美和赵永昌，2007）。利用"人工促繁""包山养菌"等方式开展野生菌增产试验，提高野生食用菌产量和质量，实现高原农业向高端农业的转变。

第二章

野生菌
形态特征

CHAPTER TWO

Morphology

of

mushrooms

"野生菌"属于大型真菌的范畴,即产生"肉眼可见,徒手可采"的个体——子实体(fruit body)的一类真菌。子囊菌的子实体称为子囊果,担子菌的子实体称为担子果。子实体的形态多样,最为常见的是牛肝菌和伞菌。掌握一些基本的形态术语(图1),有助于理解此类真菌的形态特征。

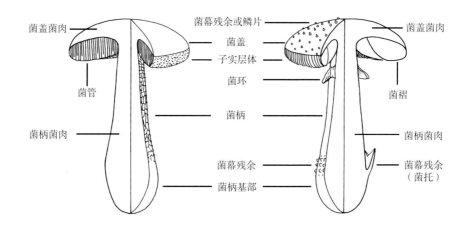

菌盖菌肉　菌幕残余或鳞片　菌盖菌肉
菌管　菌盖　子实层体　菌环　菌褶
菌柄菌肉　菌柄　菌柄菌肉
菌幕残余　菌柄基部　菌幕残余(菌托)

图 1　牛肝菌(左图)和伞菌(右图)各部位的术语

根据有性生殖过程中是产生子囊及子囊孢子还是产生担子及担孢子,可以将野生菌分为子囊菌和担子菌。在子实体的什么部位产生子囊或担子形成可育层[子实层(hymenium)]是固定的。在子囊菌中,子实层一般生于向上的结构中(即背地性的)。在担子菌中,子实层则生于向下的结构中(即向地性的)。担子菌的子实层生于褶片、管孔、刺凸等复杂结构的表面,这些结构统称为子实层体(hymenophore)。因此,在野外大致根据子实层或子实层体在子实体上着生的位置,就可以初步确定其属于子囊菌还是担子菌(图2)。

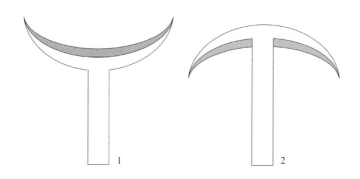

图 2　子囊菌和担子菌子实体示意图
深色部分示子实层或子实层体。1. 子囊菌的子实层背地生;2. 担子菌的子实层或子实层体向地生

在担子菌中，子实层体（或菌褶）与菌柄是否相连、如何相连（图3），对于准确鉴别真菌属种具有重要价值。

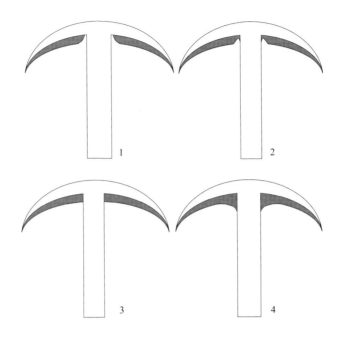

图3　子实层体与菌柄的关系示意图

1.离生；2.弯生；3.直生；4.延生

子囊（ascus）是子囊菌完成核配和减数分裂而产生子囊孢子的棒状或袋状细胞，子囊孢子（ascospore）是内生的。担子（basidium）是担子菌完成核配和减数分裂而产生担孢子的单细胞或多细胞结构，担孢子（basidiospore）是外生的。担孢子基部有特征性的小尖（apiculus），而子囊孢子没有小尖（图4）。子囊和担子的形态特征是物种识别和分类的重要依据（图5）。

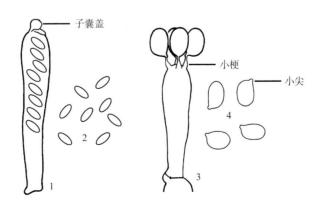

图4　野生菌有性生殖结构及有性孢子

1.子囊；2.子囊孢子；3.担子；4.担孢子

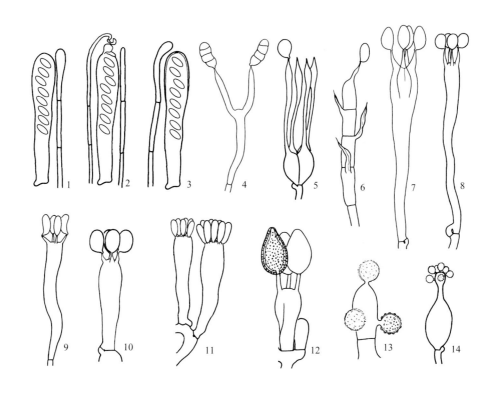

图5　子囊和担子形态示意图

1.子囊壁薄，侧丝顶端膨大；2.子囊有顶盖，侧丝弯卷或直立；3.子囊壁较厚，顶端有特殊结构，侧丝膨大弯
生；4.叉状担子；5.纵隔担子；6.横隔担子；7.部分纵隔担子；8.细长担子；9.外担子菌担子（担孢子
"背靠背"着生）；10.棒状担子；11.腹菌担子（无小梗）；12.腹菌担子（有小梗）；13.腹菌柱状担子
（近无小梗）；14.腹菌瓶状担子（近无小梗）。注意：在担子菌中，有的菌丝具锁状联合（如图中5、
7、8、10、11和14），而有的则没有（如图中4、6、9、12和13）

　　子囊中的子囊孢子和担子上的担孢子的颜色、形状、大小、有无分隔、是否为淀粉质、
有无纹饰等都是物种识别的重要特征。图6展示了各种形态的担孢子。

　　在子实层中，侧丝（paraphysis）和囊状体（cystidium）的形态特征也是分类和物种识别
的重要依据。以囊状体为例，在担子菌中就有很多类型（图7）。根据着生的部位，囊状体分
为侧生囊状体或侧囊体（pleurocystidium）、缘生囊状体或缘囊体（cheilocystidium）、盖面
囊状体（pileocystidium）及柄生囊状体（caulocystidium）。各相关术语解释可参见应建浙等
（1982）、王向华等（2004）、李玉等（2015）、杨祝良等（2021）或其他相关文献。

　　除此之外，每种真菌都有独特的生理生态要求，在自然界中也有各自特定的生态位。因
此，把握物种的生态环境特点，了解它们生长在南部还是北部、出现于高海拔还是低海拔、
发生在树林中还是草地上、现蕾于腐木上还是地表等，对于准确认识物种也是大有裨益的。

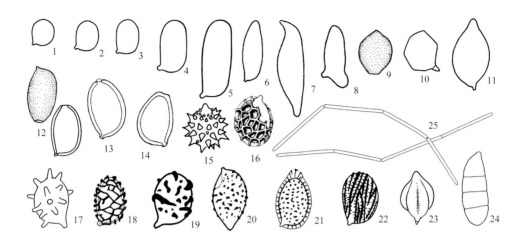

图 6　担孢子形态示意图

1. 球形至近球形；2. 宽椭圆形；3. 椭圆形；4. 长椭圆形；5. 杆状或圆柱形；6. 梭形或牛肝菌型；7. 企鹅状；
8. 麦角状；9. 柠檬形；10. 多角形；11. 杏仁形；12. 具无盖芽孔；13. 具有盖芽孔；14. 具平截芽孔；
15. 具刺状纹饰；16. 具完整网状纹饰；17. 具指状凸起；18. 具不完整网状纹饰；19. 具疣状至条状纹饰；
20. 具疣状纹饰；21. 具复合壁；22. 具纵条纹饰；23. 具纵脊；24. 具横隔；25. 线状，成熟时断裂

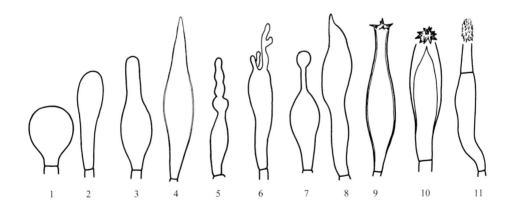

图 7　囊状体形态示意图

1. 球头短柄状；2. 棒状；3. 花瓶状；4. 梭形；5. 蛇形；6. 顶端指状；7. 顶端头状；
8. 顶端尾尖；9. 顶端角状；10. 顶端有结晶；11. 顶端铦状

第三章

云南
野生菌
物种

CHAPTER THREE

Mushroom

species

of

Yunnan

第一节

子囊菌门

Section one
Ascomycota

叶状耳盘菌　假木耳
Cordierites frondosus (Kobayasi) Korf

柔膜菌目 Helotiales　　耳盘菌科 Cordieritidaceae

子囊盘簇生至丛生，稀单生。单个子囊盘长 1.5 ～ 3 cm，宽 1 ～ 2.5 cm，花瓣状、盘状或浅杯状，边缘波状，湿时柔软而有弹性，干后脆而硬，在水中特别是碱性溶液中有大量褐色色素析出。子实层黑褐色，光滑至近光滑；子层托表面黑褐色或黑色，有皱纹。菌柄短或阙如。子囊 30 ～ 45 × 3 ～ 5 μm，棒状，内含 8 枚子囊孢子。子囊孢子 5.5 ～ 7 × 1 ～ 1.5 μm，圆柱状稍弯曲，无色至浅黄色，表面光滑。

夏秋季生于热带和亚热带腐木上。腐生菌。分布于云南中部和南部。有毒，易与黑木耳相混淆，误食导致光敏皮炎型中毒。

竹生亚肉座菌　竹红菌
Hypocrella bambusae (Berk. & Broome) Sacc.

肉座菌目 Hypocreales　　麦角菌科 Clavicipitaceae

子囊果直径 0.5 ～ 1.8 cm，不规则球形或半球形；表面新鲜时粉红色至浅肉红色，干后暗红褐色至灰褐色，有不规则疣凸；菌肉粉红色至暗肉红色。子囊壳埋生。子囊 330 ～ 400 × 16 ～ 20 μm，内含 8 枚子囊孢子。子囊孢子 260 ～ 300 × 7.5 ～ 8 μm，成熟后裂成数段，每段长 18 ～ 28 μm；侧丝稍长于子囊，顶端膨大。

夏秋季生于箭竹属活植物上。寄生菌。分布于云南西北部。可入药，民间用该菌泡酒治疗胃病及风湿性关节炎。

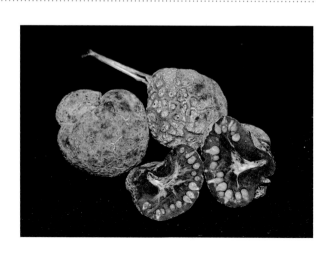

蛹虫草菌　蛹虫草
Cordyceps militaris (L.) Fr.

肉座菌目 Hypocreales　　**虫草科 Cordycipitaceae**

子座长 3 ~ 5 cm，单个或数个从寄主昆虫头部及其附近长出。可育头部长 1 ~ 2 cm，直径 3 ~ 5 mm，近圆锥状或近梭形，常压扁，表面黄色或橘黄色，粗糙。菌柄长 2 ~ 4 cm，直径 0.2 ~ 0.4 cm，近圆柱形，表面淡黄色至奶油色，近光滑或被细小鳞片。子囊壳半埋生。子囊 400 ~ 500 × 3.5 ~ 5 μm，近圆柱形或窄棒状，内含 8 枚子囊孢子。了囊孢子直径约 1 μm，细长，成熟后有横隔并断成分孢子（3 ~ 7 × 1 μm）。

夏秋季生于半埋于土中的鳞翅目昆虫蛹上。寄生菌和腐生菌。分布于云南各地。可食；可入药，用于心血管疾病治疗和增强免疫力。可栽培。

高山线虫草菌　高山线虫草
Ophiocordyceps highlandensis Zhu L. Yang & J. Qin

肉座菌目 Hypocreales　　**线虫草科 Ophiocordycipitaceae**

子座长 3.5 ~ 8 cm，从寄主昆虫头部长出。可育头部长 0.5 ~ 1.5 cm，直径 2.5 ~ 4 mm，膨大成近圆柱状或近梭形，暗褐色至煤烟色；顶部不育部分长 0.5 ~ 1 cm，向上渐细。菌柄长 2.5 ~ 6 cm，直径 1.5 ~ 2.5 mm，近圆柱形，深褐色至近黑色，肉质，光滑。子囊壳密集，半埋生，230 ~ 410 × 120 ~ 200 μm，花瓶状、卵形或长椭圆形。子囊 140 ~ 170 × 5 ~ 6.5 μm，窄棒状至近圆柱形，基部具产囊丝钩，内含 8 枚子囊孢子。子囊孢子具 3 横隔，极少数具 4 横隔，130 ~ 150 × 1.5 ~ 2 μm，光滑，易裂为 4 个分孢子（33 ~ 55 × 1.5 ~ 2 μm）。

生于亚热带针阔混交林中，寄生于鞘翅目金龟子科幼虫上，春夏长出子座。寄生菌。分布于云南中部和东北部。可入药。

老君山线虫草菌　老君山线虫草
Ophiocordyceps laojunshanensis Ji Y. Chen *et al.*

肉座菌目 Hypocreales　　线虫草科 Ophiocordycipitaceae

　　子座长 5 ～ 10 cm，从寄主昆虫头部长出，单生，不分叉，褐色至暗褐色，内部白色。可育部分直径 2 ～ 4 mm，近圆柱形，暗褐色，表面有深色小疣凸；顶部不育。菌柄直径 0.1 ～ 0.2 cm，表面平滑，暗褐色。子囊壳近表生至表生，200 ～ 300 × 200 ～ 350 μm，卵圆形至椭圆形。子囊 200 ～ 280 × 12 ～ 15 μm，子囊帽厚、有顶孔，内含 8 枚子囊孢子。子囊孢子 130 ～ 250 × 5 ～ 6 μm，线状，无色，多横隔但不断裂。

　　生于亚高山林下苔藓丛中，寄生于昆虫幼虫上，夏秋季长出子座。寄生菌。分布于云南西北部。可入药。

冬虫夏草菌　冬虫夏草
Ophiocordyceps sinensis (Berk.) G.H. Sung *et al.*

肉座菌目 Hypocreales　线虫草科 Ophiocordycipitaceae

子座长 5 ～ 10 cm，从寄主昆虫头部长出，单生，不分叉，褐色至黄褐色，内部白色。可育头部直径 3 ～ 6 mm，近圆柱形，暗褐色，表面有小疣凸；顶部不育。菌柄直径 2 ～ 4 mm，表面平滑，淡褐色。子囊壳近表生，有时表生，300 ～ 400 × 120 ～ 250 μm，卵圆形至椭圆形。子囊 250 ～ 350 × 8 ～ 12 μm，子囊帽厚、有顶孔，内含 8 枚子囊孢子，其中一般仅 2(4) 枚发育成熟，其余败育。子囊孢子 200 ～ 280 × 5 ～ 6.5 μm，线状，无色，有密集的横隔但不断裂。

生于海拔 3000 ～ 5000 m 的高山、亚高山草甸草丛中，寄生于鳞翅目蝙蝠蛾科昆虫幼虫上，春夏之交长出子座。寄生菌。分布于云南西北部。著名药用菌，用于提高机体免疫力、镇静催眠等。

润滑锤舌菌
Leotia lubrica (Scop.) Pers.

锤舌菌目 Leotiales　锤舌菌科 Leotiaceae

子囊果头部直径 8 ～ 15 mm，帽状至扁半球形；子实层近橄榄色，有不规则皱纹或皱褶；子层托表面颜色较淡。菌柄长 2 ～ 5 cm，直径 2 ～ 4 mm，近圆柱形，稍黏，黄色至橙黄色，被同色细小鳞片。子囊 110 ～ 130 × 9 ～ 11 μm，内含 8 枚子囊孢子，顶端壁加厚但不为淀粉质。子囊孢子 16 ～ 20 × 4.5 ～ 5.5 μm，长梭形，两侧不对称，光滑，无色。侧丝直径 2 ～ 3 μm，圆柱形，顶端膨大。

夏秋季群生于针阔混交林中地上。腐生菌。分布于云南大部。食性不明。

赭色鹿花菌
Gyromitra infula (Schaeff.) Quél.

盘菌目 Pezizales　　平盘菌科 Discinaceae

　　子囊盘直径 3 ～ 5 cm，马鞍状，边缘波状，有时与菌柄相连；子实层表面褐色，凹凸不平；子层托表面颜色稍淡，光滑。菌柄长 2 ～ 4 cm，直径 1 ～ 1.2 cm，表面褐色，往往平滑，中空。子囊 250 ～ 320 × 14 ～ 17 μm，圆柱形至细棒状，内含 8 枚子囊孢子。子囊孢子 16 ～ 21 × 7 ～ 10 μm，椭圆形，表面近光滑，无色。侧丝浅褐色，直立，顶端膨大成球状或头状。

　　夏秋季生于林中腐木上。腐生菌。分布于云南中部和西北部。有毒，误食导致胃肠炎型和神经精神型中毒，也会导致急性肝损害或急性肝功能衰竭。

四川鹿花菌
Gyromitra sichuanensis Korf & W.Y. Zhuang

盘菌目 Pezizales   平盘菌科 Discinaceae

子囊盘直径 4 ~ 6 cm，马鞍状，边缘波状，有时与菌柄相连；子实层表面褐色，有皱曲或不平滑；子层托表面颜色稍淡，光滑。菌柄长 2.5 ~ 4 cm，直径 1 ~ 1.5 cm，表面褐色，往往有皱曲，中空。子囊 180 ~ 200 × 11 ~ 14 μm，圆柱形至细棒状，内含 8 枚子囊孢子。子囊孢子 15 ~ 20 × 7 ~ 9 μm，椭圆形至近梭形，无色，表面有细小疣凸。侧丝浅褐色，顶端膨大成棒状至头状，直立至稍弯曲，但不卷曲。

夏秋季生于亚高山带针叶林中腐木上。腐生菌。分布于云南西北部。有毒，误食导致神经精神型中毒。

老君山腔块菌
Hydnotrya laojunshanensis Lin Li *et al.*

盘菌目 Pezizales   平盘菌科 Discinaceae

子囊果直径 0.7 ~ 1.6 cm，近球形，表面红褐色，光滑，内部形成顶部开口的一室空腔，空腔壁厚约 1 mm；子实层表面肉粉红色或稍带灰色调，光滑；包被厚约 600 μm。子囊 340 ~ 400 × 25 ~ 35 μm，圆柱形，内含 8 枚子囊孢子。子囊孢子含纹饰 40 ~ 60 × 25 ~ 40 μm，不含纹饰 30 ~ 45 × 20 ~ 30 μm，近长方形，红褐色。侧丝直径 2 ~ 6 μm，直立，顶部膨大，透明。

秋季生于冷杉 - 杜鹃林下，埋生于苔藓层与土层交界处。本种因模式标本产自玉龙九河乡老君山而得名。稀有。食性不明。

碟状马鞍菌
Helvella acetabulum (L.) Quél.

盘菌目 Pezizales　　马鞍菌科 Helvellaceae

子囊盘直径 2 ~ 4 cm，碗杯状；子实层表面暗褐色至近黑色；子层托表面与子实层同色，被微绒毛。菌柄长 1 ~ 2 cm，直径 1 ~ 2 cm，表面白色至污白色，具纵沟纹或网脉。外囊盘被为角胞组织，绒毛由膨大的细胞排成链状，盘下层为交错丝组织。子囊 260 ~ 320 × 17 ~ 20 μm，内含 8 枚子囊孢子，在梅氏试剂中不变色。子囊孢子 16 ~ 20 × 11 ~ 13 μm，宽椭圆形，光滑，无色。侧丝圆柱形，顶端稍膨大（直径 4 ~ 6 μm）。

夏秋季生于亚高山带针叶林中地上。分布于云南西北部。可能有毒。

卷边马鞍菌　羊肠菌
Helvella involuta Q. Zhao et al.

盘菌目 Pezizales　　马鞍菌科 Helvellaceae

子囊盘高 1 ~ 3 cm，马鞍状或不规则叶状，边缘内卷；子实层光滑，白色，干后变奶油色；子层托表面黄色，干后不变色，有毛，大部具同色钝棱脊，较易碎。菌柄长 2 ~ 6 cm，直径 0.5 ~ 2 cm，向下渐粗，表面奶油色至灰褐色，干后奶油色，具纵沟纹和钝棱脊，具微细绒毛，稍柔韧；基部菌丝白色。子囊 240 ~ 280 × 15 ~ 20 μm，内含 8 枚子囊孢子。子囊孢子 16 ~ 18 × 10 ~ 12 μm，椭圆形，光滑，无色。侧丝丝状，顶端稍膨大。

夏秋季生于由松科植物组成的林中地上。分布于云南中部至西北部。可食。

矩孢马鞍菌
Helvella oblongispora Harmaja

盘菌目 Pezizales　　马鞍菌科 Helvellaceae

子囊盘直径 3 ～ 6 cm，碗杯状；子实层表面灰褐色至淡灰褐色；子层托表面白色至奶油色，光滑，无毛。菌柄长达 1 cm，直径达 1 cm，表面白色至污白色，具纵沟纹或网脉。外囊盘被为角胞组织，盘下层为交错丝组织。子囊 200 ～ 250 × 16 ～ 18 μm，内含 8 枚子囊孢子，在梅氏试剂中不变色。子囊孢子 17 ～ 20 × 10 ～ 13 μm，矩圆形至椭圆形，光滑，无毛。侧丝圆柱形，顶端稍膨大（直径 6 ～ 9 μm）。

夏秋季生于亚高山带针叶林中地上。分布于云南西北部。食性不明。

东方皱马鞍菌
Helvella orienticrispa Q. Zhao *et al.*

盘菌目 Pezizales　　马鞍菌科 Helvellaceae

子囊盘高 1 ～ 3 cm，宽 2 ～ 5 cm，马鞍状或不规则叶状，边缘幼时内卷，成熟后展开并撕裂；子实层光滑，奶油色，干后变浅黄色；子层托表面奶油色至淡黄色，干后浅黄色，有毛。菌柄长 4 ～ 7 cm，直径 0.5 ～ 2 cm，表面奶油色、淡黄色至淡灰色，干后奶油色，具纵沟纹和网脉；脊钝，较易碎；基部菌丝白色。子囊 260 ～ 280 × 14 ～ 17 μm，内含 8 枚子囊孢子。子囊孢子 16 ～ 19 × 10 ～ 13 μm，近椭圆形，光滑，无色。侧丝丝状，顶端稍膨大。

夏秋季生于亚热带针叶林或针阔混交林中地上。分布于云南中部。食性不明。

假卷盖马鞍菌
Helvella pseudoreflexa Q. Zhao *et al.*

盘菌目 Pezizales　　马鞍菌科 Helvellaceae

子囊盘高达 5 cm，宽 1 ~ 3 cm，三叶草状或不规则叶状，边缘幼时内卷，成熟后张开；子实层奶油色至灰色，干后浅黄色，褶皱状；子层托表面奶油色，干后浅灰色，有毛。菌柄长 5 ~ 13 cm，直径 1 ~ 3 cm，表面白色至奶油色，干后奶油色，具深纵沟纹和横脉，有毛，较易碎；基部菌丝白色。子囊 250 ~ 350 × 15 ~ 18 μm，内含 8 枚子囊孢子。子囊孢子 15 ~ 19 × 10 ~ 12 μm，近椭圆形，光镜下光滑，无色，电镜下表面褶皱。侧丝纤丝状，顶端膨大。

夏秋季生于阔叶林或针阔混交林中地上。分布于云南西部至西北部。食性不明。

皱面马鞍菌
Helvella rugosa Q. Zhao & K.D. Hyde

盘菌目 Pezizales　　马鞍菌科 Helvellaceae

子囊盘高 1 ~ 2 cm，宽 1 ~ 2 cm，马鞍状或三叶草状，边缘下弯至菌柄处融合；子实层新鲜时淡灰色至深灰色或灰褐色，干后变黑；子层托表面幼时白色至近白色，干后浅黄色，褶皱状。菌柄长 2 ~ 4 cm，直径 0.4 ~ 0.7 cm，幼时灰褐色，干后黑色，向下渐细，表面具纵沟纹，偶有空腔，光滑；基部菌丝白色。子囊 220 ~ 260 × 13 ~ 17 μm，内含 8 枚子囊孢子。子囊孢子 15.5 ~ 18 × 10 ~ 11 μm，近椭圆形，光镜下光滑，电镜下表面褶皱。侧丝纤丝状，顶端膨大。

夏秋季生于阔叶林中地上。分布于云南中部。食性不明。

近乳白马鞍菌
Helvella sublactea Q. Zhao *et al.*

盘菌目 Pezizales　　马鞍菌科 Helvellaceae

子囊盘高 1 ～ 2.5 cm，宽 1 ～ 3.5 cm，马鞍状或不规则叶状，边缘与菌柄融合；子实层新鲜时奶白色、淡灰黄色至褐灰色，干后奶油色，光滑；子层托表面新鲜时白色，干后浅灰色，光滑。菌柄长 3 ～ 8 cm，直径 0.3 ～ 1.5 cm，有毛，具深纵皱沟纹，少有网脉，白色至奶油色，干后奶油色；基部菌丝白色。子囊 240 ～ 300 × 13 ～ 19 μm，内含 8 枚子囊孢子。子囊孢子 15 ～ 17 × 10 ～ 12 μm，近椭圆形，光镜下光滑，无色，电镜下表面有褶皱。侧丝纤丝状，顶端明显膨大。

夏秋季生于阔叶林中地上。分布于云南中部、西部和西北部。食性不明。

中条山马鞍菌
Helvella zhongtiaoensis J.Z. Cao & B. Liu

盘菌目 Pezizales　　马鞍菌科 Helvellaceae

子囊盘高 3 ～ 7.5 cm，宽 2 ～ 5 cm，马鞍状或不规则叶状，边缘幼时弯曲，成熟后张开；子实层淡灰紫色，干后淡灰黄色，褶皱状；子层托表面新鲜时淡褐色，干后奶油色，有毛。菌柄长 5 ～ 15 cm，直径 1 ～ 3 cm，白色，干后奶油色，具深纵沟纹和网脉，有毛，易碎；基部菌丝白色。子囊 250 ～ 330 × 17 ～ 20 μm，内含 8 枚子囊孢子。子囊孢子 16 ～ 19 × 10 ～ 12 μm，近椭圆形，光镜下光滑，无色，电镜下表面有褶皱。侧丝纤丝状，顶端稍膨大。

夏秋季生于针阔混交林中地上。分布于云南中部。食性不明。

秋生羊肚菌

Morchella galilaea Masaphy & Clowez

盘菌目 Pezizales　　羊肚菌科 Morchellaceae

　　子囊果高 5 ～ 8 cm。菌盖高 3 ～ 4.5 cm，直径 2 ～ 4 cm，近圆锥状，有时近卵形；凹坑明显宽而长，灰白色、淡灰色或淡黄色；棱脊主要为纵向，与凹坑同色或稍淡。菌柄长 2 ～ 4 cm，直径 0.5 ～ 1.5 cm，圆柱形或向上变细，近光滑，表面白色或奶油色。子囊 180 ～ 220 × 20 ～ 25 μm，棒状，内含 8 枚子囊孢子。子囊孢子 15 ～ 18.5 × 8 ～ 10 μm，椭圆形，光滑，无色。棱脊中不孕细胞顶端近棒状至近头状。

　　秋季生于亚热带和温带林中地上。分布于云南中部和北部。可食。

梯棱羊肚菌
Morchella importuna M. Kuo *et al.*

....

盘菌目 Pezizales　　羊肚菌科 Morchellaceae

....

　　子囊果高 6 ~ 15 cm。菌盖高 3 ~ 8 cm，直径 2 ~ 5 cm，近圆锥状；凹坑幼时浅灰色或淡黄色，成熟后为深褐色；棱脊幼时灰白色至深灰色，成熟后深灰褐色或近黑色。菌柄长 3 ~ 7 cm，直径 1.5 ~ 4 cm，表面白色至浅褐色，被同色鳞片。子囊 170 ~ 230 × 20 ~ 25 μm，棒状，内含 8 枚子囊孢子。子囊孢子 18 ~ 24 × 10 ~ 13 μm，椭圆形，光滑，无色。棱脊中不孕细胞顶端近棒状至近头状。

　　春季生于亚热带和温带阔叶林或针阔混交林中地上，在杨树林中常见。腐生菌。分布于云南中部和西北部。可食。可栽培。

疣孢褐盘菌
Peziza badia Pers.

盘菌目 Pezizales   盘菌科 Pezizaceae

子囊盘直径 1.2 ~ 5.7 cm，深 1 ~ 3 cm，深杯状或碗状，无柄，幼时边缘稍内卷，成熟后平展，波状或撕裂；子实层表面褐色或深黄褐色，稍具橄榄色调；子层托表面褐色，粗糙，具密集小疣，水浸状。子囊 300 ~ 330 × 12 ~ 18 μm，圆柱形，内含 8 枚子囊孢子。子囊孢子 16 ~ 19 × 8 ~ 10.5 μm，单列，长椭圆形，表面具微弱的蠕虫样纹饰，无色，一般含 2 个油滴。侧丝直径 4 ~ 5 μm，顶端稍膨大至 5 ~ 6 μm，细长，无色。

夏秋季生于亚热带和亚高山林中地上。腐生菌。分布于云南中部和北部。

青萍盘菌
Peziza limnaea Maas Geest.

盘菌目 Pezizales   盘菌科 Pezizaceae

子囊盘直径 0.8 ~ 1.5 cm，不规则碗状，幼时边缘强烈内卷，后稍展开，近无柄；子实层表面橄榄褐色；子层托表面同色。子囊 250 ~ 350 × 13 ~ 15 μm，棒状、纺锤形至圆柱形，透明，内含 8 枚子囊孢子。子囊孢子 15 ~ 18 × 8 ~ 10 μm，长椭圆形，表面具细疣，透明。侧丝 250 ~ 300 × 2 ~ 5 μm，线形，具隔，透明。

秋季生于高山栎林中地上。腐生菌。分布于云南西北部。

变异盘菌

Peziza varia (Hedw.) Alb. & Schwein.

盘菌目 Pezizales   盘菌科 Pezizaceae

子囊盘直径 1.7 ~ 4.8 cm，不规则碗状，无柄，幼时边缘强烈内卷，稍锯齿状，成熟后不规则开裂；子实层表面黄褐色，近中心及基部色深，近边缘处色浅；子层托表面同色或色较浅，幼时粗糙呈秕糠状，成熟后近光滑，水浸状。子囊 250 ~ 280 × 12 ~ 13 μm，棒状、纺锤形至圆柱形，透明，内含 8 枚子囊孢子。子囊孢子 16 ~ 18 × 9 ~ 10 μm，长椭圆形，光滑，无色，无油滴。侧丝线形，透明。

夏秋季生于阔叶林或针阔混交林中地上。腐生菌。分布于云南西北部。

紫星裂盘菌

Sarcosphaera coronaria (Jacq.) J. Schröt.

盘菌目 Pezizales   盘菌科 Pezizaceae

子囊盘直径 3 ~ 7 cm，厚 0.2 ~ 0.4 cm，初期不规则球形，中空，成熟后顶部开裂，基部有根状菌索；子实层淡紫色至淡灰紫色；子层托污白色或淡茶褐色。子囊 300 ~ 360 × 10 ~ 14 μm，椭圆形，内含 8 枚子囊孢子，顶部遇梅氏试剂变蓝。子囊孢子 16 ~ 18 × 7 ~ 9 μm，长椭圆形，光滑，无色，具有 2 个油滴。侧丝线形，直立，顶端稍膨大（直径 5 ~ 6 μm）。

夏秋季生于亚高山带针叶林下，半埋或全埋于土中。外生菌根菌。分布于云南西北部。有毒。

橙黄网孢盘菌
Aleuria aurantia (Pers.) Fuckel

盘菌目 Pezizales　　火丝菌科 Pyronemataceae

　　子囊盘直径 3 ~ 6 cm，盘状至浅杯状；子实层表面橘红色，光滑；子层托表面颜色稍淡。菌柄阙如。子囊 200 ~ 250 × 12 ~ 16 μm，棒状，内含 8 枚子囊孢子，在梅氏试剂中不变色。子囊孢子 15 ~ 22 × 8 ~ 12 μm，椭圆形，两端常有一小尖，外表被网状纹饰。

　　夏秋季生于林中或路边地上。腐生菌。分布于云南西北部。可食，但也有文献记载该菌有毒，不建议采食。

半球土盘菌
Humaria hemisphaerica (F.H. Wigg.) Fuckel

盘菌目 Pezizales　　火丝菌科 Pyronemataceae

子囊盘直径 0.8 ～ 2 cm，深杯状，边缘具毛；子实层表面白色至灰白色；子层托表面淡褐色，被毛，毛长 90 ～ 700 μm，基部宽 12 ～ 30 μm，具分隔，顶端尖锐，褐色至淡褐色。菌柄阙如。外囊盘被为角胞组织，盘下层为交错丝组织。子囊 230 ～ 310 × 18 ～ 21 μm，近圆柱形，有囊盖，内含 8 枚子囊孢子，在梅氏试剂中不变色。子囊孢子 18 ～ 25 × 10 ～ 14 μm，椭圆形，无色，表面有疣状纹饰，具有 2 个油滴。侧丝线形，顶端稍膨大。

夏秋季生于林中地上。外生菌根菌。分布于云南中部和北部。食性不明。

紫灰侧盘菌
Otidea purpureogrisea Pfister *et al.*

盘菌目 Pezizales　　火丝菌科 Pyronemataceae

子囊盘高 1.2 ～ 2.5 cm，宽 0.7 ～ 2 cm，耳状，具短柄；子实层表面紫褐色；子层托表面同色，粗糙，具同色小疣点。菌柄基部菌丝浅褐色。子囊约 250 × 10 ～ 13 μm，圆柱形，有囊盖，内含 8 枚子囊孢子。子囊孢子 14 ～ 17 × 7 ～ 9 μm，长椭圆形，具有 1 ～ 3 个油滴，光滑，无色。侧丝直径 2.5 ～ 3 μm，顶部宽 3 ～ 5 μm，弯曲，等粗或顶部稍膨大。

秋季生于亚高山冷杉林中地上。外生菌根菌。云南仅知产于香格里拉哈巴雪山。食性不明。

具柄侧盘菌
Otidea stipitata Ekanayaka *et al.*

盘菌目 Pezizales   火丝菌科 Pyronemataceae

子囊盘直径 1.5 ～ 5 cm，杯状，端口近平截，常不规则波折，一侧纵向深裂或裂至 1/2 处；子实层表面黄白色、米黄色至淡黄褐色；子层托表面灰褐色或黄褐色，近光滑。菌柄明显，长达 1 cm，直径 0.2 ～ 0.3 cm，黄褐色。外囊盘被为球胞组织，盘下层为交错丝组织。子囊 140 ～ 230 × 11 ～ 14 μm，近圆柱形，有囊盖，内含 8 枚子囊孢子，在梅氏试剂中不变色。子囊孢子 14.5 ～ 19.5 × 7 ～ 9.5 (10.5) μm，椭圆形，无色，具刺或疣凸，具有 1 或 2 个油滴。侧丝线形，近等粗，直立，具分隔，顶端弯曲。

夏秋季生于阔叶林中地上。外生菌根菌。分布于云南中部和西南部。食性不明。

近紫侧盘菌
Otidea subpurpurea W.Y. Zhuang

盘菌目 Pezizales   火丝菌科 Pyronemataceae

子囊盘直径 2 ～ 4 cm，杯状，端口近平截，一侧纵向深裂；子实层表面蜡黄色；子层托表面粉灰色、紫灰色至紫褐色，被稀疏颗粒。菌柄长 0.5 ～ 2 cm，直径 0.7 ～ 1.2 cm，蜡黄色至污白色，中空。外囊盘被为角胞组织至球胞组织，盘下层为交错丝组织。子囊 130 ～ 180 × 8 ～ 11 μm，近圆柱形，有囊盖，内含 8 枚子囊孢子，在梅氏试剂中不变色。子囊孢子 10 ～ 12 × 5 ～ 6.5 μm，椭圆形，光滑，无色，具有 2 个油滴。侧丝线形，直立，具分隔，顶端弯曲或旋卷、稍膨大。

夏秋季生于针阔混交林中地上。外生菌根菌。分布于云南中部。食性不明。

云南侧盘菌
Otidea yunnanensis (B. Liu & J.Z. Cao) W.Y. Zhuang & C.Y. Liu

盘菌目 Pezizales　　火丝菌科 Pyronemataceae

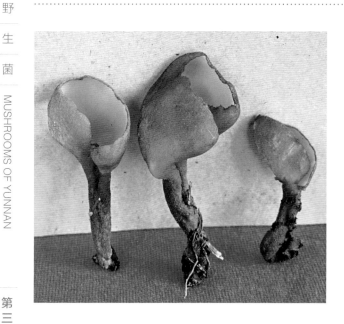

子囊盘直径 1 ~ 2.5 cm，杯状，端口近平截，一侧纵向深裂；子实层表面蜡黄色；子层托表面蜡黄色，密被褐色颗粒。菌柄长 1.8 ~ 2.5 cm，直径 0.4 ~ 0.6 cm，深紫褐色，被绒毛。外囊盘被为角胞组织，盘下层为交错丝组织。子囊 220 ~ 250 × 9 ~ 13 μm，近圆柱形，有囊盖，内含 8 枚子囊孢子，在梅氏试剂中不变色。子囊孢子 16 ~ 20 × 8 ~ 10 μm，椭圆形，有小刺，无色，具有 2 个油滴。侧丝线形，直立，具分隔，顶端弯曲、稍膨大。

夏秋季生于阔叶林或针阔混交林中地上。外生菌根菌。分布于云南西部。食性不明。

窄孢胶陀盘菌
Trichaleurina tenuispora M. Carbone *et al.*

盘菌目 Pezizales　　火丝菌科 Pyronemataceae

子囊盘直径 3 ~ 5 cm，高 4 ~ 6 cm，陀螺状；子实层表面灰黄色、灰褐色至深褐色；子层托表面褐色至暗褐色，被褐色至烟色毛状物，毛状物的菌丝表面有细小颗粒。菌肉（盘下层）强烈胶状。菌柄阙如。子囊 400 ~ 500 × 14 ~ 17 μm，近圆柱形，内含 8 枚子囊孢子。子囊孢子 26 ~ 34 × 10 ~ 14 μm，椭圆形至近梭形，表面具疣状纹饰，无色至浅褐色。

夏秋季生于热带和南亚热带地区腐木上。腐生菌。分布于云南南部和中部。可能有毒。

波状根盘菌
Rhizina undulata Fr.

盘菌目 Pezizales　　根盘菌科 Rhizinaceae

子囊盘直径 2 ~ 10 cm，盘状至壳状，匍匐于地表；子实层表面褐色至深褐色；子层托表面土褐色。菌柄阙如。子囊 300 ~ 400 × 18 ~ 25 μm，近圆柱形，内含 8 枚子囊孢子。子囊孢子 30 ~ 40 × 8 ~ 13 μm，纺锤形，两端具尖凸，光滑，无色。侧丝线形，直立，具分隔，顶端膨大。

夏秋季生于林中火烧迹地上。针叶树的病原菌，侵染树木的根部，严重者导致树木死亡。分布于云南中部和北部。有毒，误食导致胃肠炎型中毒。

睫毛毛杯菌
Cookeina garethjonesii Ekanayaka *et al.*

盘菌目 Pezizales　　肉杯菌科 Sarcoscyphaceae

子囊盘直径 2 ~ 4 cm，杯状至漏斗形；子实层表面初期粉红色至橘黄色，后期橘黄色至黄色，有时杏黄色；子层托表面颜色稍淡，近边缘有同心环状排列的睫毛状刺毛。菌柄长 2 ~ 4 cm，直径 0.2 ~ 0.4 cm，近圆柱形，表面近白色。子囊 300 ~ 320 × 17 ~ 22 μm，椭圆形，基部变细，壁较厚，内含 8 枚子囊孢子。子囊孢子 26 ~ 33 × 13 ~ 15 μm，椭圆形，两端稍尖，表面有纵向纹饰。

夏秋季生于热带地区腐木上。腐生菌。分布于云南南部热带地区。食性不明。

印度毛杯菌
Cookeina indica Pfister & Kaushal

盘菌目 Pezizales　　肉杯菌科 Sarcoscyphaceae

子囊盘直径 2 ~ 4 cm，盘状至深杯状；子实层表面鲜黄色至杏黄色，有时稍带粉红色；子层托表面黄色至淡黄色，近边缘有微茸毛。菌柄长 0.2 ~ 1.5 cm，直径 0.2 ~ 0.3 cm，中生至偏生。子囊 350 ~ 380 × 14 ~ 16 μm，近圆柱形，基部变细，壁较厚，内含 8 枚子囊孢子。子囊孢子 25 ~ 30 × 9 ~ 13 μm，不等边梭形至两端较尖的椭圆形，表面具细纵纹。

夏秋季生于热带地区腐木上。腐生菌。分布于云南南部热带地区。食性不明。

大孢毛杯菌
Cookeina insititia (Berk. & M.A. Curtis) Kuntze

盘菌目 Pezizales　　肉杯菌科 Sarcoscyphaceae

子囊盘直径 0.8 ~ 1.2 cm，深杯状，边缘有睫毛状刺毛；子实层表面奶油色、近白色或淡粉红色；子层托表面奶油色、淡黄色至淡褐色。外囊盘被内侧显著胶化。菌柄长 2 ~ 3 cm，直径 0.2 ~ 0.3 cm，中生，奶油色至白色。子囊 390 ~ 450 × 13 ~ 15 μm，近圆柱形，基部变细，壁较厚，内含 8 枚子囊孢子。子囊孢子 48 ~ 56 × 11 ~ 12 μm，不等边梭形，光滑，无色。侧丝直径 2 ~ 3 μm，线形，分枝。

夏秋季生于热带地区腐木上。腐生菌。分布于云南南部热带地区。食性不明。

中国毛杯菌
Cookeina sinensis Zheng Wang

盘菌目 Pezizales　　肉杯菌科 Sarcoscyphaceae

　　子囊盘直径 2 ～ 5 cm，杯状；子实层表面鲜黄色至黄色；子层托表面黄色至淡黄色，被淡色长毛。菌柄长 1 ～ 5 cm，直径 0.2 ～ 0.5 cm，淡黄色、奶油色至白色，中生，被稀疏长毛。子囊 270 ～ 300 × 14 ～ 16 μm，近圆柱形，基部变细，壁较厚，内含 8 枚子囊孢子。子囊孢子 25 ～ 30 × 12 ～ 17 μm，椭圆形，两端变窄，光滑，无色。侧丝直径 2 ～ 3 μm，线形，分枝。
　　夏秋季生于热带地区腐木上。腐生菌。分布于云南南部热带地区。食性不明。

毛缘毛杯菌
Cookeina tricholoma (Mont.) Kuntze

盘菌目 Pezizales   肉杯菌科 Sarcoscyphaceae

子囊盘直径 2 ～ 4 cm，杯状至深杯状；子实层表面橘红色，有时粉红色，后期黄色至橘黄色；子层托表面颜色稍淡，被长毛。菌柄长 2 ～ 4 cm，直径 0.2 ～ 0.4 cm，表面近白色。子囊 300 ～ 320 × 15 ～ 20 μm，椭圆形，基部变细，壁较厚，内含 8 枚子囊孢子。了囊孢子 23 ～ 29 × 13 ～ 15 μm，椭圆形，两端稍尖，表面有细的纵向纹饰。

夏秋季生于热带地区腐木上。腐生菌。分布于云南南部热带地区。食性不明。

白毛小口盘菌
Microstoma floccosum (Sacc.) Raitv.

盘菌目 Pezizales   肉杯菌科 Sarcoscyphaceae

子囊盘直径 0.5 ～ 1 cm，深杯状至漏斗形；子实层表面鲜红色至粉红色；子层托表面颜色较淡，被白色刺毛。菌柄长 0.2 ～ 2 cm，直径 0.1 ～ 0.2 cm，污白色，被白色刺毛。子囊 230 ～ 280 × 15 ～ 23 μm，基部渐细，内含 8 枚子囊孢子，在梅氏试剂中不变色。子囊孢子 20 ～ 36 × 11 ～ 17 μm，椭圆形，光滑，无色。

夏秋季生于腐木上。腐生菌。分布于云南大部。食性不明。

中华歪盘菌
Phillipsia chinensis W.Y. Zhuang

盘菌目 Pezizales   肉杯菌科 Sarcoscyphaceae

子囊盘直径 1 ~ 5 cm，盘状至歪盘状；子实层表面紫红色至污紫红色，有淡色斑点；子层托表面颜色较淡。菌柄阙如或近无柄。子囊 350 ~ 380 × 15 ~ 18 μm，近圆柱形，基部变细，壁较厚，内含 8 枚子囊孢子。子囊孢子 23 ~ 30 × 11 ~ 14 μm，不等边梭状椭圆形，两端稍钝，外表具 7 ~ 11 条细脊状纵纹。

夏秋季生于腐木上。腐生菌。分布于云南中南部亚热带 - 热带地区。

多地歪盘菌
Phillipsia domingensis (Berk.) Berk.

盘菌目 Pezizales   肉杯菌科 Sarcoscyphaceae

子囊盘直径 1 ~ 4 cm，盘状至歪盘状；子实层表面紫红色、污红色至红褐色；子层托表面色淡。菌柄阙如或近无柄。子囊 350 ~ 380 × 15 ~ 18 μm，近圆柱形，基部变细，壁较厚，内含 8 枚子囊孢子。子囊孢子 20 ~ 25 × 11 ~ 14 μm，不等边梭状椭圆形，两端凸起，外表具 3 ~ 5 条粗脊状纵纹。

夏秋季生于腐木上。腐生菌。分布于云南南部热带至南亚热带地区。食性不明。

平盘肉杯菌
Sarcoscypha mesocyatha F.A. Harr.

盘菌目 Pezizales　　**肉杯菌科 Sarcoscyphaceae**

子囊盘直径 1 ~ 3 cm，盘状；子实层表面猩红色至深红色；子层托表面颜色较淡。菌柄阙如或近无柄。外囊盘被为矩胞组织至薄壁丝组织，盘下层为交错丝组织。子囊 210 ~ 280 × 11 ~ 13 μm，近圆柱形，内含 8 枚子囊孢子，在梅氏试剂中不变色。子囊孢子 20 ~ 28 × 8 ~ 11 μm，椭圆形至矩椭圆形，两端常深陷，光滑。

夏秋季生于林中腐木上。腐生菌。分布于云南中部和北部。食性不明。

神农架肉杯菌
Sarcoscypha shennongjiana W.Y. Zhuang

盘菌目 Pezizales　　**肉杯菌科 Sarcoscyphaceae**

子囊盘直径 1 ~ 3 cm，盘状至杯状；子实层表面红色至橘红色；子层托表面颜色较淡。菌柄阙如至近无柄。外囊盘被为矩胞组织至薄壁丝组织，盘下层为交错丝组织。子囊 240 ~ 300 × 10 ~ 13 μm，近圆柱形，内含 8 枚子囊孢子，在梅氏试剂中不变色。子囊孢子 18 ~ 25 × 8 ~ 11 μm，椭圆形至矩椭圆形，两端深陷或各有一小凸起，光滑。

夏秋季生于林中腐木上。腐生菌。分布于云南中部。食性不明。

皱暗盘菌
Plectania rhytidia (Berk.) Nannf. & Korf

盘菌目 Pezizales　　肉盘菌科 Sarcosomataceae

子囊盘直径 1 ~ 2 cm，盘状至杯状；子实层表面暗褐色至黑色；子层托表面暗褐色至黑色，表面具暗黑色绒毛，绒毛表面光滑。菌柄阙如或近无柄，基部具有深色菌丝垫。子囊 350 ~ 400 × 15 ~ 18 μm，近圆柱形，内含 8 枚子囊孢子。子囊孢子 22 ~ 30 × 10 ~ 13 × 9 ~ 12 μm，扁椭圆形，其中有一面具有 9 ~ 17 条横沟纹，其余表面平滑。

夏秋季生于腐木上。腐生菌。分布于云南中部亚热带地区。食性不明。

云南暗盘菌
Plectania yunnanensis W.Y. Zhuang

盘菌目 Pezizales　　肉盘菌科 Sarcosomataceae

子囊盘直径 1 ~ 2 cm，盘状；子实层表面暗褐色；子层托表面暗褐色至近黑色，表面被褐色至暗褐色绒毛，绒毛表面光滑至有细小颗粒。菌柄阙如。子囊 300 ~ 350 × 21 ~ 25 μm，近圆柱形，内含 8 枚子囊孢子。子囊孢子 35 ~ 42 × 13 ~ 18 μm，椭圆形至不等边椭圆形，光滑。

夏秋季生于腐木上。腐生菌。分布于云南中部亚热带地区。食性不明。

杯状疣杯菌
Tarzetta catinus (Holmsk.) Korf & J.K. Rogers

盘菌目 Pezizales　　疣杯菌科 Tarzettaceae

子囊盘直径 1 ~ 2 cm，深杯状，边缘呈齿状；子实层表面污白色至奶油色；子层托表面被细小的疣状物。菌柄阙如或近无柄。外囊盘被为角胞组织至球胞组织，盘下层为交错丝组织。子囊 270 ~ 300 × 13 ~ 15 μm，有囊盖，内含 8 枚子囊孢子，在梅氏试剂中不变色。子囊孢子 17 ~ 23 × 9 ~ 13 μm，椭圆形，两端稍窄，光滑，无色。侧丝线形，顶部直立，稍膨大（直径 2 ~ 3 μm）。

夏季生于亚高山带针叶林中地上。外生菌根菌。分布于云南西北部。食性不明。

脑状猪块菌
Choiromyces cerebriformis T. J. Yuan *et al.*

盘菌目 Pezizales　　块菌科 Tuberaceae

子囊果直径达 10 cm，脑瘤状，具沟纹，幼时浅红褐色，成熟后红褐色，具深色斑块，表面粗糙。产孢组织致密，实心，初期浅淡粉红色，后期浅红褐色，具白色大理石样脉络，具块菌的芳香气味。子囊 75 ~ 95 × 42 ~ 65 μm，近粗棒状至囊状，内含 8 枚子囊孢子。子囊孢子直径 18 ~ 25 μm，球形或近球形，表面具直立或稍弯曲的刺疣，刺疣高 2 ~ 3 μm，顶端钝圆，黄褐色。包被厚 200 ~ 300 μm，疏丝组织型。

秋季生于海拔 4000 m、树线附近的亚高山冷杉林中，半地下生。外生菌根菌。分布于云南西北部。云南现知唯一的猪块菌物种，罕见。

印度块菌 松露、猪拱菌
Tuber indicum Cooke & Massee

盘菌目 Pezizales　块菌科 Tuberaceae

　　子囊果直径 3 ~ 6 cm，球形至近球形，表面黑褐色或黑色，具明显多角状瘤凸。产孢组织（菌肉）幼时污白色，成熟后暗褐色或近黑色，其间夹杂有白色、污白色或淡褐色大理石花纹状网脉，气味明显。子囊 60 ~ 90 × 50 ~ 70 μm，近球形至椭圆形，含 1 ~ 4 枚子囊孢子。子囊孢子多数 20 ~ 30 × 18 ~ 25 μm，椭圆形，表面主要具离散刺状纹饰。

　　生于亚热带针叶林和针阔混交林中地下，秋冬季成熟。外生菌根菌。分布于云南中部和西北部。可食。

丽江块菌
Tuber lijiangense L. Fan & J.Z. Cao

盘菌目 Pezizales   块菌科 Tuberaceae

子囊果直径 0.5 ～ 3.5 cm，近球形或不规则脑状，表面具深浅不一的窝沟，白色略带粉红色调，具绒毛，成熟时表皮开裂。产孢组织实心，幼时白色，成熟后变紫褐色或褐色，具大理石花纹样菌脉，迷路状，具特殊香气。包被表面具刚毛，刚毛长 45 ～ 100 μm，圆柱状或向顶渐细。子囊 65 ～ 90 × 45 ～ 70 μm，近球形、椭圆形或不规则，无色透明，内含 1 ～ 3 枚子囊孢子。子囊孢子 20 ～ 43 × 20 ～ 38 μm，近球形，厚壁，表面具规则的蜂窝状网纹，网眼深 2 ～ 4 μm，黄褐色。

生于云南松林下腐殖层与土壤交界处。外生菌根菌。模式标本产自永胜县西山村，目前仅知分布于模式产地。可食。

大丛耳
Wynnea gigantea Berk. & M.A. Curtis

盘菌目 Pezizales   丛耳科 Wynneaceae

子囊盘高 4 ～ 8 cm，直径 2 ～ 3 cm，兔耳状，直立，边缘内卷，下部与菌核相连，丛生；子实层表面红褐色；子层托表面黄褐色，向下变为红褐色。菌核暗褐色，结节状。子囊 280 ～ 300 × 15 ～ 20 μm，近圆柱形，内含 8 枚子囊孢子。子囊孢子 25 ～ 35 × 11 ～ 15 μm，近船形，表面具纵脊状纹饰，两端无明显乳头状凸起。侧丝线形，直立，具分隔。

夏秋季生于亚热带和温带林中地上。分布于云南中部和西部。有毒，误食导致胃肠炎型中毒。

胶陀螺菌　污胶鼓菌
Bulgaria inquinans (Pers.) Fr.

星裂盘菌目 Phacidiales　　星裂盘菌科 Phacidiaceae

　　子囊盘直径 2.5 ～ 5 cm，高 2 ～ 3 cm，陀螺状，具短柄至近无柄，胶质柔软具弹性；子实层表面幼时红褐色，成熟后黑褐色至灰褐色，具光泽；子层托密被黄褐色至深黄褐色绒毛。子囊 180 ～ 200 × 9 ～ 10 μm，内含 8 枚子囊孢子。子囊孢子 13 ～ 17 × 6 ～ 8 μm，不对称纺锤形或柠檬形，光滑，黑褐色至暗褐色。侧丝直径 2 μm，细长，线形，等粗，无色。

　　夏秋季生于阔叶树倒木上。腐生菌。现知分布于云南中部和北部，有时也见于南部山区。在云南未见采食。在中国东北地区大量采食，但若处理不当食后会引起光敏型皮炎症状。文献记载该菌可入药，用于防治软骨病。

竹黄　竹黄菌
Shiraia bambusicola Henn.

格孢腔菌目 Pleosporales　　竹黄科 Shiraiaceae

　　子座长 3 ～ 5 cm，直径 1 ～ 3 cm，鸡肾状、疣状至不规则形；表面粉红色、肉红色至淡肉红色，遇氢氧化钾变蓝绿色；内部肉红色。子囊壳近球形，埋生于子座内。子囊 350 ～ 400 × 20 ～ 30 μm，窄棒状，内含 6 ～ 8 枚子囊孢子，在梅氏试剂中不变色。子囊孢子 60 ～ 80 × 15 ～ 25 μm，梭形，有砖隔状分隔，近无色至淡黄色。侧丝直径 1 ～ 2 μm，线形，直立。

　　夏秋季生于竹子的枝秆上。寄生菌。分布于云南中部和北部。可入药，用于镇痛、抗炎、抗菌等。

四川地锤菌

Cudonia sichuanensis Zheng Wang

斑痣盘菌目 Rhytismatales　　地锤菌科 Cudoniaceae

　　子囊果高 2.5 ～ 6 cm，头部直径 0.3 ～ 0.8 cm。子实层生头部，表面黄色至蜡黄色，有时表面被有白色膜质残片，残片残留于头部与菌柄的交汇处形成项圈状。菌柄长 2 ～ 5 cm，直径 0.2 ～ 0.5 cm，近圆柱形或向下变细，常压扁并具明显纵向皱纹，淡灰褐色至污白色，下部常常带灰色。菌柄表皮为角胞组织。子囊 130 ～ 150 × 12 ～ 15 μm，近棒状，基部变细，内含 8 枚子囊孢子。子囊孢子 45 ～ 65 × 2 ～ 2.5 μm，针状，外表被胶状物质。

　　夏秋季生于亚高山林中地面腐殖质上或苔藓丛中。腐生菌。分布于云南西北部。食性不明。

黄地勺菌

Spathularia flavida Pers.

斑痣盘菌目 Rhytismatales　　地锤菌科 Cudoniaceae

　　子囊果 4 ～ 6 cm，宽 1 ～ 2.5 cm，勺状至近扇形；子实层表面淡黄色至黄色。菌柄长 1 ～ 3 cm，直径 0.2 ～ 0.4 cm，近圆柱形或向下变细，污白色、奶油色或淡黄色。子囊 90 ～ 120 × 10 ～ 13 μm，近棒状，基部变细，内含 6 ～ 8 枚子囊孢子。子囊孢子 35 ～ 50 × 2 ～ 3 μm，针状，外表被胶状物质。

　　夏秋季生于针叶林中地面腐殖质上。腐生菌。分布于云南西北部。文献记载该菌可食。

黑轮层炭壳
Daldinia concentrica (Bolton) Ces. & De Not.

炭角菌目 Xylariales　　炭团菌科 Hypoxylaceae

子座直径 2 ～ 5 cm，球形至近球形，表面暗紫褐色至黑色，近光滑，小疣稀少，内部纤维状，有灰色至黑色同心环纹。子座色素在氢氧化钾（KOH）溶液中呈淡茶褐色。子囊 180 ～ 220 × 8 ～ 12 μm，圆柱形或窄棒状，内含 8 枚子囊孢子，孢子单列，顶端帽状体在梅氏试剂中变蓝，呈碟形。子囊孢子 15 ～ 17 × 7 ～ 8 μm，不等边椭圆形，光滑，黄褐色至深褐色，芽孔线形，较孢子稍短，在 KOH 溶液中外壁易脱落。

夏秋季生于腐木上。腐生菌。分布于云南中部。可入药，具有抗肿瘤和抗人类免疫缺陷病毒（HIV）的活性。

中华肉球菌　竹生肉球菌
Engleromyces sinensis M.A. Whalley *et al.*

炭角菌目 Xylariales　　炭角菌科 Xylariaceae

子座直径 5 ～ 8 cm，球形至近球形；表面橘黄色、黄褐色至淡褐色，均匀分布有浅褐色的子囊壳孔口，孔口呈小疣状内部白色至淡木色。菌柄阙如。子囊壳 700 ～ 800 × 450 ～ 600 μm，球形、卵圆形至花瓶状。子囊 130 ～ 150 × 15 ～ 20 μm，圆柱形至棒状，内含 8 枚子囊孢子，孢子单列，顶端帽状体在梅氏试剂中变蓝，呈漏斗形或 T 形。子囊孢子 15 ～ 20 × 11 ～ 15 μm，不等边宽椭圆形至近卵形，光滑，无芽孔，深褐色至黑色。

夏秋季生于亚高山竹林中竹竿上。寄生菌。分布于云南西北部。可入药，用于抗菌、消炎、治疗风湿性关节炎等。

黑柄粪壳　乌灵参、鸡枞蛋、鸡枞胆、鸡枞香

Podosordaria nigripes (Klotzsch) P.M.D. Martin [*Xylaria nigripes* (Klotzsch) Cooke]

炭角菌目 Xylariales　　炭角菌科 Xylariaceae

子座地上部分长 5 ～ 10 cm，木质。可育头部长 3 ～ 7 cm，直径 0.3 ～ 0.7 cm，近圆锥状，稀分叉，表面黄褐色或近黑色，稍粗糙。菌柄长 2 ～ 4 cm 或更长，直径 0.2 ～ 0.5 cm，近圆柱形，黑色至暗褐色，通过假根与地下菌核相连。菌核直径 2 ～ 5 cm，近球形，表面黑色，内部白色。子囊壳半埋生。子囊近圆柱形或窄棒状，内含 8 枚子囊孢子。子囊孢子 4 ～ 5.5 × 2 ～ 3 μm，不等边椭圆形，厚壁，黑色。

夏秋季生于热带和亚热带林中地上，与地下废弃的白蚁巢穴相连，在巢穴中的菌圃（菌台）上有其菌核。腐生菌。分布于云南南部和中部。可入药，用于改善免疫力等。

第二节

担子菌门

Section two
Basidiomycota

双孢蘑菇
Agaricus bisporus (J.E. Lange) Imbach

蘑菇目 Agaricales　　蘑菇科 Agaricaceae

菌盖直径 4 ～ 10 cm，初期半球形，后期扁平至伸展；表面污白色至奶油色，常撕裂成鳞片；菌肉白色。菌褶离生，初期粉红色，后期变褐色。菌柄长 3 ～ 5 cm，直径 0.8 ～ 2 cm，污白色；菌环上位至中位，膜质，较厚。担子 20 ～ 25 × 7 ～ 8 μm，双孢，偶尔 4 孢。担孢子 6.5 ～ 8 × 5.5 ～ 6.5 μm，宽椭圆形，光滑，无芽孔，褐色。缘生囊状体 18 ～ 30 × 8 ～ 12 μm，棒状至近圆柱形。锁状联合阙如。

夏秋季生于高山草甸上、废弃牧场或粪堆上。腐生菌。分布于云南西北部。可食。可栽培。

大理蘑菇
Agaricus daliensis H.Y. Su & R.L. Zhao

蘑菇目 Agaricales　　蘑菇科 Agaricaceae

菌盖直径 13 ～ 20 cm，平展中凸；表面浅灰色至浅褐色，干燥，被褐色、灰褐色点状鳞片，呈放射状排列；菌肉白色，肉质。菌褶离生，密，褐色。菌柄长约 15 cm，直径 1.2 ～ 1.5 cm，近圆柱形或向上变细，表面伤后变红褐色；菌环上位，膜质，明显，悬垂，近白色。无特殊气味。担子 13 ～ 16 × 4 ～ 6 μm，短棒状，4 孢。担孢子 4.5 ～ 5.5 × 2.5 ～ 3.2 μm，长椭圆形，光滑，厚壁，褐色。锁状联合阙如。

夏秋季生于林中地上。腐生菌。本种因模式标本产自大理而得名。食性不明。

裂皮黄脚蘑菇
Agaricus endoxanthus Berk. & Broome

蘑菇目 Agaricales　　蘑菇科 Agaricaceae

　　菌盖直径 5 ~ 8 (12) cm，初期半球形，后期扁平至伸展，中央凸起；表面灰色至褐灰色，中央近黑色，成熟后往往辐射状撕裂而露出污白色菌肉；菌肉污白色，受伤后变淡黄色至淡褐色。菌褶离生，初期污白色或淡粉红色，成熟后变淡褐色至褐色。菌柄长 7 ~ 10 cm，直径 0.6 ~ 1 cm，淡灰色至淡褐色，菌环之上近光滑，菌环之下有时有纤丝状鳞片；菌环上位，大，膜质，污白色，下表面有细小的颗粒状鳞片；菌柄基部稍呈杵状，肉白色，受伤后变淡黄色或黄色。担子 15 ~ 20 × 5.5 ~ 7 μm，棒状，4 孢。担孢子 5 ~ 5.5 × 3 ~ 3.5 μm，卵形至宽椭圆形，光滑，无芽孔，褐色。缘生囊状体 15 ~ 20 × 8 ~ 12 μm，宽棒状至洋梨形。锁状联合阙如。

　　夏秋季生于林中地上或粪堆上。腐生菌。分布于云南中部和南部。食性不明。

卷毛蘑菇
Agaricus flocculosipes R.L. Zhao *et al.*

蘑菇目 Agaricales　　蘑菇科 Agaricaceae

　　菌盖直径 8 ~ 15 cm，初期半球形，后期扁平至伸展，中央稍凸起；表面淡黄色至淡硫黄色，擦伤后变黄色，被易脱落的淡黄褐色鳞片；菌肉白色，受伤后不变色。菌褶离生，初期污白色或淡粉红色，成熟后变淡褐色至褐色。菌柄长 7 ~ 15 cm，直径 1.5 ~ 2.5 cm，污白色，受伤后变淡黄色，菌环之上近光滑，菌环之下被白色至污白色、易脱落的秕糠状、木屑状或卷毛状鳞片；菌环上位，大，膜质，白色，下表面有细小的淡黄色至淡褐色颗粒状鳞片；菌柄基部常呈杵状，菌索发育良好。担子 17 ~ 25 × 5.5 ~ 7 μm，棒状，4 孢。担孢子 4.5 ~ 6.5 × 3 ~ 4.5 μm，椭圆形，光滑，无芽孔，褐色。缘生囊状体 15 ~ 25 × 7 ~ 20 μm，棒状至串珠状，常有黄褐色内含物。锁状联合阙如。

　　夏秋季生于林中地上或粪堆上。腐生菌。分布于云南中部和南部。食性不明。

锈绒蘑菇
Agaricus hanthanaensis Karun. & K.D. Hyde

蘑菇目 Agaricales   蘑菇科 Agaricaceae

　　菌盖直径 10 ～ 15 cm，初期半球形，后期扁平至平展；表面污黄色至淡黄褐色，被深褐色、绒状至絮状鳞片；菌肉白色至污白色，受伤后不变色。菌褶离生，初期污白色或淡粉红色，成熟后变淡褐色至褐色。菌柄长 6 ～ 10 cm，直径 1.5 ～ 3 cm，污白色，受伤后变淡黄色，菌环之上近光滑，菌环之下被深褐色、绒状至絮状鳞片；菌环上位，膜质，白色，下表面有白色至淡褐色颗粒状鳞片，易碎；菌柄基部变窄。担子 20 ～ 25 × 6 ～ 8 μm，4 孢。担孢子 4 ～ 6 × 2.5 ～ 3.5 μm，椭圆形，光滑，无芽孔，褐色。缘生囊状体 30 ～ 45 × 5 ～ 10 μm，棒状。锁状联合阙如。

　　夏秋季生于林中地上。腐生菌。分布于云南南部和中部。云南少数市场上有零星出售。

喀斯特蘑菇
Agaricus karstomyces R.L. Zhao

蘑菇目 Agaricales　　蘑菇科 Agaricaceae

菌盖直径 5 ～ 7 cm，初期半球形，后期扁平至伸展，中央凸起；表面污白色，擦伤后变黄色，被灰色至暗灰色、易脱落的细小鳞片；菌肉白色，受伤后不变色。菌褶离生，初期污白色或淡粉红色，成熟后变淡褐色至褐色。菌柄长 6 ～ 8 cm，直径 0.5 ～ 0.8 cm，污白色，菌环之上和之下近光滑；菌环上位，大，膜质，白色至淡黄色，下表面有细小的黄色颗粒状鳞片；菌柄基部近杵状，受伤后变黄色。担子 18 ～ 20 × 6 ～ 8 μm，棒状，4 孢。担孢子 4.5 ～ 5.5 × 3 ～ 3.5 μm，椭圆形，光滑，无芽孔，褐色。缘生囊状体 15 ～ 20 × 7 ～ 17 μm，宽棒状至卵形。锁状联合阙如。

夏秋季生于林中地上或粪堆上。腐生菌。分布于云南中部。食性不明。

细柄青褶伞
Chlorophyllum demangei (Pat.) Z.W. Ge & Zhu L. Yang

蘑菇目 Agaricales　　蘑菇科 Agaricaceae

菌盖直径 2.5 ～ 8.5 cm，中央凸起；表面白色至奶油色，被赭色至黄褐色鳞片，边缘具沟纹；菌肉白色，受伤后变浅红色、淡粉色至橘红色。菌褶离生，白色至奶油色。菌柄长 5 ～ 6 cm，直径 0.2 ～ 0.5 cm，近白色，受伤后变浅黄色至褐色；菌环近顶生，宿存。担子 25 ～ 30 × 7 ～ 9 μm，棒状，4 孢。担孢子 8 ～ 10 × 5.5 ～ 7 μm，近椭圆形，类糊精质。锁状联合阙如。

夏秋季分布于热带林中或林缘地上。腐生菌。分布于云南南部。有毒，误食导致胃肠炎型中毒。

大青褶伞
Chlorophyllum molybdites (G. Mey.) Massee

蘑菇目 Agaricales　　蘑菇科 Agaricaceae

菌盖直径 10 ~ 22 cm，近半球形至平展；表面幼时光滑，成熟后被有粉灰色至炭黑色鳞片；菌肉白色，受伤后不变色。菌褶离生，幼时白色，老后灰绿色至褐绿色。菌柄长 8 ~ 20 cm，直径 1.5 ~ 3 cm，表面近光滑或纤丝状，白色至淡褐色，在菌柄基部受伤后变红褐色至淡粉红色；菌环近顶生，宿存。担子 27 ~ 36 × 11 ~ 14 μm，棒状，4 孢。担孢子 9 ~ 13 × 6 ~ 9 μm，杏仁形至椭圆形，光滑，类糊精质。锁状联合阙如。

夏秋季生于林中地上或公园及房前屋后草地上。腐生菌。分布于云南中部和南部。有毒，误食导致胃肠严重不适，对肝等脏器和神经系统也有损害。

绿褶托菇
Clarkeinda trachodes (Berk.) Singer

蘑菇目 Agaricales　　蘑菇科 Agaricaceae

菌盖直径 8 ~ 15 cm，扁半球形至扁平；表面白色至污白色，被褐色至巧克力色鳞片，中央的鳞片常保持完整，呈一大块状，周围的鳞片则在生长过程中撕裂成块状、反卷、颜色较淡的小鳞片；菌肉近白色，受伤后先变橘红色至红色，最后呈褐色。菌褶初期白色，后转为浅黄绿色，成熟时褐绿色至绿褐色。菌柄长 10 ~ 14 cm，直径 1 ~ 2 cm；菌环上位，膜质；菌托膜质，白色。担子 18 ~ 20 × 6.5 ~ 7 μm，4 孢。担孢子 6 ~ 7.5 × 4 ~ 5 μm，顶端为平截芽孔，类糊精质。缘生囊状体 20 ~ 45 × 15 ~ 20 μm，宽棒状。锁状联合阙如。

夏秋季生于热带和南亚热带路边或林中地上。腐生菌。分布于云南南部低海拔热带地区。食性不明。

毛头鬼伞　鸡腿蘑、鸡腿菇
Coprinus comatus (O.F. Müll.) Pers.

蘑菇目 Agaricales　　蘑菇科 Agaricaceae

菌盖直径5～15 cm，初期椭圆形、卵形至钟形，后期平展；表面白色至灰白色，被黄褐色鳞片，顶端钝圆；菌肉近白色。菌褶初期白色，后转为粉红色，最后变黑色，成熟时自溶。菌柄长10～20 cm，直径1～3 cm，白色；菌环可以上下移动或被撕破而脱落。担子28～40×9～12 μm，棒状，4孢。担孢子9～13×7～9.5 μm，顶端具芽孔，黑褐色。侧生囊状体50～80×15～20 μm，棒状至宽棒状。锁状联合阙如。

夏秋季生于路边、林中或草地上。腐生菌。分布于云南大部。幼时可食，可人工栽培，但老时有毒。文献记载该菌具降血糖作用。

刺皮菇
Echinoderma asperum (Pers.) Bon

蘑菇目 Agaricales　　蘑菇科 Agaricaceae

菌盖直径4～10 cm，扁半球形至近平展；表面污白色至黄褐色，被锥状或颗粒状褐色至暗褐色鳞片；菌肉白色。菌褶离生，密，不等长，污白色。菌柄长5～12 cm，直径0.5～2 cm，菌环以上污白色，近光滑，菌环以下被浅褐色、锥状、易脱落的鳞片；菌环上位，膜质，往往宽大。担子15～24×6～9 μm，棒状，4孢。担孢子5.5～7.5×2～3 μm，侧面观长方椭圆形至近圆柱形，背腹观近圆柱形，光滑，无色。盖表鳞片由膨大细胞连成念珠状。锁状联合常见。

夏秋季生于公园草丛或树林中地上。腐生菌。分布于云南大部。有毒，误食导致胃肠炎型中毒。

紫褐鳞环柄菇
Lepiota brunneolilacea Bon & Boiffard

蘑菇目 Agaricales　　蘑菇科 Agaricaceae

　　菌盖直径 2 ~ 3 cm，扁半球形至平展，中央有钝圆凸起；表面污白色，密被灰褐色至暗褐色鳞片，边缘有时具菌环残片；菌肉白色，受伤后不变色。菌褶离生，白色或奶油色。菌柄长 4 ~ 7 cm，直径 0.3 ~ 0.5 cm，近圆柱状，菌环之上浅褐色、近光滑，菌环之下被浅褐色、褐色至暗褐色鳞片，后者常呈不完整环带状排列；菌环膜质，上表面白色，下表面具褐色鳞片，易脱落；基部稍膨大。担子 27 ~ 42 × 9 ~ 13 μm，棒状，多数 4 孢。担孢子 8 ~ 10.5 × 5 ~ 6.5 μm，光滑，类糊精质。锁状联合常见。

　　夏秋季生于亚高山和温带地区地上。腐生菌。分布于云南西北部。剧毒，误食导致急性肝损害型中毒。

细环柄菇
Lepiota clypeolaria (Bull.) P. Kumm.

蘑菇目 Agaricales　　蘑菇科 Agaricaceae

　　菌盖直径 3 ~ 9 cm，初期近钟形或锥形，后期近扁半球形，中央有钝圆凸起；表面污白色，被浅黄色、黄褐色、浅褐色至茶褐色鳞片；菌肉白色，薄。菌褶离生，白色。菌柄长 5 ~ 12 cm，直径 0.4 ~ 1 cm，上部具有一个似菌环状的环区，白色，绒状至近膜质，易脱落，环区之上的菌柄近光滑、白色，之下的菌柄密被白色、污白色、浅乳色至浅褐色绒状鳞片；菌柄基部常具白色的菌索。担子 20 ~ 45 × 7 ~ 10 μm，棒状，4 孢。担孢子 11 ~ 15 × 5 ~ 7 μm，侧面观纺锤形或近杏仁形，光滑，类糊精质。锁状联合常见。

　　夏秋季生于林中地上。腐生菌。分布于云南各地。食性不明。

光盖环柄菇

Lepiota coloratipes Vizzini *et al.*

蘑菇目 Agaricales   蘑菇科 Agaricaceae

　　菌盖直径 0.8 ~ 3 cm，扁半球形至扁平，中央有钝圆凸起；表面污白色、奶油色至淡褐色，有皱纹，但成熟后盖表近平滑；菌肉白色，薄。菌褶离生，白色至奶油色。菌柄长 1.5 ~ 4 cm，直径 0.1 ~ 0.3 cm，表面浅肉色至淡褐色，有时污白色；菌环丝膜状，易消失。担子 14 ~ 20 × 4.5 ~ 5.5 μm，棒状，4 孢。担孢子 3 ~ 4 × 2.5 ~ 3 μm，宽椭圆形至椭圆形，类糊精质。菌盖表皮由呈子实层状排列的细胞组成。锁状联合常见。

　　夏秋季生于阔叶林或针阔混交林中腐殖质上。腐生菌。分布于云南中部。食性不明。

冠状环柄菇
Lepiota cristata (Bolton) P. Kumm.

蘑菇目 Agaricales　　蘑菇科 Agaricaceae

菌盖直径 1 ～ 7 cm，扁平至平展，中央有钝圆凸起；表面白色至污白色，被红褐色至褐色鳞片，中央红褐色；菌肉白色，具令人作呕的气味。菌褶离生，白色。菌柄长 1.5 ～ 8 cm，直径 0.3 ～ 1 cm，白色或红褐色；菌环白色，下部常环抱于菌柄，易消失。担子 13 ～ 25 × 5 ～ 8 μm，棒状，4 孢。担孢子 5.5 ～ 8 × 2.5 ～ 4 μm，侧面观麦角形或近三角形，类糊精质。盖表鳞片由呈子实层状排列的细胞组成。锁状联合常见。

夏秋季单生或群生于林中、路边、草坪等地上。腐生菌。分布于云南各地。有毒。

拟冠状环柄菇
Lepiota cristatanea J.F. Liang & Zhu L. Yang

蘑菇目 Agaricales　　蘑菇科 Agaricaceae

菌盖直径 1.5 ～ 4.5 cm，初期近钟形或近圆锥形，后期渐平展，中央凸起；表面白色至污白色，被红褐色至褐色鳞片；菌肉白色，具令人作呕的气味。菌褶离生，密，奶油色至白色。菌柄长 3 ～ 7 cm，直径 0.2 ～ 0.5 cm，近圆柱状，浅红褐色至红褐色，近光滑，中空，基部稍膨大，伤后常变土红褐色；菌环上位，膜质，易脱落。担子 13 ～ 18 × 5 ～ 7 μm，棒状，4 孢。担孢子 4 ～ 6 × 2.5 ～ 3 μm，侧面观麦角状，基部近平截，背腹观卵圆形至椭圆形，光滑，类糊精质。缘生囊状体 25 ～ 45 × 10 ～ 18 μm，棒状。盖表鳞片由呈子实层状排列的菌丝组成。锁状联合常见。

夏秋季单生或群生于林中、路边、草坪等地上。腐生菌。分布于云南中部。有毒。

鳞柄环柄菇

Lepiota furfuraceipes H.C. Wang & Zhu L. Yang

蘑菇目 Agaricales　　蘑菇科 Agaricaceae

菌盖直径 3 ～ 8 cm，初期近卵形，后期扁半球形至平展，中央具不明显凸起或无凸起；表面污白色，密被褐色、红褐色至黄褐色的秕糠状小鳞片；菌肉白色，受伤后不变色。菌褶离生，白色至奶油色，干后颜色变深。菌柄长 4 ～ 11 cm，直径 0.4 ～ 0.8 cm，菌环之上白色、近光滑，菌环之下污白色或奶油色且被褐色、黄褐色至红褐色秕糠状或颗粒状鳞片；菌环上位，膜质，宿存。担子 16 ～ 28 × 7 ～ 11 μm，短棒状，4 孢。担孢子 6 ～ 8 × 4 ～ 5 μm，椭圆形至卵形，有时近杏仁形，类糊精质。锁状联合阙如。

夏秋季生于林中或路边地上。腐生菌。分布于云南南部热带地区。食性不明。

珠鸡白环蘑

Leucoagaricus meleagris (Sowerby) Singer

蘑菇目 Agaricales　　蘑菇科 Agaricaceae

菌盖直径 3 ～ 7 cm，幼时半球形或近钟形，成熟后扁半球形至近平展，中央略凸起；表面近白色，受伤后变红褐色，被红褐色至紫褐色小鳞片，边缘具不明显细条纹；菌肉白色，较薄，伤处变红褐色。菌褶离生，白色，干后色变暗或带褐色。菌柄长 5 ～ 7 cm，直径 0.5 ～ 1 cm，顶端白色，近光滑，中、下部有褐色细鳞片，受伤后变红褐色；菌环上位，膜质，白色，后期变深呈褐色至近黑色，多宿存。担子 20 ～ 30 × 9 ～ 12 μm，棒状，4 孢。担孢子 8 ～ 9.5 × 5.5 ～ 7 μm，椭圆形，光滑，类糊精质。锁状联合阙如。

夏秋季群生至丛生于林中地上、腐殖质上或木屑堆上。腐生菌。误食可能引起胃肠炎型中毒。

雪白白环蘑
Leucoagaricus nivalis (W.F. Chiu) Z.W. Ge & Zhu L. Yang

....

蘑菇目 Agaricales   蘑菇科 Agaricaceae

....

　　菌盖直径 1.2 ~ 3 cm，幼时扁半球形，成熟后近平展，中央凸起；表面白色，被辐射状丝质鳞片，边缘老时有细沟纹；菌肉白色，受伤后不变色。菌褶离生，白色。菌柄近圆柱形，长 2 ~ 3 cm，直径 0.2 ~ 0.3 cm，白色；菌环上位至中位，白色，膜质。担子 18 ~ 25 × 8 ~ 10 μm，4 孢。担孢子 6 ~ 7.5 × 3.5 ~ 4.5 μm，杏仁形，无芽孔，类糊精质。盖表皮由呈平伏、辐射状排列的菌丝组成，菌丝直径为 3 ~ 5 μm。锁状联合阙如。

　　夏秋季生于林中地上。腐生菌。分布于云南中部。食性不明。

近丁香紫白环蘑
Leucoagaricus subpurpureolilacinus Z.W. Ge & Zhu L. Yang

....

蘑菇目 Agaricales   蘑菇科 Agaricaceae

....

　　菌盖直径 3 ~ 7 cm，初期卵形至椭圆形，成熟后扁半球形至平展，中央凸起；表面浅褐色、褐色至褐灰色，中部颜色较深，成熟时辐射状龟裂成鳞片；菌肉白色，受伤不变色。菌褶离生，白色。菌柄长 7 ~ 11.5 cm，直径 0.3 ~ 1 cm，近棒状，向上渐细，光滑，中空，白色；菌环上位，白色，膜质，宿存；菌肉白色，受伤后不变色。担子 16 ~ 25 × 6 ~ 9 μm，4 孢。担孢子 8 ~ 9 × 4.5 ~ 6 μm，杏仁形至长卵形，光滑，类糊精质。锁状联合阙如。

　　夏秋季生于林中地上。腐生菌。分布于云南中部。食性不明。

纯黄白鬼伞
Leucocoprinus birnbaumii (Corda) Singer

蘑菇目 Agaricales　　蘑菇科 Agaricaceae

菌盖直径 3 ~ 8 cm，幼时近鼓棒状，成熟后钟形、斗笠形至近平展，中央凸起；表面密被黄色、硫黄色至黄褐色粉末状鳞片，边缘具细密的辐射状条纹；菌肉乳白色，较薄，受伤后不变色。菌褶离生，淡黄色。菌柄长 4 ~ 11 cm，直径 0.2 ~ 0.8 cm，近圆柱状，向基部渐粗，中空，淡黄色至黄色，基部明显膨大；菌环上位，易脱落。担子 18 ~ 32 × 10 ~ 15 μm，棒状，4 孢。担孢子 9 ~ 11 × 6 ~ 7.5 μm，卵状椭圆形或杏仁形，光滑，类糊精质。锁状联合阙如。

夏秋季散生至群生于林中地上，有时见于室内花盆中土上或堆积的腐殖土上。腐生菌。分布于云南各地。有毒。

浅鳞白鬼伞
Leucocoprinus cretaceus (Bull.) Locq.

蘑菇目 Agaricales　　蘑菇科 Agaricaceae

菌盖直径 4 ~ 7 cm，幼时近卵形，成熟后近钟形至平展，中央稍凸起；表面白色，被污白色至淡灰色细小鳞片，边缘具短辐射状条纹；菌肉薄，白色，受伤后不变色。菌褶离生，白色，较稀。菌柄长 7 ~ 11 cm，直径 0.5 ~ 1.5 cm，向上缓慢变细，近基部近梭形，白色至污白色，被污白色细小鳞片；菌环上位，膜质，白色，有时消失。担子 18 ~ 28 × 10 ~ 13 μm，棒状，4 孢。担孢子 9 ~ 11 × 6 ~ 7.5 μm，卵形至椭圆形，光滑，类糊精质。锁状联合阙如。

夏秋季群生至丛生于林中地上、腐殖质上或木屑堆上。腐生菌。分布于云南各地。食性不明。

黄褶大环柄菇
Macrolepiota subcitrophylla Z.W. Ge

蘑菇目 Agaricales　　**蘑菇科 Agaricaceae**

　　菌盖直径 7 ~ 12 cm，扁半球形至平展，中央有乳状凸起；表面白色至近白色，具浅褐黄色、淡褐色或浅红褐色的片状鳞片；菌肉白色，受伤后不变色。菌褶幼时近白色，成熟后浅黄色至奶油色。菌柄长 10 ~ 14 cm，直径 1 ~ 1.6 cm，近圆柱形，密被淡黄色细鳞；基部膨大呈近球形至近平截状；菌环上位，膜质。担子 28 ~ 36 × 11 ~ 12 μm，棒状，4 孢。担孢子 9.5 ~ 11.5 × 6.5 ~ 7.5 μm，侧面观卵状椭圆形至近杏仁形，顶部具有盖芽孔，类糊精质。菌盖表面鳞片由呈栅状排列的细胞组成。锁状联合常见。

　　夏秋季单生或散生于针叶林缘地上。腐生菌。分布于云南中部和西北部。可食。

具托大环柄菇
Macrolepiota velosa Vellinga & Zhu L. Yang

蘑菇目 Agaricales　　**蘑菇科 Agaricaceae**

　　菌盖直径 7 ~ 9 cm，扁半球形至平展，中央有乳状凸起；表面污白色、淡褐色或很淡的紫灰色，被褐色至深褐色片状或块状鳞片；中央褐色至深褐色，具钝凸；有时在盖表鳞片之外还被白色至污白色的膜片状菌托残余；菌肉白色，受伤后不变色。菌褶白色至奶油色。菌柄长 10 ~ 17 cm，直径 0.4 ~ 1 cm，浅褐色至淡紫褐色，基部膨大为近球形；菌环上位，膜质；菌托浅杯状，膜质，白色。担子 25 ~ 30 × 9.5 ~ 11.5 μm，棒状，4 孢。担孢子 9 ~ 11 × 6 ~ 7.5 μm，侧面观近杏仁形至椭圆形，顶部具有盖芽孔，类糊精质。缘生囊状体 44 ~ 68 × 4.5 ~ 7.5 μm，窄棒状。菌盖表面鳞片由近卵形至近球形的细胞组成链状。锁状联合未见。

　　夏秋季生于热带林中地上。腐生菌。分布于云南南部。食性不明。

红褶小伞

Melanophyllum haematospermum (Bull.) Kreisel.

蘑菇目 Agaricales   蘑菇科 Agaricaceae

菌盖直径 0.5 ~ 3 cm，半球形至扁平；表面褐色至暗褐色，密被褐色、暗褐色至近黑色颗粒状至粉末状细小鳞片；菌肉薄，淡粉红色至污白色。菌褶紫红色至葡萄酒红色。菌柄长 2 ~ 6 cm，直径 1.5 ~ 4 mm，淡紫红色、紫红色至紫红褐色，下部被易脱落的粉末状褐色至紫红褐色鳞片；菌环膜质，白色至灰白色，易破碎。担子 13 ~ 16 × 4 ~ 5.5 μm，棒状，4 孢。担孢子 4 ~ 5 × 2 ~ 3 μm，长椭圆形，表面有小疣。菌盖表面鳞片由稀疏排列的菌丝和膨大细胞构成。锁状联合常见。

夏秋季生地表腐殖质上或粪堆上。腐生菌。分布于云南中部。食性不明。

草鸡㙡　兔儿菌、隐花青鹅膏
Amanita caojizong Zhu L. Yang *et al.*

蘑菇目 Agaricales　　鹅膏科 Amanitaceae

　　菌盖直径 5 ～ 15 cm，幼时近钟形，成熟后扁半球形至扁平；表面灰色、深灰色至褐色，具深色纤丝状隐生花纹或斑纹；边缘常悬挂有白色菌环残片；菌肉白色。菌褶白色。菌柄长 8 ～ 15 cm，直径 0.5 ～ 3 cm，白色，常被白色纤毛状至粉末状鳞片；菌环顶生至近顶生，白色；基部腹鼓形至棒状；菌幕残余（菌托）浅杯状，白色至污白色。担子 33 ～ 45 × 8 ～ 11 μm，棒状，4 孢。担孢子 6 ～ 8 × 5 ～ 7 μm，近球形至宽椭圆形，光滑，淀粉质。锁状联合阙如。

　　夏秋季生于针叶林或阔叶林中地上。外生菌根菌。分布于云南大部，特别是滇中高原。可食。

黄环变红鹅膏
Amanita citrinoannulata Yang-Yang Cui *et al.*

蘑菇目 Agaricales　　鹅膏科 Amanitaceae

菌盖直径 3 ~ 7 cm，扁半球形至平展；表面淡黄色、淡褐色、黄褐色、灰褐色至暗褐色，常有橄榄色色调，受伤后变淡红色或红褐色，被污白色、黄褐色、灰褐色至暗褐色的疣状、颗粒状至絮状菌幕残余，边缘平滑；菌肉白色，受伤后缓慢变红褐色。菌褶白色，受伤后缓慢变红褐色。菌柄长 4 ~ 12 cm，直径 0.5 ~ 1 cm，污白色、黄色至灰褐色，受伤后变红褐色，菌环之上被黄色蛇皮纹状鳞片；菌环黄色或淡黄色；基部近球状或椭圆形，直径 0.7 ~ 1 cm，污白色至淡褐色，受伤后常变红色或紫红色，其上半部被灰色或淡灰色菌幕残余。担子 30 ~ 40 × 8 ~ 10 μm，棒状，4 孢。担孢子 7 ~ 9.5 × 5.5 ~ 7 μm，宽椭圆形至椭圆形，光滑，淀粉质。锁状联合阙如。

夏秋季单生或群生于针叶林或针阔混交林中地上。外生菌根菌。分布于云南大部。食性不明。

小托柄鹅膏
Amanita farinosa Schwein.

蘑菇目 Agaricales　　鹅膏科 Amanitaceae

菌盖直径 3 ~ 5 cm，初期半球形，后期扁平至平展；表面浅灰色至浅褐色，被灰色至褐灰色、粉末状有时疣状至絮状菌幕残余，边缘有辐射状长棱纹；菌肉白色。菌褶白色。菌柄长 5 ~ 8 cm，直径 0.3 ~ 0.6 cm，近圆柱形或向上逐渐变细，白色，无菌环；基部膨大呈近球形至卵形，直径达 1 cm，上半部被有灰色至褐灰色粉末状菌幕残余。担子 30 ~ 42 × 9 ~ 11 μm，棒状，4 孢。担孢子 6.5 ~ 8 × 5.5 ~ 7 μm，近球形至宽椭圆形，光滑，非淀粉质。锁状联合阙如。

夏秋季生于林中地上。外生菌根菌。分布于云南大部，特别是滇中高原。有毒，误食导致神经精神型中毒。

黄柄鹅膏
Amanita flavipes S. Imai

蘑菇目 Agaricales　　鹅膏科 Amanitaceae

　　菌盖直径 3.5 ～ 12 cm，扁平至平展；表面浅黄色至黄褐色，被黄色至浅黄色颗粒状至疣状菌幕残余，边缘平滑；菌肉白色至奶油色，受伤后不变色。菌褶白色至淡黄色，褶缘黄色。菌柄长 5 ～ 15 cm，直径 0.5 ～ 2 cm，白色、浅黄色至黄色；菌环上位，膜质；基部近球形、卵状至腹鼓形，直径 1.5 ～ 4 cm，其上半部被浅黄色至黄色、粉末状至疣状菌幕残余。担子 30 ～ 45 × 8 ～ 12 μm，棒状，4 孢。担孢子 7 ～ 9 × 5.5 ～ 7 μm，宽椭圆形至椭圆形，光滑，淀粉质。锁状联合阙如。

　　夏秋季生于针叶林或针阔混交林中地上。外生菌根菌。分布于云南大部，特别是滇中高原。可能有毒，应避免采食。

糠鳞杵柄鹅膏
Amanita franzii Zhu L. Yang *et al.*

蘑菇目 Agaricales　　鹅膏科 Amanitaceae

　　菌盖直径 5 ～ 13 cm，扁平至平展；表面污白色、淡灰色、奶油色至淡黄褐色，被灰色、灰褐色至褐灰色、秕糠状至疣状菌幕残余，边缘具不明显辐射状短沟纹；菌肉白色，受伤后不变色。菌褶白色。菌柄长 7 ～ 20 cm，直径 1 ～ 3 cm，白色至污白色，被淡灰色至灰褐色鳞片；菌环上位，膜质，上表面白色，下表面淡灰色；基部近球形、陀螺状至杵状，直径 1.5 ～ 6 cm，其上半部被深灰色至淡褐色菌幕残余。担子 45 ～ 60 × 10 ～ 12 μm，棒状，4 孢。担孢子 8.5 ～ 10.5 × 6.5 ～ 7.5 μm，宽椭圆形至椭圆形，光滑，弱淀粉质。锁状联合阙如。

　　夏秋季生于亚热带阔叶林或针阔混交林中地上。外生菌根菌。分布于云南中部。可能有毒，应避免采食。

灰花纹鹅膏
Amanita fuliginea Hongo

蘑菇目 Agaricales 鹅膏科 Amanitaceae

菌盖直径 3 ~ 6 cm，幼时近半球形，成熟后扁平至平展；表面深灰色、鼻烟褐色、暗褐色至近黑色，中部色较深，具深色纤丝状隐生花纹或斑纹，光滑或偶有白色破布状菌幕残余；菌盖边缘一般无菌环残余，无沟纹，有时有辐射状裂纹；菌肉白色。菌褶白色；短菌褶近菌柄端渐变窄。菌柄长 6 ~ 10 cm，直径 0.5 ~ 1 cm，白色至淡灰色，常被淡褐色细小鳞片；菌环顶生至近顶生；基部近球形，菌幕残余（菌托）浅杯状。担子 30 ~ 40 × 10 ~ 13 μm，棒状，4 孢。担孢子 7 ~ 9 × 6.5 ~ 8.5 μm，球形至近球形，光滑，淀粉质。锁状联合阙如。

夏秋季生于针阔混交林中地上。外生菌根菌。分布于云南南部。剧毒，误食导致急性肝损害型中毒。

灰褶鹅膏
Amanita griseofolia Zhu L. Yang

蘑菇目 Agaricales 鹅膏科 Amanitaceae

菌盖直径 3 ~ 8 cm，扁平至平展；表面灰色至褐灰色，被灰色至深灰色粉质颗粒状至毡状菌幕残余，边缘具棱纹；菌肉白色至淡灰色，受伤后不变色。菌褶成熟时浅灰色，干后变灰色至深灰色。菌柄长 8 ~ 16 cm，直径 0.5 ~ 1.5 cm，白色至污白色，下半部被灰色、纤丝状鳞片，上半部被灰色鳞片，无菌环；基部不膨大，菌幕残余灰色至深灰色粉质，排列成 1 ~ 3 个不完整的环带。担子 45 ~ 70 × 15 ~ 20 μm，棒状，4 孢。担孢子 10 ~ 13.5 × 9.5 ~ 13 μm，球形至近球形，光滑，非淀粉质。锁状联合阙如。

夏秋季生于针阔混交林中地上。外生菌根菌。分布于云南大部。可食。

灰豹斑鹅膏
Amanita griseopantherina Yang-Yang Cui *et al.*

蘑菇目 Agaricales　　鹅膏科 Amanitaceae

　　菌盖直径 6 ～ 14 cm，近半球形、扁平至平展，中央有时稍凹陷；表面黄褐色、浅褐色、褐色至暗褐色，中部色较深，被近白色至浅灰色角状、疣凸状至圆锥状菌幕残余，边缘稍具辐射状裂纹；菌肉白色。菌褶白色；短菌褶近菌柄端平截。菌柄长 7 ～ 20 cm，直径 1 ～ 3 cm，近圆柱形，向上稍变细，白色至污白色，常被白色至淡褐色纤丝状鳞片；菌环顶生至近顶生；基部近球形，菌幕残余（菌托）常领状。担子 50 ～ 60 × 12 ～ 15 μm，棒状，4 孢。担孢子 9.5 ～ 12 × 8 ～ 10 μm，宽椭圆形，光滑，非淀粉质。锁状联合常见。

　　夏秋季生于亚高山冷杉和云杉林中地上。外生菌根菌。分布于云南中部、西部和西北部。有毒，误食导致神经精神型中毒。

赤脚鹅膏
Amanita gymnopus Corner & Bas

蘑菇目 Agaricales　　鹅膏科 Amanitaceae

　　菌盖直径 5.5 ～ 11 cm，扁半球形；表面白色、奶油色或淡褐色，被淡黄色、淡褐色至褐色破布状鳞片，边缘无沟纹但有絮状物；菌肉白色，受伤后缓慢变淡褐色至褐色，有硫黄气味。菌褶离生至近离生，奶油色、淡黄色至黄褐色。菌柄长 7 ～ 13 cm，直径 0.7 ～ 2 cm，污白色或淡褐色；菌环顶生至近顶生，膜质，白色或奶油色；基部宽棒状至近球形，近光滑。担子 40 ～ 50 × 8 ～ 11 μm，棒状，4 孢。担孢子 6 ～ 8.5 × 5.5 ～ 7.5 μm，近球形至宽椭圆形，淀粉质。锁状联合常见。

　　夏秋季生于热带和亚热带阔叶林或针阔混交林中地上。外生菌根菌。分布于云南南部和中部。有毒，误食导致急性肾衰竭型中毒。

黄蜡鹅膏　蛋黄菌、鸡蛋菌、鹅蛋菌
Amanita kitamagotake N. Endo & A. Yamada

蘑菇目 Agaricales　　鹅膏科 Amanitaceae

菌盖直径 6～10 cm，扁平至平展，中央凸起；表面黄色，一般无菌幕残余，边缘有辐射状长棱纹；菌肉白色，受伤后不变色。菌褶浅黄色；短菌褶近菌柄端平截。菌柄长 8～15 cm，直径 1～1.5 cm，浅黄色至黄色；菌环近顶生，膜质，宿存；基部不膨大；菌幕残余（菌托）袋状，表面白色，厚实，不破裂。担子 38～56×9～12 μm，棒状，4 孢。担孢子 8.5～10.5×6～7.5 μm，椭圆形，光滑，非淀粉质。锁状联合常见。

夏秋季生于松林或针阔混交林中。外生菌根菌。分布于云南中部至西北部。可食。

黄褐鹅膏
Amanita ochracea (Zhu L. Yang) Yang-Yang Cui *et al.*

蘑菇目 Agaricales　　鹅膏科 Amanitaceae

菌盖直径 10～25 cm，扁平至平展，中央凸起；表面赭色至黄褐色，中央褐色，边缘具辐射状长棱纹；菌肉白色，受伤后不变色。菌褶白色，偶浅黄色。菌柄长 15～35 cm，直径 2～5 cm，被黄褐色、黄色至橘红色蛇皮纹状鳞片；菌环上位，黄色至褐黄色；菌幕残余（菌托）袋状，高 2～5 cm，直径 3～6 cm，白色。担子 38～55×10～13 μm，棒状，4 孢。担孢子 9～12.5×7～9 μm，宽椭圆形至椭圆形，光滑，非淀粉质。锁状联合常见。

夏秋季单生或群生于亚高山带针叶林或针阔混交林中地上。外生菌根菌。分布于云南西北部。可食。

东方褐盖鹅膏
Amanita orientifulva Zhu L. Yang *et al.*

蘑菇目 Agaricales　　鹅膏科 Amanitaceae

菌盖直径 5 ～ 15 cm，扁平至平展，中央稍凸起；表面红褐色至褐色或深褐色，光滑，边缘具辐射状棱纹；菌肉白色，受伤后不变色。菌褶白色至奶油色，褶缘淡褐色。菌柄长 8 ～ 15 cm，直径 0.5 ～ 3 cm，污白色至浅褐色，密被红褐色至灰褐色鳞片，无菌环；菌幕残余（菌托）袋状，高 4 ～ 6 cm，直径 1.5 ～ 5 cm，外表面白色并有锈色斑，上部边缘常为浅褐色。担子 50 ～ 85 × 15 ～ 20 μm，棒状，4 孢。担孢子 10 ～ 14 × 9.5 ～ 13 μm，球形至近球形，光滑，非淀粉质。菌幕残余由紧密相连的两层组织构成：外层菌丝较多，排列紧密，内层膨大细胞较丰富。锁状联合阙如。

夏秋季生于针叶林、针阔混交林或阔叶林中地上。外生菌根菌。分布于云南中部和西北部。食性不明。

淡圈鹅膏
Amanita pallidozonata Yang-Yang Cui *et al.*

蘑菇目 Agaricales　　鹅膏科 Amanitaceae

菌盖直径 3.5 ～ 7 cm，扁半球形至平展；表面灰褐色至褐色，光滑或偶有白色菌幕残余，边缘具辐射状长棱纹，棱纹内侧末端有一淡色环圈；菌肉白色，受伤后不变色。菌褶白色。菌柄长 7 ～ 16 cm，直径 0.6 ～ 1 cm，白色至浅褐色，被同色细小鳞片，无菌环；菌幕残余（菌托）袋状至杯状，膜质，外表面白色至污褐色，内表面白色至污白色。担子 50 ～ 70 × 13 ～ 17 μm，棒状，4 孢。担孢子 10 ～ 12 × 9 ～ 11 μm，球形、近球形至宽椭圆形，光滑，非淀粉质。锁状联合阙如。

夏秋季生于亚热带针叶林或针阔混交林中地上。外生菌根菌。分布于云南中部至北部。食性不明。

小豹斑鹅膏

Amanita parvipantherina Zhu L. Yang *et al.*

蘑菇目 Agaricales　　鹅膏科 Amanitaceae

　　菌盖直径 3 ~ 6 cm，扁半球形至平展；表面浅黄色、黄色或黄褐色，被污白色、淡黄色至浅灰色的疣状至角锥状菌幕残余，边缘具辐射状棱纹；菌肉白色，受伤后不变色。菌褶白色至奶油色。菌柄长 4 ~ 10 cm，直径 0.5 ~ 1 cm，浅黄色、奶油色至白色；菌环上位，膜质；基部膨大，近球形至卵形，直径 1 ~ 2 cm，上部被白色、奶油色至淡黄色或浅灰色菌幕残余，有时残余相互连成领口状。担子 45 ~ 58 × 11 ~ 14 μm，长棒状，4 孢。担孢子 8.5 ~ 11.5 × 7 ~ 8.5 μm，宽椭圆形至椭圆形，光滑，非淀粉质。锁状联合阙如。

　　夏秋季生于针阔混交林中地上。外生菌根菌。分布于云南大部。有毒，误食导致神经精神型中毒。

锈脚鹅膏

Amanita rubiginosa Qing Cai *et al.*

蘑菇目 Agaricales　　鹅膏科 Amanitaceae

　　菌盖直径 5 ~ 9 cm，扁半球形至平展；表面淡灰色、灰色、淡褐色或淡灰褐色，被淡灰色、灰色至淡灰褐色的疣状至角锥状菌幕残余，边缘常有菌幕残余；菌肉白色，受伤后不变色。菌褶白色至奶油色。菌柄长 9 ~ 19 cm，直径 0.6 ~ 1.5 cm，上部白色至污白色，下部淡灰色或淡褐色，密被同色秕糠状鳞片；菌环上位，膜质，易消失；基部膨大，近球形，直径 2 ~ 4 cm，淡灰色至污白色，常有锈色色调，上半部被污白色至浅灰色疣状菌幕残余，有时相互连成环带状。担子 35 ~ 60 × 10 ~ 12 μm，长棒状，4 孢。担孢子 8 ~ 10 × 6.5 ~ 8 μm，宽椭圆形至椭圆形，光滑，淀粉质。锁状联合常见。

　　夏秋季生于针阔混交林中地上。外生菌根菌。分布于云南中部和北部。食性不明。

凸顶红黄鹅膏
Amanita rubroflava Yang-Yang Cui *et al.*

蘑菇目 Agaricales　　鹅膏科 Amanitaceae

菌盖直径 7 ～ 12 cm，近半球形至平展，中央明显凸起；表面中央红色至橘红色，边缘黄色至浅黄色，无菌幕残余，边缘有辐射状棱纹；菌肉白色至淡黄色。菌褶黄色；短菌褶近菌柄端多平截。菌柄长 15 ～ 22 cm，直径 0.7 ～ 3 cm，近圆柱形或向上渐细，基部不膨大，黄色，被同色蛇皮纹状鳞片；菌环顶生至近顶生；菌幕残余（菌托）囊状。担子 35 ～ 55 × 9 ～ 13 μm，棒状，4 孢。担孢子 8 ～ 10 × 6.5 ～ 8.5 μm，近球形至宽椭圆形，光滑，非淀粉质。锁状联合常见。

夏秋季生于阔叶林或针阔混交林中。外生菌根菌。分布于云南中部至西北部。可食。

红托鹅膏菌
Amanita rubrovolvata S. Imai

蘑菇目 Agaricales　　鹅膏科 Amanitaceae

菌盖 2 ～ 6.5 cm，半球形至扁平；表面红色至橘红色，边缘橘色至带黄色，被红色、橘红色至黄色粉末状至颗粒状菌幕残余，边缘有辐射状棱纹；菌肉白色，受伤后不变色。菌褶白色。菌柄长 5 ～ 10 cm，直径 0.5 ～ 1 cm；菌环上位；基部膨大至近球形，上半部被红色、橘红色、橙色或淡黄色粉末状菌幕残余，有时呈领口状。担子 35 ～ 48 × 9 ～ 11 μm，棒状，4 孢。担孢子 7.5 ～ 9 × 7 ～ 8.5 μm，球形至近球形，光滑，非淀粉质。锁状联合阙如。

夏秋季生于林中地上。外生菌根菌。分布于云南大部。有毒，误食导致神经精神型中毒。

泰国鹅膏
Amanita siamensis Sanmee *et al.*

蘑菇目 Agaricales 鹅膏科 Amanitaceae

菌盖直径 5 ~ 7 cm；表面黄褐色，有橄榄色色调，密被黄褐色粉末状至颗粒状鳞片，边缘有沟纹。菌褶白色；短菌褶近菌柄端多平截。菌柄长 7 ~ 10 cm，直径 0.7 ~ 1 cm，密被黄褐色粉末状鳞片；菌环上位，膜质，易破碎而脱落；基部近球形，被黄褐色疣状至粉末状鳞片。担子 35 ~ 40 × 10 ~ 14 μm，棒状，4 孢。担孢子 8.5 ~ 11 × 7 ~ 8.5 μm，宽椭圆形至椭圆形，光滑，非淀粉质。锁状联合阙如。

夏秋季生于亚热带阔叶林、针叶林或针阔混交林中地上。外生菌根菌。分布于云南南部和中部。有毒，误食导致神经精神型中毒。

中华鹅膏
Amanita sinensis Zhu L. Yang

蘑菇目 Agaricales 鹅膏科 Amanitaceae

菌盖直径 7 ~ 12 cm，扁半球形至平展；表面污白色至浅灰色，中部浅灰色至深灰色，被灰色、深灰色至灰褐色菌幕残余，边缘有棱纹；菌肉白色，受伤后不变色。菌褶奶油色。菌柄长 10 ~ 15 cm，直径 1 ~ 2.5 cm，污白色至浅灰色，有浅灰色、灰色至深灰色粉末状至絮状鳞片；菌环顶生至近顶生，膜质，易碎；基部棒状至近梭形，上半部被浅灰色、灰色至深灰色粉末状至絮状菌幕残余。担子 40 ~ 65 × 11 ~ 16 μm，棒状，4 孢。担孢子 9.5 ~ 12.5 × 7 ~ 8.5 μm，宽椭圆形至椭圆形，光滑，非淀粉质。锁状联合在子实下层中常见，在其他部位稀少。

夏秋季生于针叶林或针阔混交林中地上。外生菌根菌。分布于云南南部和中部。可食，但不宜多吃。文献记载该菌有抗癌活性。

亚球基鹅膏　灰老头
Amanita subglobosa Zhu L. Yang

蘑菇目 Agaricales　　鹅膏科 Amanitaceae

菌盖直径 4 ～ 10 cm，扁半球形至平展；表面浅褐色至琥珀褐色，被白色至浅黄色、角锥状至疣状菌幕残余，边缘有辐射状棱纹；菌肉白色，受伤后不变色。菌褶白色至奶油色。菌柄长 5 ～ 15 cm，直径 0.5 ～ 2 cm，奶油色至白色；菌环中位至中上位，宿存；基部近球形，直径 1.5 ～ 3.5 cm，上部被有白色、有时浅黄色至浅褐色的小颗粒状至粉末状菌幕残余，在菌柄下部与球状体过渡处菌幕残余常呈领口状。担子 44 ～ 65 × 10 ～ 13 μm，棒状，4 孢。担孢子 8.5 ～ 12 × 7 ～ 9.5 μm，宽椭圆形至椭圆形，光滑，非淀粉质。锁状联合常见。

夏秋季生于针阔混交林中地上。外生菌根菌。分布于云南大部。有毒，误食导致神经精神型中毒。

黄盖鹅膏
Amanita subjunquillea S. Imai

蘑菇目 Agaricales　　鹅膏科 Amanitaceae

菌盖直径 3 ～ 6 cm，扁半球形至扁平；表面黄褐色、污橙黄色至芥黄色，光滑无鳞片，边缘平滑；菌肉白色，受伤后不变色。菌褶白色至奶油色。菌柄长 4 ～ 12 cm，直径 0.3 ～ 1 cm，白色至浅黄色；菌环近顶生至上位，白色；基部近球形，直径 1 ～ 2 cm，菌幕残余（菌托）浅杯状，白色至污白色。担子 30 ～ 48 × 9 ～ 12 μm，棒状，4 孢。担孢子 6.5 ～ 9.5 × 6 ～ 8 μm，球形至近球形，淀粉质。锁状联合阙如。

夏秋季生于林中地上。外生菌根菌。分布于云南大部，特别是中部。剧毒，误食导致急性肝损害型中毒。

锥鳞白鹅膏

Amanita virgineoides Bas

蘑菇目 Agaricales　　鹅膏科 Amanitaceae

　　菌盖直径 7 ～ 15 cm，扁半球形至扁平；表面白色，被白色圆锥状、角锥状至疣状菌幕残余；菌肉白色，受伤后不变色。菌褶白色至奶油色。菌柄长 10 ～ 20 cm，直径 1.5 ～ 3 cm，白色，被白色絮状至粉末状鳞片，后者排列成蛇皮纹状；菌环顶生，白色，易破碎消失；基部膨大，腹鼓形至卵形，在其上半部被白色疣状至颗粒状菌幕残余。担子 40 ～ 51 × 10 ～ 13 μm，棒状，4 孢。担孢子 8 ～ 10 × 6 ～ 7.5 μm，宽椭圆形至椭圆形，光滑，淀粉质。锁状联合常见。
　　夏秋季生于针阔叶林中地上。外生菌根菌。分布于云南大部。文献记载该菌有毒。

赭黄黏皮伞
Zhuliangomyces ochraceoluteus (P.D. Orton) Redhead

蘑菇目 Agaricales　　鹅膏科 Amanitaceae

菌盖直径 3 ~ 7 cm，半球形至扁平，成熟后中央有钝凸；表面褐黄色、褐色至肉桂褐色，凹凸不平，胶黏，边缘有胶化菌幕残余；菌肉白色，有谷粉气味。菌褶离生，不等长，密，奶油色至近白色。菌柄长 5 ~ 10 cm，直径 0.3 ~ 1 cm，近圆柱形，污白色，稍黏；菌环强烈胶化，常悬垂在菌盖边缘。担子 25 ~ 30 × 6 ~ 7 μm，棒状，4 孢。担孢子 4 ~ 5 × 3.5 ~ 4 μm，宽椭圆形至近卵形，透明，无色，壁薄，表面有非常细的小疣。锁状联合常见。

夏秋季生于亚热带阔叶林或针阔混交林中地上。腐生菌。分布于云南中部。食性不明。

橄榄色黏皮伞
Zhuliangomyces olivaceus (Zhu L. Yang *et al.*) Redhead

蘑菇目 Agaricales　　鹅膏科 Amanitaceae

菌盖直径 3 ~ 5 cm，扁半球形至平展，中央宽凸起；表面暗橄榄色至橄榄色，非常胶黏；菌肉白色，受伤后不变色。菌褶离生至近离生，白色至奶油色。菌柄长 5 ~ 7 cm，直径 0.4 ~ 1 cm，近圆柱形，向上渐细；表面白色至污白色，下半部被橄榄色至浅灰色鳞片，非常胶黏；菌肉白色，受伤后不变色；菌环胶质，成熟后消失。担子 23 ~ 35 × 6 ~ 8 μm，棒状，4 孢。担孢子 3.5 ~ 5 × 2.5 ~ 3.5 μm，宽椭圆形至椭圆形，表面稍疣凸状，非淀粉质。锁状联合常见。

夏秋季生于亚热带阔叶林或针阔混交林中地上。腐生菌。分布于云南中部。食性不明。

亚高山松苞菇　老人头
Catathelasma subalpinum Z.W. Ge

蘑菇目 Agaricales　　双环菇科 Biannulariaceae

菌盖直径 10 ~ 15 cm，幼时半球形，成熟后平展半球形，中心稍凹陷，边缘内卷；表面灰白色至灰黄色，老时灰色，具光泽，湿时黏；菌肉白色，致密而厚，具谷粉味。菌褶延生，密，白色。菌柄粗壮，向下渐细，黄白色；菌环上位，膜质，双层，大而明显，黏，白色。担子 35 ~ 45 × 8 ~ 9 μm，棒状，4 孢。担孢子 10 ~ 12 × 5 ~ 6 μm，长圆柱形，光滑，无色，淀粉质。锁状联合常见。

夏秋季生于亚高山带针叶林中地上。外生菌根菌。分布于云南西北部。模式标本采自宁蒗县西川乡高山松林中。可食。

黄环圆头伞
Descolea flavoannulata (Lj.N. Vassiljeva) E. Horak

蘑菇目 Agaricales　　粪伞科 Bolbitiaceae

菌盖直径 6 ~ 8 cm，扁半球形至扁平；表面淡黄色、黄褐色至暗褐色，被黄色细小鳞片，边缘常有辐射状细条纹；菌肉污白色至淡黄色。菌褶初期黄色，后转为褐色至锈褐色。菌柄长 5 ~ 10 cm，直径 0.5 ~ 2 cm，淡黄色至黄褐色，基部有鳞片（菌幕残余）；菌环上位，膜质，黄色。担子 38 ~ 52 × 12 ~ 14 μm，棒状，4 孢。担孢子 13 ~ 16 × 7.5 ~ 9 μm，柠檬形至杏仁形，锈褐色，表面有小疣。锁状联合常见。

夏秋季生于亚热带阔叶林或针阔混交林中地上。外生菌根菌。分布于云南中部。可食。

巨大口蘑　巨伞、大伞
Macrocybe gigantea (Massee) Pegler & Lodge

蘑菇目 Agaricales　　美孢菌科 Callistosporiaceae

　　菌盖直径 8 ~ 20 cm，幼期半球形，后期逐渐平展；表面光滑，灰褐色至褐色，中央颜色较深，边缘内卷；菌肉近白色，受伤后不变色。菌褶弯生，较密，奶油色。菌柄长 10 ~ 20 cm，直径 2 ~ 4 cm，近圆柱形或向上逐渐变细，与菌盖表面同色。担子 25 ~ 35 × 6 ~ 8 μm，棒状，4 孢。担孢子 5 ~ 7.5 × 4 ~ 5 μm，卵形至宽椭圆形，光滑，无色，非淀粉质。囊状体阙如。锁状联合常见。

　　夏秋季生于热带和南亚热带草丛中地上。腐生菌。分布于云南中部和南部。可食。文献记载该菌具抗菌、抗病毒、降血脂等作用。

杏黄丝膜菌
Cortinarius croceus (Schaeff.) Gray

蘑菇目 Agaricales　　丝膜菌科 Cortinariaceae

　　菌盖直径 3 ~ 5 cm，扁半球形至扁平；表面黄褐色至狐狸褐色，边缘淡黄色至淡硫黄色，近光滑或被纤丝状同色鳞片；菌肉黄色至淡黄色，带绿色色调，受伤后不变色，有苦杏仁味。菌褶初期污黄色、褐黄色至杏黄色，后转为锈黄色或褐黄色。菌柄长 7 ~ 10 cm，直径 0.3 ~ 0.7 cm，淡黄色，被淡褐色至锈褐色鳞片；菌环上位，丝膜状，成熟后常消失。担子 25 ~ 30 × 6.5 ~ 8 μm，棒状，4 孢。担孢子 7 ~ 9 × 4.5 ~ 6 μm，椭圆形，锈褐色，表面有细小疣凸。锁状联合常见。

　　夏秋季生于亚高山带针叶林或针阔混交林中地上。外生菌根菌。分布于云南西北部。可能有毒。

喜山丝膜菌　白泡菌
Cortinarius emodensis Berk.

蘑菇目 Agaricales　　丝膜菌科 Cortinariaceae

菌盖直径 6 ～ 15 cm，扁半球形至扁平；表面黄褐色，有辐射状皱纹，被灰色至褐色绒毛状鳞片；菌肉污白色或淡紫罗兰色，受伤后不变色。菌褶初期紫罗兰色，后转为淡褐色至褐色。菌柄长10 ～ 15 cm，直径 1 ～ 3.5 cm，幼时特别是顶端淡紫罗兰色，成熟后变淡黄色至淡褐色；菌环上位，膜质，较厚。担子 40 ～ 60 × 10 ～ 15 μm，棒状，4 孢。担孢子 13 ～ 16 × 8.5 ～ 11 μm，杏仁形至椭圆形，锈褐色，表面有细小疣凸。锁状联合常见。

夏秋季生于亚高山带针叶林或针阔混交林中地上。外生菌根菌。分布于云南西北部。可食。

黑鳞丝膜菌
Cortinarius nigrosquamosus Hongo

蘑菇目 Agaricales　　丝膜菌科 Cortinariaceae

菌盖直径 2 ～ 6 cm，扁半球形至扁平；表面淡黄色并带淡橄榄色色调，密被近黑色的疣状至锥状鳞片；菌肉奶油色至淡黄色，受伤后不变色，有杏仁味。菌褶直生，较稀疏，初期污黄色并带橄榄色色调，后期转为黄褐色。菌柄长 5 ～ 7 cm，直径 0.5 ～ 1.2 cm，白色，菌环之下被黑色至近黑色、常呈环带状的鳞片，基部稍膨大；菌环上位，近黑色，窄而厚。担子 28 ～ 35 × 8 ～ 10 μm，棒状，4 孢。担孢子 7 ～ 8.5 × 5.5 ～ 6.5 μm，宽椭圆形，锈褐色，表面有细小疣凸。锁状联合常见。

夏秋季生于亚热带常绿阔叶林中地上。外生菌根菌。分布于云南中部。食性不明。

相似丝膜菌
Cortinarius similis (E. Horak) Peintner *et al.*

蘑菇目 Agaricales　　丝膜菌科 Cortinariaceae

菌盖直径 5 ~ 8 cm，近钟形、扁半球形至平展；表面中央黄褐色，至边缘变为淡紫罗兰色，初期被灰色至褐色绒毛状鳞片，后期逐渐变为近光滑，有辐射状皱纹；菌肉污白色或淡紫罗兰色，受伤后不变色。菌褶直生至弯生，幼时浅紫罗兰色，成熟后浅褐色至浅锈褐色。菌柄长 7 ~ 11 cm，直径 0.6 ~ 1.5 cm，白色，但顶端浅紫罗兰色；基部稍膨大，常有环带状菌幕残余；菌环上位或中位，膜质，较厚。担子 45 ~ 52 × 12 ~ 14 μm，棒状，4 孢。担孢子 11 ~ 14 × 7.5 ~ 10 μm，杏仁形，锈褐色，表面具疣状纹饰。锁状联合常见。

夏秋季生于热带和亚热带阔叶林中地上。外生菌根菌。分布于云南南部和中部。可食。

近血红丝膜菌
Cortinarius subsanguineus T.Z. Wei *et al.*

蘑菇目 Agaricales　　丝膜菌科 Cortinariaceae

菌盖直径 2.5 ~ 6 cm，半球形至平展，中央稍凸起；菌盖表面暗橘红色、锈红色至红色，被宿存的暗红色小颗粒状鳞片；菌肉淡红色至暗红色，肉质。菌褶幼时红色，老后锈红色。菌柄长 5 ~ 10 cm，直径 0.5 ~ 0.9 cm，表面幼时橘红色，老后具锈色色调，具有红色絮状物，基部稍膨大；丝膜幼时浅红色，老后锈红色。担子 25 ~ 30 × 6 ~ 8 μm，棒状，4 孢。担孢子 6.5 ~ 8 × 4.5 ~ 5.5 μm，椭圆形，表面具小至中等疣凸。锁状联合常见。

夏秋季生于亚高山云杉和川滇高山栎混交林中。外生菌根菌。分布于云南西北部。可能有毒，误食引起胃肠炎型或急性肾衰竭型中毒。

细柄丝膜菌
Cortinarius tenuipes (Hongo) Hongo

蘑菇目 Agaricales　　丝膜菌科 Cortinariaceae

菌盖直径 3 ～ 5 cm，扁半球形至扁平；表面黄色至褐黄色，中部颜色较深，近光滑，干或湿时稍黏；菌肉污白色至奶油色，受伤后不变色。菌褶初期白色，后期转为淡褐色至黄褐色。菌柄长 5 ～ 10 cm，直径 0.7 ～ 1 cm，圆柱形，白色至奶油色，被黄褐色纤丝状鳞片；菌环蛛网状，易消失。担子 35 ～ 40 × 8 ～ 12 μm，棒状，4 孢。担孢子 6.5 ～ 8 × 3.5 ～ 4.5 μm，近杏仁形，锈褐色，表面近光滑。锁状联合常见。

夏秋季生于热带及南亚热带阔叶林或针阔混交林中地上。外生菌根菌。分布于云南南部。可食。

环带柄丝膜菌
Cortinarius trivialis J.E. Lange

蘑菇目 Agaricales　　丝膜菌科 Cortinariaceae

菌盖直径 5 ～ 11 cm，幼时扁半球形，后扁平至近平展，中部稍凸起；表面污黄色、土褐色、赭黄褐色至近褐色，有黏液；菌肉稍厚，污白色，无明显气味。菌褶直生至近弯生，不等长，浅黄褐色至锈褐色，稍密。菌柄长 8 ～ 16 cm，直径 0.6 ～ 2.5(3) cm，圆柱形，向下逐渐变细或稍膨大，污白色至淡褐色或黄褐色，中部以下具明显鳞片，常呈环带状，实心；菌环上位，蛛网状至薄膜状，易消失。担子 35 ～ 45 × 10 ～ 12 μm，棒状，4 孢。担孢子 9 ～ 12 × 5.5 ～ 7.5 μm，近椭圆形或柠檬形，锈黄色，表面粗糙具细疣。锁状联合常见。

夏秋季生于针阔混交林或针叶林中地上。外生菌根菌。分布于云南西北部。可能有毒，误食引起急性肾衰竭型中毒。

网孢靴耳　红靴耳
Crepidotus reticulatus T. Bau & Y.P. Ge

蘑菇目 Agaricales　　**靴耳科 Crepidotaceae**

菌盖直径 1 ～ 2 cm，扇形至贝壳状；表面朱红色，被细小毛状鳞片，边缘内卷；菌肉薄，污白色至粉红色。菌褶奶油色至粉红色，褶缘朱红色。菌柄侧生而短，近白色。担子 20 ～ 25 × 6 ～ 7 μm，棒状，4孢。担孢子 5 ～ 7.5 × 4.5 ～ 5 μm，椭圆形至卵形，金黄色至浅褐色，表面被不完整的网状纹饰。缘生囊状体密集，近梭形，30 ～ 70 × 8 ～ 12 μm，上部细长。锁状联合阙如。

夏秋季生于亚热带林中腐木上。腐生菌。分布于云南中部和南部。食性不明。

硫磺靴耳
Crepidotus sulphurinus Imazeki & Toki

蘑菇目 Agaricales　　**靴耳科 Crepidotaceae**

菌盖直径 0.5 ～ 1 cm，扇形至贝壳状；表面黄色、污黄色至硫黄色，基部被细小毛状鳞片，边缘波状或内卷；菌肉薄，淡黄色。菌褶表面黄褐色至锈褐色。菌柄侧生而短。担子 20 ～ 25 × 6 ～ 8 μm，棒状，4孢。担孢子 9 ～ 10 × 8 ～ 9 μm，球形至近球形，金黄色至浅褐色，有小疣。锁状联合阙如。

夏秋季生于亚热带林中腐木上。腐生菌。分布于云南中部。食性不明。

污白拟斜盖伞
Clitopilopsis albida S.P. Jian & Zhu L. Yang

蘑菇目 Agaricales　　粉褶蕈科 Entolomataceae

菌盖直径 1 ~ 3 cm，扁平、中央稍下陷；表面污白色至淡奶油色，光滑或近光滑，湿时稍黏；菌肉白色，具谷粉味或强烈谷粉味。菌褶延生，初期白色，后期肉黄色。菌柄长 2 ~ 5 cm，直径 0.2 ~ 0.6 cm，污白色至淡黄色，稍黏。担子 20 ~ 30 × 9 ~ 10 μm，棒状，4 孢。担孢子 7 ~ 9.5 × 6 ~ 8.5 μm，球形至近球形，棱角不明显，具脉包状纹饰，近无色透明。侧生囊状体和缘生囊状体棒状，有时分枝，一般具 2 ~ 6 横隔。锁状联合阙如。

夏秋季生于高山草甸地上。腐生菌。分布于云南西北部。食性不明。

皱纹斜盖菇
Clitopilus crispus Pat.

蘑菇目 Agaricales　　粉褶蕈科 Entolomataceae

菌盖直径 2 ~ 7 cm，扁半球形至扁平，中央稍下陷；表面白色，外围有辐射状排列的细脊凸，边缘流苏状；菌肉白色。菌褶延生，初期白色，后期粉红色。菌柄长 2 ~ 6 cm，直径 0.3 ~ 0.8 cm，白色。担子 20 ~ 30 × 8 ~ 10 μm，棒状，4 孢。担孢子 6 ~ 7.5 × 4.5 ~ 5.5 μm，卵形、宽椭圆形至椭圆形，有 8 ~ 11 条纵脊。囊状体阙如。锁状联合阙如。

夏秋季生于热带路边土坡上或林中地上。腐生菌。分布于云南南部。食性不明。

梭孢斜盖伞
Clitopilus fusiformis Di Wang & Xiao L. He

蘑菇目 Agaricales　　粉褶蕈科 Entolomataceae

菌盖直径 2 ～ 14 cm，平展中凹；表面污白色至浅灰色，常有灰色或淡褐色色斑，微粉绒质，干，边缘内卷、稍呈波状；菌肉白色，无味。菌褶短延生，密，全缘，初期白色，成熟后稍带粉红色。菌柄长 2 ～ 7.5 cm，直径 0.3 ～ 0.8 cm，中生至偏生，基部膨大，实心，肉质，白色，基部菌丝白色。担子 30 ～ 35 × 10 ～ 12 μm，棒状，4 孢。担孢子 9.5 ～ 15 × 5.5 ～ 7 μm，梭形，厚壁，具 5 ～ 6 条纵棱，光滑，淡黄褐色。锁状联合阙如。

夏秋季生于林中地上。腐生菌。模式标本产自香格里拉普达措国家公园。分布于云南西北部。不可食。

灰褐斜盖伞
Clitopilus ravus W.Q. Deng & T.H. Li

蘑菇目 Agaricales　　粉褶蕈科 Entolomataceae

菌盖直径 3 ～ 7 cm，平展，边缘内卷；表面浅灰色至灰褐色，微粉绒质，干；菌肉白色，无味。菌褶短延生，密，全缘，初期白色，成熟后淡粉红色。菌柄长 3 ～ 8 cm，直径 0.4 ～ 0.8 cm，近圆柱形，基部膨大，实心，肉质，灰色至灰褐色，基部菌丝白色。担子 30 ～ 35 × 9 ～ 11 μm，棒状，4 孢。担孢子 9 ～ 12 × 5 ～ 7 μm，梭形，厚壁，具 4 ～ 5 条纵棱。锁状联合阙如。

夏秋季生于亚热带常绿阔叶林中地上。腐生菌。分布于云南中部。不可食。

皱盖斜盖菇
Clitopilus rugosiceps S.P. Jian & Zhu L. Yang

蘑菇目 Agaricales   粉褶蕈科 Entolomataceae

菌盖直径 3 ～ 6 cm，扁平至平展；表面污白色、淡灰色至淡灰黄色，边缘波状，并有辐射状棱纹。菌褶延生，初期白色，后期粉红色。菌柄长 2 ～ 5 cm，直径 0.2 ～ 0.8 cm，污白色、淡灰色或淡灰黄色。担子 20 ～ 35 × 7 ～ 12 μm，棒状，4 孢。担孢子 7.5 ～ 11 × 5 ～ 7 μm，杏仁形、柠檬形、近梭形或近卵形，有 5 ～ 7 条纵脊。囊状体阙如。锁状联合阙如。

夏秋季生于亚热带针叶林或针阔混交林中地上。腐生菌。分布于云南中部。食性不明。

黄绿粉褶蕈
Entoloma incanum (Fr.) Hesler

蘑菇目 Agaricales   粉褶蕈科 Entolomataceae

菌盖直径 2 ～ 3 cm，近半球形，中部稍下陷；表面黄绿色至橄榄褐色，有时带灰褐色色调，具辐射状长条纹，光滑或中央被细小鳞片；菌肉白色，薄。菌褶直生，初期白色，成熟后粉红色。菌柄长 3 ～ 5 cm，直径 0.3 ～ 0.4 cm，圆柱形，中空，黄绿色至绿色，受伤后变蓝绿色，基部具白色菌丝。担子 35 ～ 45 × 10 ～ 12 μm，棒状，4 孢。担孢子 11 ～ 14 × 8 ～ 10 μm，淡粉红色，有 6 ～ 8 角。锁状联合阙如。

夏秋季生于亚高山带针叶林或针阔混交林中地上。腐生菌。分布于云南西北部。可能有毒。

方孢粉褶蕈

Entoloma murrayi (Berk. & M.A. Curtis) Sacc. & P. Syd.

蘑菇目 Agaricales   粉褶蕈科 Entolomataceae

菌盖直径 2 ～ 4 cm，圆锥形至钟形，中央具明显乳头状凸起；表面浅黄色至黄色，具光泽，光滑；菌肉白色至奶油色，受伤后不变色。菌褶弯生至离生，初期奶油色，成熟后粉红色。菌柄长 4 ～ 8 cm，直径 0.2 ～ 0.4 cm，圆柱形，淡黄色，中空。担子 40 ～ 50 × 11 ～ 13 μm，棒状，4 孢。担孢子 9.5 ～ 11 × 9 ～ 10 μm，立方体形。锁状联合常见。

夏秋季生于亚热带针阔混交林中地上。腐生菌。分布于云南中部。可能有毒。

近江粉褶蕈

Entoloma omiense (Hongo) E. Horak

蘑菇目 Agaricales   粉褶蕈科 Entolomataceae

菌盖直径 3 ～ 6 cm，圆锥形至钟形；表面灰褐色至黄褐色，具辐射状隐生纤丝纹，光滑，边缘颜色较浅；菌肉薄，近白色，受伤后不变色。菌褶弯生至离生，较密，薄，初期颜色较淡，近白色，成熟后粉红色或淡肉红色。菌柄长 5 ～ 12 cm，直径 0.3 ～ 0.5 cm，近圆柱形，中空，淡黄色或淡黄褐色，近光滑。担子 35 ～ 50 × 10 ～ 14 μm，棒状，4 孢。担孢子 10 ～ 13 × 9 ～ 11 μm，近球状多角形，多数具 5 角。缘生囊状体丰富，近梭形，顶端喙状。锁状联合阙如。

夏秋季生于热带至亚热带林中地上。腐生菌。分布于云南南部和中部。有毒，因其菌盖表面具辐射状隐生纤丝纹，会被误作鸡枞（蚁巢伞）而食用，引起胃肠炎型和神经精神型中毒。

肉红方孢粉褶蕈

Entoloma quadratum (Berk. & M.A. Curtis) E. Horak

蘑菇目 Agaricales　　粉褶蕈科 Entolomataceae

　　菌盖直径 2 ~ 5 cm，圆锥形至钟形，具明显乳头状凸起；表面鲑肉色、肉红色至粉红色，具光泽，光滑，边缘有辐射状纹理；菌肉与菌盖表面同色或颜色稍淡。菌褶弯生至离生，初期颜色较淡，成熟后粉红色或肉红色。菌柄长 5 ~ 10 cm，直径 0.2 ~ 0.5 cm，圆柱形、中空，淡粉红色。担子 35 ~ 55 × 10 ~ 12 μm，棒状，4 孢。担孢子 10 ~ 12 × 9.5 ~ 11 μm，立方体形。缘生囊状体棒状。锁状联合常见。

　　夏秋季生于亚热带针阔混交林中地上。腐生菌。分布于云南中部。可能有毒。

变绿粉褶蕈

Entoloma virescens (Sacc.) E. Horak ex Courtec.

蘑菇目 Agaricales　　粉褶蕈科 Entolomataceae

　　菌盖直径 2 ~ 3 cm，初期锥形，后期平展；表面蓝色至淡蓝色，密被同色或淡褐色反卷鳞片，受伤后变绿色或绿褐色；菌肉淡蓝色，较薄。菌褶弯生，有时近离生，较稀，蓝色。菌柄长 4 ~ 5 cm，直径 0.3 ~ 0.5 cm，近圆柱形，中空，蓝色或与菌盖表面同色，被淡褐色纤毛。担子 43 ~ 60 × 11 ~ 15 μm，棒状，4 孢。担孢子 9 ~ 13 × 9 ~ 11 μm，立方体形。缘生囊状体 40 ~ 60 × 6 ~ 11 μm，窄棒状至近圆柱形。锁状联合常见。

　　夏秋季生于温带、亚热带针阔混交林中地上。腐生菌。分布于云南中部和北部。食性不明。

云南粉褶蕈
Entoloma yunnanense J.Z. Ying

蘑菇目 Agaricales　　粉褶蕈科 Entolomataceae

菌盖直径 0.9 ~ 1.6 cm，半球形至近钟形；表面灰褐色至暗褐色，密被同色、稍反卷的放射状纤毛，干；菌肉灰褐色，厚 0.3 ~ 0.5 mm。菌褶宽 3 ~ 5 mm，弯生至近延生，成熟后稀疏，灰黄褐色。菌柄长 5.5 ~ 8 cm，直径 0.1 ~ 0.2 cm，圆柱状，硬，中空，黄褐色。担子 40 ~ 50 × 12 ~ 16 μm，棒状，4 孢。担孢子 12 ~ 17 × 8 ~ 10 μm，近无色，具 5 ~ 8 角。锁状联合阙如。

夏秋季生于林中地上。腐生菌。分布于云南中部和西北部，少见。模式标本产自宾川鸡足山。食性不明。

白蜡蘑
Laccaria alba Zhu L. Yang & Lan Wang

蘑菇目 Agaricales　　轴腹菌科 Hydnangiaceae

菌盖直径 1 ~ 3.5 cm，扁半球形至扁平；表面白色至污白色，有时有粉红色色调；菌肉薄，白色。菌褶弯生至直生，稀疏，宽 2 ~ 4 mm，淡粉红色。菌柄长 3 ~ 5 cm，直径 0.3 ~ 0.6 cm，近圆柱形，白色至污白色，光滑至有细小纤丝状鳞片；基部菌丝白色。担子 27 ~ 42 × 10 ~ 15 μm，棒状，4 孢。担孢子 7 ~ 9.5 × 7 ~ 9 μm，球形至近球形，表面具小刺；小刺长 1.5 ~ 2 μm。锁状联合常见。

夏秋季生于亚热带阔叶林或针阔混交林中地上。外生菌根菌。分布于云南中部。可食。

橙黄蜡蘑　皮条菌
Laccaria aurantia Popa et al.

蘑菇目 Agaricales　　轴腹菌科 Hydnangiaceae

菌盖直径 1.5～4 cm，扁半球形至平展，中央稍凹陷；表面橙色、肉橙色至橙褐色，具放射状沟纹，水浸状，干后褪色；菌肉薄，与菌盖表面同色。菌褶弯生、直生至延生，稀疏，宽 2～6 mm。菌柄长 4～8 cm，直径 0.3～0.5 cm，圆柱形，中空，纤维质，与菌盖表面同色。担子 38～50×9～12 μm，棒状，4 孢。担孢子球形，直径 7～11 μm，无色，表面具小刺；小刺长 1～1.5 μm。锁状联合常见。

夏秋季生于阔叶林或针阔混交叶林中地上。外生菌根菌。分布于云南中部和北部海拔 2500 m 以上的地区。可食。

尽管本种在发表时其橙色的菌盖被认为是重要的鉴别特征，但从实际采集的标本看，菌盖可以因含水量的不同呈现为深浅不一的颜色，多数为橙褐色。

黄灰蜡蘑 皮条菌
Laccaria fulvogrisea Popa *et al.*

蘑菇目 Agaricales **轴腹菌科 Hydnangiaceae**

菌盖直径 1～3 cm，扁半球形至平展、中央凹陷，有时呈脐状，稍粗糙，具放射状沟纹；表面褐色至紫灰褐色，水浸状，干后褪色（近灰白色）；菌肉薄，与菌盖表面同色。菌褶弯生、直生至延生，宽 1～5 mm，稀疏，较菌盖色稍紫或紫灰色。菌柄长 2～7 cm，直径 0.2～0.5 cm，圆柱形、中空、纤维质，与菌盖表面同色。担子 38～55×9～16 μm，4 孢。担孢子球形，直径 7.5～11 μm，无色，表面具小刺；小刺长 1.5～2.5 μm。锁状联合常见。

夏秋季生于阔叶林或针阔混交叶林中地上。外生菌根菌。分布于云南中部和北部海拔 2500 m 以上的地区。可食。

蓝紫蜡磨 墨水菌
Laccaria moshuijun Popa & Zhu L. Yang

蘑菇目 Agaricales **轴腹菌科 Hydnangiaceae**

菌盖直径 2～4 cm，扁半球形至平展，中部下陷或不下陷；表面蓝紫色至灰紫色，常有细小鳞片，不黏，有辐射状沟纹；菌肉薄，受伤后不变色。菌褶弯生、直生至稍延生，稀疏，与菌盖表面同色或稍深。菌柄长 3～8 cm，直径 0.3～0.8 cm，近圆柱形，与菌盖表面同色，被白色至污白色鳞片。担子 40～50×10～14 μm，棒状，4 孢。担孢子 7～10×7～10 μm，球形至近球形，表面具小刺；小刺长 1.5～2.5 μm。锁状联合常见。

夏秋季生于阔叶林或针阔混交叶林中地上。外生菌根菌。分布于云南中部和北部。可食。

酒红蜡蘑　皮条菌

Laccaria vinaceoavellanea Hongo

蘑菇目 Agaricales　　轴腹菌科 Hydnangiaceae

菌盖直径 2～5 cm，扁半球形至平展，中部常下陷；表面肉褐色至褐灰色，干时褪色，常被细小鳞片，不黏，有长的辐射状沟纹；菌肉薄，受伤后不变色。菌褶弯生、直生至稍延生，与菌盖表面同色或稍深。菌柄长 4～8 cm，直径 0.4～0.8 cm，近圆柱形，与菌盖表面同色或稍深。担子 30～40×10～14 μm，棒状，4 孢。担孢子 7.5～9×7.5～9 μm，球形至近球形，表面具小刺；小刺长 1.5～2.5 μm。锁状联合常见。

夏秋季生于阔叶林或针阔混交叶林中地上。外生菌根菌。分布于云南中部和北部。可食。

云南蜡蘑　皮条菌
Laccaria yunnanensis Popa *et al.*

蘑菇目 Agaricales　　**轴腹菌科 Hydnangiaceae**

菌盖直径 5 ～ 7 cm，扁半球形至平展，中部有时呈脐状；表面肉色至淡褐色，水浸状，干时褪色，具放射状沟纹；菌肉薄，淡肉色或与菌盖表面同色。菌褶直生至弯生，宽 3 ～ 7 mm，稀疏，肉质。菌柄长 3 ～ 10 cm，直径 0.3 ～ 1 cm，具纵向棱纹，中空，淡肉色。担子 40 ～ 50 × 9 ～ 11 μm，棒状，4 孢。担孢子直径 7.5 ～ 10 μm，球形至近球形，表面具小刺；小刺长 1 ～ 1.5 μm。侧生囊状体 50 ～ 60 × 15 ～ 25 μm，棒状至宽棒状。锁状联合常见。

夏秋季生于亚热带阔叶林或针阔混交林中地上。外生菌根菌。分布于云南中部。可食。

硬湿伞
Hygrocybe firma (Berk. & Broome) Singer

蘑菇目 Agaricales　　**蜡伞科 Hygrophoraceae**

菌盖直径 2 ～ 4 cm，初期扁平至平展，后期中央稍下陷；表面深红色、红色至橘红色；菌肉淡黄色，带粉红色色调。菌褶延生，初期白色，后期淡黄色。菌柄长 3 ～ 6 cm，直径 0.3 ～ 0.5 cm，黄色、红色或橘红色。担子二型，大担子 50 ～ 60 × 14 ～ 16 μm；小担子 30 ～ 40 × 6 ～ 8 μm。担孢子二型，大孢子 13 ～ 18 × 7.5 ～ 11 μm，椭圆形至宽椭圆形；小孢子 6 ～ 9 × 3.5 ～ 5 μm，椭圆形。锁状联合常见。

夏秋季生于热带路边土坡上或林中地上。分布于云南南部。食性不明。

环柄蜡伞

Hygrophorus annulatus C.Q. Wang & T.H. Li

蘑菇目 Agaricales   蜡伞科 Hygrophoraceae

菌盖直径 2 ~ 7 cm，扁半球形至平展；表面灰褐色、橄榄褐色至暗褐色，边缘灰褐色至灰色，湿时胶黏；菌肉厚 1.5 ~ 3 mm，白色，柔软，味柔和。菌褶直生至延生，宽 5 ~ 8 mm，较稀疏，白色。菌柄长 6 ~ 15 cm，直径 0.5 ~ 2 cm，近圆柱形，菌环之上白色、光滑，菌环之下被环带状或蛇皮纹状褐色至黑褐色鳞片；菌环上位，黑褐色，细狭。担子 40 ~ 70 × 7.5 ~ 12.5 μm，棒状，4 孢。担孢子 8.5 ~ 11 × 5 ~ 7.5 μm，椭圆形至长椭圆形，光滑，无色。盖表皮黏菌丝平伏型至黏栅状。锁状联合常见。

夏秋季生于亚高山带针叶林或阔叶林中地上。外生菌根菌。分布于云南西北部。可食。

美味蜡伞　米汤菌
Hygrophorus deliciosus C.Q. Wang & T.H. Li

蘑菇目 Agaricales　　蜡伞科 Hygrophoraceae

菌盖直径 4 ～ 14 cm，扁半球形至平展；表面污粉红色至暗紫红色，边缘淡红色或粉红色，湿时稍黏；菌肉厚 1.5 ～ 5 mm，白色或带粉红色色调，味柔和。菌褶稍延生，宽 3 ～ 10 mm，较稀疏，白色至粉红色，受伤后变褐红色。菌柄长 4 ～ 15 cm，直径 1.2 ～ 2.2 cm，污白色或暗紫红色，受伤后不变色。担子 40 ～ 72 × 5 ～ 8 μm，4 孢。担孢子 6 ～ 10 × 4.5 ～ 6.5 μm，长椭圆形，光滑，无色。盖表皮黏菌丝平伏型至黏栅状。锁状联合常见。

夏秋季生于针阔混交叶林中地上。外生菌根菌。分布于云南中部和西北部海拔 2500 m 以上的地区。可食。

小红菇蜡伞
Hygrophorus parvirussula H.Y. Huang & L.P. Tang

蘑菇目 Agaricales　　蜡伞科 Hygrophoraceae

菌盖直径 4 ～ 7 cm，扁半球形至平展；表面淡粉红色至紫红色，被红褐色纤丝状鳞片，湿时胶黏，边缘幼时内卷；菌肉近白色至粉白色。菌褶直生至稍延生，粉红色至浅紫红色，脆。菌柄长 6.5 ～ 7.5 cm，直径 0.5 ～ 1.5 cm，表面淡粉红色至浅紫红色，被浅红褐色纤丝状鳞片。担子 30 ～ 55 × 5 ～ 10 μm，棒状，4 孢。担孢子 7 ～ 9 × 4.5 ～ 6.5 μm，长椭圆形至近椭圆形，光镜下光滑，电镜下具杆菌状纹饰，非淀粉质。锁状联合常见。

夏秋季生于阔叶林或针阔混交林中地上。外生菌根菌。分布于云南中部和西北部。可食。

荷叶地衣亚脐菇
Lichenomphalia hudsoniana (H.S. Jenn.) Redhead *et al.*

蘑菇目 Agaricales　　蜡伞科 Hygrophoraceae

菌盖直径 1 ~ 3 cm，扁半球形至平展，中央下陷；表面淡黄色至奶油色，光滑，不黏，边缘有辐射状沟纹；菌肉淡黄色，较薄。菌褶直生，奶油色至淡黄色，较稀。菌柄长 3 ~ 5 cm，直径 0.3 ~ 0.5 cm，白色至淡黄色，基部叶状体绿色至深绿色，丛生，直径 0.5 ~ 1.2 cm。担子 32 ~ 37 × 7 ~ 8 μm，4 孢。担孢子 7 ~ 8.5 × 3.5 ~ 4.5 μm，椭圆形，光滑，无色。锁状联合阙如。

夏秋季生于亚高山林中地上，与藻类共生并形成叶状体和担子果。共生菌。分布于云南西北部。食性不明。

灰头伞
Spodocybe rugosiceps Z.M. He & Zhu L. Yang

蘑菇目 Agaricales　　蜡伞科 Hygrophoraceae

菌盖直径 2 ~ 4 cm，初期近平展，成熟后边缘反翘；表面有皱曲或辐射状皱纹，暗灰色至褐灰色，边缘波状；菌肉白色至乳白色，受伤后不变色。菌褶延生，较稀，白色至乳白色。菌柄长 2 ~ 4 cm，直径 0.2 ~ 0.5 cm，圆柱状，近光滑，表面与菌盖表面同色或稍淡。担子 20 ~ 24 × 5 ~ 6 μm，棒状，多数 4 孢。担孢子 5 ~ 6 × 3 ~ 3.5 μm，椭圆形至长椭圆形，非淀粉质，光滑，无色。锁状联合常见。

夏秋季生于亚热带针叶林或针阔混交林中腐殖质上。腐生菌。分布于云南中部和北部。食性不明。

纹缘盔孢伞

Galerina marginata (Batsch) Kühner

蘑菇目 Agaricales   层腹菌科 Hymenogastraceae

　　菌盖直径 2 ～ 4.5 cm，半球形至平展，中央常凸起；表面黄褐色至褐色，水浸状，边缘具辐射状条纹；菌肉薄，褐色。菌褶直生或稍延生，淡褐色或铁锈色。菌柄长 5.5 ～ 8 cm，直径 0.3 ～ 0.9 cm，中空，褐色至锈褐色；菌环上位，易脱落。担子 20 ～ 30 × 7 ～ 8.5 μm，棒状，4 孢。担孢子 8 ～ 10 × 5 ～ 6 μm，椭圆形，表面具疣凸，褐色。锁状联合常见。

　　夏秋季群生于亚高山带针叶林中倒木上。腐生菌。分布于云南西北部。剧毒，误食导致肝损害型中毒。

长沟盔孢伞
Galerina sulciceps (Berk.) Boedijn

蘑菇目 Agaricales　　层腹菌科 Hymenogastraceae

菌盖直径 2 ~ 3 cm，扁平至平展，中央稍下陷且具乳头状小凸起；表面光滑，边缘波状，具明显可达菌盖中央的辐射状沟条，黄褐色。菌褶弯生至直生，稀疏，淡黄褐色。菌柄长 2 ~ 5 cm，直径 0.2 ~ 0.5 cm，顶端黄色，向下颜色变深，基部黑褐色。担子 28 ~ 35 × 6 ~ 7 μm，棒状，4 孢。担孢子 7.5 ~ 10 × 4.5 ~ 5 μm，杏仁形至椭圆形，具小疣和盔状外膜，锈褐色。侧生囊状体 60 ~ 90 × 12 ~ 15 μm，花瓶状，且具一明显的长颈。锁状联合常见。

夏秋季生于热带至南亚热带林中腐殖质上或腐木上。腐生菌。分布于云南南部和西南部。剧毒，误食导致肝损害型中毒。

绿褐裸伞
Gymnopilus aeruginosus (Peck) Singer

蘑菇目 Agaricales　　层腹菌科 Hymenogastraceae

菌盖直径 2.5 ~ 7 cm，扁平至平展；表面污白色至淡紫色，局部淡绿色，被暗褐色鳞片；菌肉淡黄色至奶油色，苦。菌褶弯生至近直生，褐黄色至淡锈褐色。菌柄长 2 ~ 3 cm，直径 0.2 ~ 0.5 cm，近圆柱形，褐色至紫褐色，有细小纤丝状鳞片；菌环上位，膜质，淡褐色；基部菌丝奶油色至淡黄色。担子 25 ~ 30 × 6 ~ 8 μm，棒状，4 孢。担孢子 7 ~ 8.5 × 4 ~ 5 μm，椭圆形至卵形，表面有小疣，无芽孔，黄褐色。锁状联合常见。

夏秋季生于亚热带和温带林中腐木上。腐生菌。分布于云南中部和北部。有毒，误食导致胃肠炎型和神经精神型中毒。

热带紫褐裸伞
Gymnopilus dilepis (Berk. & Broome) Singer

蘑菇目 Agaricales　　层腹菌科 Hymenogastraceae

　　菌盖直径 3 ～ 7 cm，扁平至平展；表面紫褐色，中央被褐色至暗褐色直立鳞片，边缘被平伏丝状鳞片；菌肉淡黄色至奶油色，苦。菌褶弯生至近直生，褐黄色至淡锈褐色。菌柄长 4 ～ 7 cm，直径 0.3 ～ 1 cm，近圆柱形，褐色至紫褐色，有细小纤丝状鳞片；基部菌丝奶油色至淡黄色；菌环丝膜状，易消失。担子 18 ～ 24 × 5 ～ 7 μm，棒状，4 孢。担孢子 6 ～ 8.5 × 4.5 ～ 6 μm，椭圆形至卵形，表面有小疣，无芽孔，黄褐色。锁状联合常见。

　　夏秋季生于热带和南亚热带林中腐木上。腐生菌。分布于云南南部。有毒，误食导致神经精神型中毒。

橘黄裸伞

Gymnopilus spectabilis (Fr.) Singer

蘑菇目 Agaricales　　层腹菌科 Hymenogastraceae

　　菌盖直径 3 ～ 8 cm，扁平至平展；表面橘黄色至橘红色，中部色稍深，被褐色至淡褐色的纤毛状鳞片，鳞片易被雨水冲刷而脱落；菌肉黄色至淡黄色，苦。菌褶弯生至近直生，较密、黄色、黄褐色至锈褐色。菌柄长 4 ～ 8 cm，直径 5 ～ 10 mm，近圆柱形，基部渐细，内实；表面淡黄色至黄色，被褐色至淡褐色纤毛状鳞片；菌环上位，膜质，黄色至黄褐色，上表面常落有大量担孢子而呈锈褐色。担子 30 ～ 35 × 7 ～ 8.5 μm。担孢子 7 ～ 9.5 × 5 ～ 6.5 μm，椭圆形，稀杏仁形，表面有小疣，无芽孔，锈褐色。锁状联合常见。

　　夏秋季生于亚热带和温带林中腐木上。腐生菌。分布于云南中部和北部。有毒，误食导致神经精神型中毒。

窄褶滑锈伞

Hebeloma angustilamellatum (Zhu L. Yang & Z.W. Ge) B.J. Rees

蘑菇目 Agaricales　　层腹菌科 Hymenogastraceae

　　菌盖直径 3 ~ 10 cm，幼时近钟形，成熟后扁半球形至平展；表面淡褐色至黄褐色，至边缘颜色变淡，具辐射状皱纹，被细小、易脱落的鳞片；菌肉白色至污白色。菌褶密，低矮，淡黄色至褐色。菌柄长 5 ~ 12 cm，直径 0.5 ~ 1.5 cm，污白色至淡褐色或淡灰色；菌环上位，细小，易消失。担子 30 ~ 40 × 7 ~ 11 μm，棒状，4 孢。担孢子 9.5 ~ 11 × 7 ~ 8.5 μm，侧面观杏仁形至近杏仁形，正面观近柠檬形，锈褐色。锁状联合常见。

　　夏秋季生于热带至南亚热带林中地上。外生菌根菌。分布于云南南部。可能有毒。

小孢滑锈伞
Hebeloma parvisporum Sparre Pedersen *et al.*

蘑菇目 Agaricales　　层腹菌科 Hymenogastraceae

菌盖直径 7 ~ 12 cm，半球形至扁半球形；表面黄褐色、边缘色较浅，干燥或稍胶黏，有时龟裂，被环带状菌幕残余；菌肉污白色，受伤后不变色。菌褶弯生至延生，幼时近白色至淡灰色，成熟后淡粉红色至淡紫褐色。菌柄长 7.5 ~ 15.5 cm，直径 0.9 ~ 3 cm，基部呈棒状，表面被絮状物，老后中空，白色至牛皮色；菌环较大，膜质，污白色。担子 20 ~ 29 × 6 ~ 9 μm，棒状，4 孢。担孢子 6.5 ~ 8 × 4.5 ~ 6.5 μm，杏仁形至近椭圆形，表面具疣凸，锈褐色。锁状联合常见。

夏秋季生于热带至南亚热带林中地上。外生菌根菌。分布于云南南部。一般认为有毒，但在老挝报道可食。

紫色暗金钱菌
Phaeocollybia purpurea T.Z. Wei *et al.*

蘑菇目 Agaricales　　层腹菌科 Hymenogastraceae

菌盖直径 2 ~ 6 cm，初期近圆锥形，后期平展，中央凸起；表面紫罗兰色、灰紫色至褐紫色，光滑；菌肉紫色至紫灰色。菌褶密，弯生，紫灰色至灰褐色。菌柄长 2 ~ 6 cm，直径 0.3 ~ 0.6 cm，紫灰色至灰紫色，有假根。担子 20 ~ 25 × 5 ~ 6 μm，棒状，4 孢。担孢子 3.5 ~ 5 × 3 ~ 4 μm，椭圆形至近柠檬形，表面有细疣，锈褐色。缘生囊状体 20 ~ 30 × 3.5 ~ 5 μm，棒状，顶端有尾尖。锁状联合常见。

夏秋季生于亚热带林中地上。腐生菌。分布于云南西南部。食性不明。

粗鳞丝盖伞
Inocybe calamistrata (Fr.) Gillet

蘑菇目 Agaricales　　丝盖伞科 Inocybaceae

菌盖直径 2 ~ 3 cm，幼时钟形至半球形，后期为扁半球形；表面褐色至土褐色，被细密、反卷褐色鳞片；菌肉污白色，受伤或切开后变淡红色。菌褶直生，初期乳白色，成熟后褐色带橄榄色色调。菌柄长 4 ~ 6 cm，直径 0.3 ~ 0.6 cm，褐色，基部蓝绿色，表面被褐色的粗糙鳞片，顶端具白色头屑状细小颗粒。担子 35 ~ 45 × 7.5 ~ 9.5 μm，棒状，4 孢。担孢子 8.5 ~ 10.5 × 4.5 ~ 5.5 μm，椭圆形至稍肾形，光滑，褐色。缘生囊状体 30 ~ 45 × 6 ~ 9 μm，棒状至窄棒状。锁状联合常见。

夏秋季生于亚热带和温带针叶林中地上。外生菌根菌。分布于云南中部和北部。有毒，误食导致神经精神型中毒。

萝卜色丝盖伞

Inocybe caroticolor T. Bau & Y.G. Fan

蘑菇目 Agaricales　　丝盖伞科 Inocybaceae

菌盖直径 2 ~ 3.5 cm，扁半球形至平展，中央有钝圆凸起；表面橙黄色、杏黄色至赭黄色，被黄褐色或红褐色鳞片；菌肉奶油色或淡杏黄色。菌褶弯生至直生，胡萝卜黄色、浅橘黄色至杏黄色，老时淡褐色。菌柄长 2 ~ 5 cm，直径 0.2 ~ 0.5 cm，圆柱形，胡萝卜黄色、淡橘黄色至杏黄色，被污白色或淡黄色粉末状鳞片。担子 25 ~ 35 × 6 ~ 9 μm，棒状，4 孢。担孢子 6 ~ 8.5 × 4.5 ~ 5.5 μm，具 7 ~ 9 个结节状疣凸，褐色至淡褐色。侧生囊状体和缘生囊状体厚壁，常见，顶端有结晶。锁状联合常见。

夏秋季生于亚热带林中地上。外生菌根菌。分布于云南中部。有毒，误食导致神经精神型中毒。

土味丝盖伞

Inocybe geophylla P. Kumm.

蘑菇目 Agaricales　　丝盖伞科 Inocybaceae

菌盖直径 1.2 ~ 3 cm，初期锥状，后期钟形至扁半球形；表面白色至污白色，成熟后边缘撕裂，不黏；菌肉厚 1 mm，白色，具腥味。菌褶弯生，宽 1.5 ~ 6 mm，初期白色，成熟后变灰褐色至褐色。菌柄长 3.5 ~ 6 cm，直径 0.2 ~ 0.3 cm，基部稍膨大，表面白色，近光滑或被丝质纤毛。担子 30 ~ 40 × 8 ~ 11 μm，棒状，4 孢。担孢子 8 ~ 12 × 5 ~ 6 μm，长椭圆形，光滑，黄褐色。侧生囊状体和缘生囊状体显著，51 ~ 69 × 12 ~ 20 μm，纺锤形烧瓶状，厚壁，顶部具结晶。锁状联合常见。

夏秋季生于针阔混交叶林中地上。外生菌根菌。分布于云南中部和北部。有毒，误食导致神经精神型中毒。

黄丝盖伞
Inocybe lutea Kobayasi & Hongo

蘑菇目 Agaricales　　**丝盖伞科 Inocybaceae**

菌盖直径 4 ~ 6 cm，幼时钟形至半球形，后期为扁半球形，中央有钝圆凸起；表面淡褐色至黄褐色，边缘黄色，被反卷褐色或黄褐色鳞片；菌肉污白色，受伤或切开后不变色。菌褶弯生，硫黄色，成熟后黄褐色。菌柄长 3 ~ 6 cm，直径 0.5 ~ 1 cm，基部近球形，表面被淡黄纤丝状鳞片，奶油色、淡黄色或黄色。担子 22 ~ 27 × 7 ~ 8.5 μm，棒状，多数 4 孢。担孢子 7 ~ 9.5 × 4.5 ~ 5.5 μm，宽椭圆形至椭圆形，表面有角状疣凸，黄褐色。缘生囊状体和侧生囊状体 45 ~ 60 × 10 ~ 18 μm，近梭形至花瓶状，厚壁，顶端有结晶。锁状联合常见。

夏秋季生于亚热带针阔混交林中地上。外生菌根菌。分布于云南中部和南部。有毒，误食导致神经精神型中毒。

黄毛裂盖伞
Pseudosperma citrinostipes Y.G. Fan & W.J. Yu

蘑菇目 Agaricales　　**丝盖伞科 Inocybaceae**

菌盖直径 3 ~ 6 cm，幼时钟形至半球形，后期为扁半球形至平展；表面黄褐色或稻草黄色，被同色辐射状撕裂鳞片；菌肉污白色至奶油色，受伤或切开后不变色。菌褶弯生，初期乳白色，成熟后淡黄褐色或淡褐色，有时有橄榄色色调。菌柄长 4 ~ 10 cm，直径 0.5 ~ 0.8 cm，表面奶油色或淡黄色，被淡黄色至黄色纤丝状鳞片，基部菌丝白色。担子 20 ~ 40 × 12 ~ 15 μm，棒状，多数 4 孢。担孢子 10 ~ 15 × 7 ~ 9 μm，椭圆形至长椭圆形，光滑，淡黄色至黄褐色。缘生囊状体 30 ~ 70 × 10 ~ 18 μm，坛状、花瓶状或窄棒状等。锁状联合常见。

夏秋季生于亚热带阔叶林或云南油杉林中地上。外生菌根菌。分布于云南中部。有毒，误食导致神经精神型中毒。

纺锤形马勃

Lycoperdon fusiforme M. Zang

蘑菇目 Agaricales　　马勃科 Lycoperdaceae

担子果高 2 ～ 4.5 cm，直径 1.4 ～ 1.8 cm，纺锤形，顶部钝圆；表面幼时浅黄褐色，具褐色顶部，成熟后褐色，顶部开口，密被褐色细小疣点，常由于疣点不均匀分布形成近似网纹式样。产孢组织幼时纯白色，成熟后橄榄褐色。担孢子直径 3.5 ～ 4 μm，球形，表面具微小疣状凸起，橄榄褐色。锁状联合阙如。

秋季生于亚高山带针阔混交林中苔藓层上。腐生菌。分布于云南西北部。食性不明。

网纹马勃

Lycoperdon perlatum Pers.

蘑菇目 Agaricales　马勃科 Lycoperdaceae

担子果高 3 ～ 5 cm，直径 2 ～ 4.5 cm，倒卵形至陀螺形；表面初期近白色或奶油色，成熟后变灰黄色或黄褐色，被灰色或灰褐色、疣状或刺状、易脱落的鳞片，鳞片脱落后形成淡色圆点，相互连接成网纹。基部发达或伸长如柄，长 1 ～ 2.5 cm，直径 0.5 ～ 1.5 cm，常被褐色疣状鳞片。担子 10 ～ 15 × 5 ～ 7 μm，宽棒状，4 孢。担孢子球形，直径 3.5 ～ 4 μm，表面具微细刺凸或疣凸，橄榄褐色。锁状联合阙如。

夏秋季生于针叶林或阔叶林中地上。腐生菌。分布于云南各地。幼时可食。可入药，具消肿、止血、抗菌等作用。

变色丽蘑
Calocybe decolorata X.D. Yu & Jia J. Li

蘑菇目 Agaricales   离褶伞科 Lyophyllaceae

菌盖直径 2 ~ 3 cm，扁半球形至平展，中央下陷呈脐状；表面黄色至金黄色，中央颜色稍深，环境干燥时变为黄褐色，有时水浸状，不黏；菌肉黄色至淡黄色，较薄。菌褶弯生，密，奶油色，受伤后缓慢变淡灰色或淡褐色，在干标本上呈褐灰色。菌柄长 2 ~ 3 cm，直径 0.2 ~ 0.4 cm，近圆柱形，褐黄色或较菌盖颜色稍淡；基部菌丝白色。担子 16 ~ 18 × 5 ~ 6 μm，短棒状，4 孢。担孢子 3 ~ 3.5 × 2 ~ 3 μm，宽椭圆形至卵形，光滑，无色。囊状体未见。锁状联合常见。

夏秋季生于温带、亚热带针阔混交林中地上。腐生菌。分布于云南中部。食性不明。

紫皮丽蘑
Calocybe ionides (Bull.) Kühner

蘑菇目 Agaricales   离褶伞科 Lyophyllaceae

菌盖直径 2 ~ 5 cm，扁半球形至扁平；表面紫罗兰色至蓝紫色，有时有灰色至褐色色调；菌肉白色或稍带蓝紫色。菌褶弯生，白色至奶油色。菌柄长 3 ~ 6 cm，直径 0.3 ~ 0.6 cm，与菌盖表面同色。担子 25 ~ 28 × 5 ~ 7 μm，棒状，4 孢。担孢子 5 ~ 6 × 2.5 ~ 3 μm，椭圆形，光滑，无色。囊状体未见。锁状联合常见。

夏秋季生于林中地上。腐生菌。分布于云南大部。可食。

赭黄丽蘑

Calocybe ochracea (R. Haller Aar.) Bon

蘑菇目 Agaricales　　离褶伞科 Lyophyllaceae

　　菌盖直径 3 ～ 9 cm，扁半球形至平展；表面污黄色或赭黄色，带灰色或褐色色调，中央颜色稍深，光滑或被细小同色鳞片；菌肉淡黄色，受伤后缓慢变淡紫色。菌褶弯生，污黄色，受伤后迅速变红褐色，最后变暗褐色或近黑色。菌柄长 2 ～ 4 cm，直径 0.4 ～ 1(1.5) cm，近圆柱形或向上逐渐变细，被纤丝状或绒毛状鳞片，淡灰色。担子 18 ～ 20 × 4.5 ～ 6 μm，棒状，4 孢。担孢子 3 ～ 4 × 2.5 ～ 3 μm，宽椭圆形或卵形，光滑，无色。锁状联合常见。

　　夏秋季生于亚热带林中地上。腐生菌。分布于云南中部。食性不明。

云南格氏伞
Gerhardtia yunnanensis M. Mu & L.P. Tang

蘑菇目 Agaricales　　离褶伞科 Lyophyllaceae

　　菌盖直径 5 ~ 16 cm，半球形至平展，中心稍凹陷，边缘稍内卷；表面黄褐色，中部颜色较深，边缘近白色，光滑，湿时黏，具放射状沟纹，水浸状；菌肉厚 1 ~ 3 mm，黄褐白色。菌褶宽 2 ~ 8 mm，直生，幼时密，成熟后中等稀疏，白色至奶油色。菌柄长 5.5 ~ 8 cm，直径 0.8 ~ 2 cm，圆柱形或向下渐细，污白色至浅黄褐色。担子 25 ~ 37 × 6 ~ 7 μm，棒状，4 孢，含嗜铁颗粒。担孢子 5.5 ~ 6.5 × 2.5 ~ 3 μm，圆柱形或长椭圆形，薄壁，表面具微小疣凸，无色。锁状联合阙如。

　　夏秋季生于亚热带林中地上。腐生菌。分布于云南东部、中部和西部。食性不明，不建议采食。

烟熏离褶伞
Lyophyllum deliberatum (Britzelm.) Kreisel
[*Lyophyllum infumatum* (Bres.) Kühner]

蘑菇目 Agaricales　　离褶伞科 Lyophyllaceae

菌盖直径 4 ～ 7 cm，扁半球形至平展；表面灰色至褐灰色，光滑，有匍匐辐射状的纤毛；菌肉白色至污白色，受伤后变灰色至近黑色。菌褶宽达 5 mm、延生、直生至弯生，白色至灰白色，受伤后变灰色至近黑色。菌柄长 5 ～ 7 cm，直径 0.3 ～ 1 cm，向上变细，污白色至淡灰色，受伤后变灰色至近黑色。担子 33 ～ 37 × 9 ～ 11 μm，棒状，4 孢。担孢子 8 ～ 11 × 6 ～ 7 μm，近菱形，无色。锁状联合常见。

夏秋季生于亚高山带针叶林中地上。分布于云南西北部。可食。

褐离褶伞　簇生离褶伞、一窝菌
Lyophyllum fumosum (Pers.) P.D. Orton

蘑菇目 Agaricales　　离褶伞科 Lyophyllaceae

子实体簇生。菌盖直径 2 ～ 6 cm，扁半球形至平展；表面灰色至灰褐色，光滑，不黏或湿时较黏；菌肉白色，不变色。菌褶直生至弯生，密，白色至污白色。菌柄长 3 ～ 9 cm，直径 0.5 ～ 1.6 cm，近圆柱形，白色至灰白色，多个菌柄长在一起，形成块状基部。担子 35 ～ 45 × 8 ～ 10 μm，棒状，4 孢。担孢子 5 ～ 6.5 × 5 ～ 6 μm，球形至近球形，光滑。锁状联合常见。

夏秋季生于林中地上。腐生菌。分布于云南中部和北部。可食。

墨染离褶伞
Lyophyllum semitale (Fr.) Kühner ex Kalamees

蘑菇目 Agaricales　　离褶伞科 Lyophyllaceae

菌盖直径 3 ~ 8 cm，扁半球形至平展；表面灰色至褐灰色，光滑，稍水浸状；菌肉白色，受伤后变灰色。菌褶宽达 5 mm，直生，淡灰色，受伤后变淡褐色、褐色至近黑色。菌柄长 2 ~ 10 cm，直径 1 ~ 1.5 cm，向上变细，污灰色至淡灰色。担子 30 ~ 35 × 7 ~ 9 μm，棒状，4 孢。担孢子 7 ~ 9 × 4 ~ 5 μm，椭圆形至近瓜子形，光滑。锁状联合常见。

夏秋季生于针叶林中地上。外生菌根菌。分布于云南中部和北部。可食。

玉蕈离褶伞　一窝菌、北风菌、冷菌
Lyophyllum shimeji (Kawam.) Hongo

蘑菇目 Agaricales　　离褶伞科 Lyophyllaceae

菌盖直径 3 ~ 10 cm，幼时半球形，后期逐渐平展；表面灰色或浅褐色至暗褐色，近光滑；菌肉白色或灰白色，受伤后不变色。菌褶弯生，初期白色，成熟后灰白色至淡灰色，受伤后不变色。菌柄长 5 ~ 12 cm，直径 0.5 ~ 2 cm，白色或灰白色，表面光滑或具同色纤维质鳞片。担子 26 ~ 38 × 7 ~ 9 μm，棒状，4 孢。担孢子 5 ~ 6 × 5 ~ 5.5 μm，球形、近球形至宽椭圆形，光滑，无色。囊状体阙如。锁状联合常见。

夏秋季生于亚热带针阔混交林或亚高山带针叶林中地上。外生菌根菌。分布于云南中部和北部。可食。

球根蚁巢伞　鸡枞

Termitomyces bulborhizus T.Z. Wei *et al.*

蘑菇目 Agaricales　　离褶伞科 Lyophyllaceae

菌盖直径 10 ～ 22 cm，扁半球形至平展；表面淡褐色至黄褐色，中央有钝圆凸起；菌肉白色，不变色。菌褶离生，幼时白色，成熟后淡粉红色。菌柄长 3 ～ 12 cm，直径 0.8 ～ 6 cm；假根近圆柱状，白色至淡褐色；在假根与菌柄衔接处往往膨大成近球形，直径 3 ～ 9 cm。担子 17 ～ 22 × 6 ～ 8 μm，棒状，4 孢。担孢子 6 ～ 9 × 4 ～ 6 μm，卵形至椭圆形，光滑，无色，非淀粉质。锁状联合阙如。

夏季生于热带和亚热带林下或空旷处地上，与地下白蚁巢穴相连。白蚁共生菌。分布于云南中部和南部。可食。

盾尖蚁巢伞　鸡枞

Termitomyces clypeatus R. Heim

蘑菇目 Agaricales　　离褶伞科 Lyophyllaceae

菌盖直径 5 ～ 10 cm，扁半球形至平展，中央具尖锐凸起；表面淡黄褐色至淡褐色；菌肉白色，受伤后不变色。菌褶离生，密，幼时白色，成熟后淡粉红色。菌柄长 7 ～ 12.5 cm，直径 0.5 ～ 2 cm，污白色或淡褐色；假根近圆柱状，污白色。担子 18 ～ 23 × 6.5 ～ 8 μm，棒状，4 孢。担孢子 6 ～ 7.5 × 3.5 ～ 4.5 μm，卵形至椭圆形，光滑，无色，非淀粉质。锁状联合阙如。

夏季生于热带和亚热带林下或空旷处地上，与地下白蚁巢穴相连。白蚁共生菌。分布于云南中部和南部。可食。

真根蚁巢伞　鸡枞

Termitomyces eurhizus (Berk.) R. Heim

蘑菇目 Agaricales　　离褶伞科 Lyophyllaceae

　　菌盖直径 7 ~ 12 cm，扁平至平展，中央具尖锐凸起；表面浅灰色、灰色至灰褐色；菌肉白色，受伤后不变色。菌褶离生，幼时白色，成熟后淡粉红色。菌柄长 5 ~ 10 cm，直径 0.5 ~ 2 cm，近圆柱状，白色至灰白色，无菌环；假根表面暗褐色至近黑色。担子 17 ~ 23 × 6 ~ 8 μm，棒状，4 孢。担孢子 6.5 ~ 8.5 × 4 ~ 5 μm，椭圆形，光滑，无色，非淀粉质。锁状联合阙如。

　　夏季生于热带和亚热带林下或空旷处地上，与地下白蚁巢穴相连。白蚁共生菌。分布于云南中部和南部。可食。

球盖蚁巢伞　火把鸡枞
Termitomyces globulus R. Heim & Gooss.-Font.

蘑菇目 Agaricales　　离褶伞科 Lyophyllaceae

菌盖直径 12 ~ 20 cm，中央钝圆凸起；表面灰褐色至黄褐色，有辐射状撕裂，边缘内卷；菌肉白色，受伤后不变色。菌褶离生，密，幼时白色，成熟后粉红色。菌柄长 5 ~ 15 cm，直径 3 ~ 5 cm，白色，表面常被纤丝状鳞片，基部加粗；假根长，表面褐色。担子 25 ~ 30 × 7 ~ 8 μm，棒状，4 孢。担孢子 6 ~ 8 × 4.5 ~ 5.5 μm，卵形至椭圆形，光滑，无色，非淀粉质。锁状联合阙如。

夏季生于热带和亚热带林下或空旷处地上，与地下白蚁巢穴相连。白蚁共生菌。分布于云南中部和南部。可食。

白蚁谷堆蚁巢伞　套鞋带、谷堆菌、谷堆鸡枞
Termitomyces heimii Natarajan

蘑菇目 Agaricales　　离褶伞科 Lyophyllaceae

菌盖直径 7 ~ 10 cm，扁平至平展，中心具钝圆凸起；表面污白色、淡灰色或淡灰褐色；菌肉白色，受伤后不变色。菌褶离生，密，幼时白色，成熟后淡粉红色。菌柄长 7 ~ 15 cm，直径 1 ~ 2.5 cm，近圆柱状至近梭形，白色、灰白色或灰色；菌环较厚，膜质，宿存；假根长，中空，表面污白色或褐色。担子 20 ~ 30 × 5 ~ 7 μm，棒状，4 孢。担孢子 7 ~ 9.5 × 4.5 ~ 6 μm，卵形至椭圆形，光滑，无色，非淀粉质。锁状联合阙如。

夏季生于热带和南亚热带林下或空旷处地上，与地下白蚁巢穴相连。白蚁共生菌。分布于云南中部和南部。可食。

小蚁巢伞　鸡㙡花

Termitomyces microcarpus (Berk. & Broome) R. Heim

蘑菇目 Agaricales　　离褶伞科 Lyophyllaceae

菌盖直径 1 ~ 4 cm，扁半球形至平展；表面污白色、淡灰色至淡褐色，中央具钝圆至尖锐凸起，边缘常撕裂；菌肉白色，薄。菌褶离生，密，幼时白色，成熟后淡粉色。菌柄长 2 ~ 5 cm，直径 0.2 ~ 0.5 cm；假根近圆柱状，白色，长达 3 cm。担子 22 ~ 27 × 7 ~ 8.5 μm，棒状，4 孢。担孢子 5 ~ 7 × 3.5 ~ 4.5 μm，椭圆形至卵状，光滑，无色，非淀粉质。锁状联合阙如。

夏季生于热带 - 亚热带近地表或被败坏过的白蚁巢穴附近或路边。白蚁共生菌。分布于云南中部和南部。可食。

条纹蚁巢伞　鸡㙡

Termitomyces striatus (Beeli) R. Heim

蘑菇目 Agaricales　　离褶伞科 Lyophyllaceae

菌盖直径 5 ~ 8 cm，幼时钟形至近锥形，成熟后伸展，中央有较尖的凸起；表面灰色、灰褐色至浅褐色，有辐射状皱纹，边缘常撕裂；菌肉白色，受伤后不变色。菌褶离生，密，幼时白色，成熟后淡粉色。菌柄长 7 ~ 10 cm，直径 0.3 ~ 1 cm，近圆柱状，污白色，常被纤毛状鳞片，无菌环；假根污白色。担子 20 ~ 25 × 6 ~ 8 μm，棒状，4 孢。担孢子 5.5 ~ 7.5 × 3.5 ~ 4.5 μm，椭圆形，光滑，无色，非淀粉质。锁状联合阙如。

夏季生于热带林下或空旷处地上，与地下白蚁巢穴相连。白蚁共生菌。分布于云南中部和南部。可食。

毛离褶伞
Tricholyophyllum brunneum Qing Cai *et al.*

蘑菇目 Agaricales   离褶伞科 Lyophyllaceae

　　菌盖直径 2.5 ～ 3.5 cm，扁半球形至平展；表面污白色，黏，密被褐色至暗褐色绒毛状至
秕糠状鳞片；边缘内卷，黄色至淡黄色，被淡黄色鳞片；菌肉白色，受伤后不变色。菌褶弯生，
较窄，白色至乳白色。菌柄长 2 ～ 3 cm，直径 0.4 ～ 0.6 cm，近圆柱状，表面污白色，被褐红
色至淡褐色绒毛状鳞片，有淡黄色液滴；基部白色。担子 23 ～ 30 × 6 ～ 7 μm，棒状，多数 4
孢，嗜蓝，内含嗜铁颗粒。担孢子 6.5 ～ 8.5 × 2 ～ 3 μm，长椭圆形至圆柱形，非淀粉质，光滑。
缘生囊状体 30 ～ 45 × 2.5 ～ 5.5 μm，近圆柱形。盖表皮由栅状排列的细胞组成毛皮状。锁状
联合常见。

　　夏季生于亚热带常绿阔叶林中地上。是否为外生菌根菌有待研究。分布于云南东南部。
食性不明。

大囊伞

Macrocystidia cucumis (Pers.) Joss.

蘑菇目 Agaricales　　大囊伞科 Macrocystidiaceae

菌盖直径 2～3 cm，扁半球形至扁平；表面红褐色至暗红褐色，边缘黄色；菌肉奶油色至淡黄色，具黄瓜味。菌褶弯生，白色、奶油色至淡黄色。菌柄长 2～4 cm，直径 0.3～0.6 cm，下部褐色至暗红褐色，上部色较淡。担子 18～28×6～8 μm，棒状，4 孢。担孢子 8～10×4～5 μm，椭圆形至长椭圆形，非淀粉质，无色。侧生囊状体和缘生囊状体 38～50×13～20 μm，披针形至腹鼓形，顶端变窄而呈喙状。锁状联合常见。

夏秋季生于亚高山林中地上。腐生菌。分布于云南北部。食性不明。

大囊小皮伞

Marasmius macrocystidiosus Kiyashko & E.F. Malysheva

蘑菇目 Agaricales　　小皮伞科 Marasmiaceae

菌盖直径 2.5～11 cm，扁半球形至平展；表面有皱纹，饼干色、淡黄褐色、浅褐色至灰褐色；菌肉薄，近白色，受伤后不变色。菌褶宽达 1 cm，弯生至近离生，污白色至奶油色。菌柄长 2.5～10 cm，直径 0.3～1.5 cm，奶油色至淡褐色，上半部被白色粉末状鳞片；基部膨大，具白色菌丝。担子 25～33×5.5～6.5 μm，棒状，4 孢。担孢子 6～8.5×3～4 μm，近椭圆形、肾形或豆形，光滑，非淀粉质。锁状联合常见。

夏秋季生于针叶林或针阔混交林中针叶凋落物上。腐生菌。分布于云南中部至北部。食性不明。

紫条沟小皮伞

Marasmius purpureostriatus Hongo

蘑菇目 Agaricales   小皮伞科 Marasmiaceae

　　菌盖直径 1 ~ 2.5 cm，钟形至半球形，中部下凹呈脐形，顶端有一小凸起；表面具放射状的紫褐色或浅紫褐色沟纹，后期盖面色变浅；菌肉薄，污白色。菌褶近离生，稀疏，不等长，污白色至乳白色。菌柄长 4 ~ 11 cm，直径 2 ~ 3 cm，表面被微细绒毛，上部污白色，向基部渐呈褐色；基部常有白色粗毛。担子 35 ~ 40 × 9 ~ 11 μm，棒状，4 孢。担孢子 22 ~ 30 × 5 ~ 7 μm，长棒状，光滑，无色。锁状联合常见。

　　夏秋季生于阔叶林中枯枝落叶上。腐生菌。分布于云南南部至中部。食性不明。

丛生胶孔菌

Favolaschia manipularis (Berk.) Teng

蘑菇目 Agaricales   小菇科 Mycenaceae

　　菌盖直径 1～3 cm，扁半球形至扁平；表面白色或污白色，有时淡灰色，湿时稍黏，水浸状；菌肉白色至乳白色，受伤后不变色，胶质化。子实层体直生，由菌管组成，白色至乳白色。菌柄长 2～5 cm，直径 0.2～0.3 cm，中生，圆柱状，表面白色至污白色，被白色微绒毛。担子 17～22×6～7.5 μm，棒状，4 孢。担孢子 5.5～7.5×4～5.5 μm，卵形至椭圆形，淀粉质，光滑，无色。缘生囊状体 20～60×6～15 μm，棒状至近梭形，顶端有喙状或指状分叉。锁状联合常见。

　　夏秋季生于热带至南亚热带林中腐木上。腐生菌。分布于云南南部。食性不明。

东京胶孔菌
Favolaschia tonkinensis (Pat.) Kuntze

蘑菇目 Agaricales   小菇科 Mycenaceae

　　菌盖直径 1 ~ 2 cm，扇形；表面白色至奶油色，凹凸不平；菌肉白色，胶质化。子实层体
管状，白色，管口近圆形至多角状。菌柄侧生或近侧生，短至无。担子 30 ~ 40 × 6 ~ 8 μm。
担孢子 8 ~ 12 × 7 ~ 10 μm，宽椭圆形至近球形，光滑，无色。锁状联合常见。
　　夏秋季生于热带至南亚热带腐竹竿上。腐生菌。食性不明。

黄鳞小菇
Mycena auricoma Har. Takah.

蘑菇目 Agaricales　　小菇科 Mycenaceae

菌盖直径 1 ～ 3 cm，幼时卵形至近钟形，成熟后半球形至平展；表面黄色至淡褐黄色，边缘色较浅；菌肉薄，近白色。菌褶奶油色至淡黄色。菌柄长 2 ～ 3 cm，直径 0.1 ～ 0.4 cm，中空，奶油色至淡黄色，被淡黄色绒毛状鳞片。担子 15 ～ 20 × 6 ～ 8 μm，棒状，4 孢。担孢子 5 ～ 7 × 3 ～ 4 μm，椭圆形至宽椭圆形，非淀粉质，无色。缘生囊状体近梭形，顶部细长鞭状。锁状联合常见。

夏秋季生于亚热带林中腐木上。腐生菌。分布于云南中部。食性不明。

群生裸脚伞　群生裸脚菇
Gymnopus confluens (Pers.) Antonín *et al.*

蘑菇目 Agaricales　　类脐菇科 Omphalotaceae

菌盖直径 2 ～ 3 cm，扁平至平展；表面初期红褐色，后期变黄褐色至灰黄褐色，光滑，无毛，水浸状；菌肉薄（厚度不足 1 mm）白色，无味。菌褶宽 1.5 ～ 2 mm，直生，成熟后近离生，密，初期近白色，后期奶油色。菌柄长 5 ～ 7 cm，直径 1.5 ～ 3 mm，实心，柔韧，表面具白色微细绒毛。担子 22 ～ 25 × 8 ～ 10 μm，棒状，4 孢。担孢子 5 ～ 7 × 2.5 ～ 3 μm，长泪滴状，非淀粉质，光滑，无色。锁状联合常见。

夏秋季生于林下枯枝落叶层上。腐生菌。分布于云南各地。不建议采食。

栎裸脚伞　栎裸脚菇
Gymnopus dryophilus (Bull.) Murrill

蘑菇目 Agaricales　　**类脐菇科 Omphalotaceae**

菌盖直径 2 ～ 5 cm，扁平至平展；表面初期红褐色，后期变橙褐色至黄褐色，光滑，无毛，水浸状；菌肉厚 0.5 ～ 1.5 mm，与菌盖表面同色，具类似香菇的气味。菌褶宽 1.5 ～ 4 mm，直生，成熟后近离生，极密，初期近白色，后期淡粉色至奶油色。菌柄长 4 ～ 10 cm，直径 0.3 ～ 0.5 cm，中空，橙褐色。担子 20 ～ 25 × 4 ～ 5.5 μm，细棒状，4孢。担孢子 5 ～ 6 × 2.5 ～ 3.5 μm，泪滴状，非淀粉质，光滑，无色。锁状联合常见。

夏秋季生于林下枯枝落叶层上。腐生菌。分布于云南各地。误食可能导致胃肠炎型中毒。

近裸裸脚伞　松毛菌
Gymnopus subnudus (Ellis ex Peck) Halling

蘑菇目 Agaricales　　**类脐菇科 Omphalotaceae**

菌盖直径 2 ～ 7 cm，扁平至平展，有时中部凹陷呈浅漏斗形，常具辐射状沟纹；表面光滑，无毛，干，初期红褐色，后期橙褐色至黄褐色；菌肉极薄（厚不足 1 mm），污白色，无味。菌褶宽 1.5 ～ 6 mm，直生，成熟后近离生，近稀至稀，初期近白色，后期橄榄色至红褐色。菌柄长 3.5 ～ 8 cm，直径 0.2 ～ 0.6 cm，等粗或顶端稍膨大，常压扁，韧，具微细绒毛，橙褐色。担子 30 ～ 47 × 6 ～ 7 μm，细棒状，4孢。担孢子 8 ～ 12 × 3 ～ 4 μm，长泪滴状，非淀粉质，光滑，无色。锁状联合常见。

夏秋季生于林下枯枝落叶层上。腐生菌。分布于云南各地。宁蒗县某些市场有售。

香菇　香蕈
Lentinula edodes (Berk.) Pegler

蘑菇目 Agaricales　　类脐菇科 Omphalotaceae

菌盖直径 5 ～ 12 cm，扁半球形至平展；表面浅褐色、深褐色至红褐色，被白色或污白色破布状、颗粒状、秕糠状或絮状鳞片；菌肉有韧性，白色，受伤后不变色。菌褶弯生，白色，受伤后不变色。菌柄长 3 ～ 8 cm，直径 0.5 ～ 1 cm，中生或偏生，白色至奶油色，常向一侧弯曲，韧，表面被污白色或淡褐色鳞片；菌环窄，易消失。担子 14 ～ 23 × 4 ～ 5.5 μm，棒状，4 孢。担孢子 5 ～ 7 × 3 ～ 4 μm，椭圆形至卵圆形，光滑，无色。锁状联合常见。

春季或秋季生于阔叶林中倒木上。分布于云南各地。腐生菌。可食，著名食用菌。文献记载该菌具降血压、降胆固醇、增强免疫力等作用。

鞭囊类脐菇
Omphalotus flagelliformis Zhu L. Yang & B. Feng

蘑菇目 Agaricales　　类脐菇科 Omphalotaceae

菌盖直径 4 ～ 8 cm，成熟时漏斗形，有时中央有一小凸起；表面红褐色至黄褐色；菌肉橘黄色，具不明显鱼腥味。菌褶淡橘红色至橘黄色。菌柄长 5 ～ 12 cm，直径 1 ～ 2.5 cm，淡橘红色至橘黄色。担子 20 ～ 30 × 6 ～ 7 μm，棒状，4 孢。担孢子 4 ～ 5.5 × 3.5 ～ 4.5 μm，球形、近球形至宽椭圆形，光滑，非淀粉质，近无色。缘生囊状体 10 ～ 25 × 5 ～ 7 μm，棒状至近梭形，顶部鞭状。锁状联合常见。

夏秋季生于地表腐殖质上。腐生菌。分布于云南中部。有毒，误食导致胃肠炎型中毒。

蜜环菌
Armillaria mellea (Vahl) P. Kumm.

蘑菇目 Agaricales　　膨瑚菌科 Physalacriaceae

　　菌盖直径 3 ~ 7 cm，扁半球形至平展；表面蜜黄色至棕黄色，被棕色至褐色鳞片，中部较密；菌肉污白色，受伤后不变色。菌褶延生，较密，乳白色。菌柄长 5 ~ 10 cm，直径 0.3 ~ 1 cm，近圆柱形，菌环以上白色，菌环以下灰褐色，被灰褐色鳞片；菌环上位，厚，上表面白色，下表面浅褐色。担子 20 ~ 35 × 6 ~ 9 μm，棒状，4 孢。担孢子 8.5 ~ 10 × 5 ~ 6 μm，椭圆形至长椭圆形，非淀粉质，光滑，无色。锁状联合阙如。

　　夏秋季生于树木上或腐木上。树木病原菌和腐生菌。分布于云南大部。可食。文献记载该菌有增强免疫力、抑制肿瘤等功效。

刺孢伞
Cibaomyces glutinis Zhu L. Yang *et al.*

蘑菇目 Agaricales　　膨瑚菌科 Physalacriaceae

　　菌盖直径 3 ~ 4.5 cm，扁半球形、中央稍凸起；表面污白色、灰色至褐色；菌肉白色。菌褶贴生至微延生，近稀，白色至奶油色。菌柄长 3 ~ 9.5 cm，直径 0.3 ~ 0.8 cm，胶黏，密被淡褐色毡状鳞片，白色至淡灰色。担子 50 ~ 70 × 13 ~ 15 μm，棒状，4 孢。担孢子 10.5 ~ 14 × 9 ~ 11.5 μm，近球形至宽椭圆形，具锥状或近圆柱状刺，刺顶钝，非淀粉质，无色。侧生囊状体和缘生囊状体 120 ~ 170 × 16 ~ 23 μm，近棒状至近梭形，表面有指状纹饰。锁状联合常见。

　　夏秋季生于亚热带阔叶林中地上，其假根与地下腐木相连。腐生菌。分布于云南中部。可食。

粗糙金褴伞　金黄鳞盖菌

Cyptotrama asprata (Berk.) Redhead & Ginns

蘑菇目 Agaricales　　膨瑚菌科 Physalacriaceae

　　菌盖直径 1 ~ 3 cm，扁半球形至扁平；表面橘红色、黄色至淡黄色，密被橘红色至橙色锥状至颗粒状鳞片；菌肉厚 1 ~ 3 mm，污白色至淡黄色，受伤后不变色。菌褶弯生、直生至稍延生，近稀，白色至奶油色。菌柄长 1.5 ~ 6 cm，直径 0.2 ~ 0.5 cm，近奶油色至淡黄色，被淡黄色至橘色鳞片。担子 40 ~ 60 × 6 ~ 8 μm，棒状，4 孢。担孢子 7 ~ 10 × 4.5 ~ 7.5 μm，近杏仁形，非淀粉质，光滑，无色。锁状联合常见。

　　夏秋季生于亚热带林中腐木上。腐生菌。分布于云南大部。食性不明。

光盖金箊伞
Cyptotrama glabra Zhu L. Yang & J. Qin

蘑菇目 Agaricales　　膨瑚菌科 Physalacriaceae

菌盖直径 3 ～ 7 cm，初期半球形，后期近平展；表面有皱纹，光滑，幼时灰褐色，成熟后黄褐色至金黄色，中部颜色较深；菌肉白色至奶油色，受伤后不变色。菌褶宽达 1.2 cm，弯生至近延生，较稀疏，奶油色至淡橘黄色。菌柄长 3 ～ 5 cm，直径 0.3 ～ 0.8 cm，表面近光滑，奶油色至淡橘黄色；基部盘状膨大。担子 35 ～ 40 × 7 ～ 8.5 μm，棒状，4 孢。担孢子 9.5 ～ 11 × 4.5 ～ 6 μm，长椭圆形，薄壁，光滑，无色，非淀粉质。缘生囊状体紧密排成不育带。侧生囊状体稀疏分布，近梭形。盖表皮由近球形至卵形的细胞组成。锁状联合阙如。

夏秋季生于亚热带阔叶林中腐木上。腐生菌。分布于云南南部和中部。食性不明。

假蜜环菌

Desarmillaria tabescens (Scop.) R.A. Koch & Aime

[*Armillaria tabescens* (Scop.) Emel]

蘑菇目 Agaricales　　膨瑚菌科 Physalacriaceae

菌盖直径 2 ~ 5 cm，初期扁半球形，边缘内卷，后期渐平展；表面棕黄色至黄褐色，被深褐色鳞片，中部较密；菌肉污白色。菌褶延生，白色或略带褐色色调。菌柄长5 ~ 10 cm，直径 0.4 ~ 0.8 cm，近圆柱形，纤维质，有纵纹，灰白色或灰黄色，无菌环。担子 25 ~ 40 × 7 ~ 10 μm，棒状，4 孢。担孢子 7.5 ~ 9 × 5.5 ~ 6 μm，宽椭圆形，非淀粉质，光滑，无色。锁状联合常见。

夏秋季生于亚热带树木上或腐木上。树木病原菌和腐生菌。分布于云南大部。可食，但对部分人有毒。

冬菇
Flammulina filiformis (Z.W. Ge *et al.*) P.M. Wang *et al.*

蘑菇目 Agaricales　　膨瑚菌科 Physalacriaceae

　　菌盖直径 1.5 ～ 4.5 cm，初期半球形，后期扁平至平展；表面黄褐色、淡褐色至淡黄色，平滑，湿时胶黏；菌肉白色，受伤后不变色。菌褶弯生，白色至奶油色。菌柄长 1.5 ～ 8 cm，直径 0.2 ～ 0.7 cm，表面密被淡褐色至褐色绒毛，顶端色稍淡。担子 22 ～ 27 × 4 ～ 6 μm，棒状，4 孢。担孢子 5.5 ～ 7.5 × 2.5 ～ 3.5 μm，圆柱形至长椭圆形，非淀粉质，光滑，无色。侧生囊状体和缘生囊状体常见。盖表皮为黏栅状，由近直立的直径 1.5 ～ 5 μm 的菌丝组成。盖表囊状体披针形至近梭形。锁状联合常见。

　　夏秋季生于亚热带和温带阔叶林中腐木上。腐生菌。分布于云南中部。可食。可栽培。文献记载该菌具调节免疫力作用。

淡色冬菇
Flammulina rossica Redhead & R.H. Petersen

蘑菇目 Agaricales　　膨瑚菌科 Physalacriaceae

菌盖直径 1 ~ 4.5 cm，扁平至平展；表面幼时白色至奶油色，成熟后淡黄色至浅橙黄色，中央颜色较深，湿时稍黏；菌肉白色至奶油色，受伤后不变色。菌褶直生至弯生，中密，白色至奶油色。菌柄长 3 ~ 6 cm，直径 0.2 ~ 0.6 cm，被绒毛，不胶黏，顶端浅黄色，下部黄褐色或暗褐色。担子 25 ~ 30 × 10 ~ 12 μm，棒状，4 孢。担孢子 7.5 ~ 11 × 4 ~ 4.5 μm，椭圆形至长椭圆形，非淀粉质，光滑，无色。盖表皮由子实层状排列的细胞组成，其间夹杂有腹鼓形的盖表囊状体。锁状联合常见。

夏秋季生于亚高山地区柳树或桦木腐木上。腐生菌。分布于云南西北部。可食。

云南冬菇
Flammulina yunnanensis Z.W. Ge & Zhu L. Yang

蘑菇目 Agaricales　　膨瑚菌科 Physalacriaceae

菌盖直径 1.5 ~ 3.5 cm，扁半球形、扁平至平展；表面黄色至奶油黄色，中央蜜黄色至淡橘黄色，湿时胶黏，边缘有辐射状条纹。菌褶弯生，白色至奶油色。菌柄长 3 ~ 6 cm，直径 0.3 ~ 0.7 cm，顶端淡黄色，下部黄色或黄褐色，被绒毛，不胶黏。担子 24 ~ 32 × 9.5 ~ 12.5 μm，棒状，4 孢。担孢子 5.5 ~ 6.5 × 3 ~ 4 μm，椭圆形，非淀粉质，光滑，无色。盖表皮由子实层状排列的细胞组成，其间夹杂有花瓶状至腹鼓形的盖表囊状体。锁状联合常见。

夏秋季生于亚热带阔叶林中腐木上。腐生菌。分布于云南西部。可食。

卵孢小奥德蘑　　露水鸡㙡、黑皮鸡㙡
Oudemansiella raphanipes (Berk.) Pegler & T.W.K. Young

蘑菇目 Agaricales　　膨瑚菌科 Physalacriaceae

　　菌盖直径 3 ～ 12 cm，扁平至平展；表面有皱纹，湿时黏，灰褐色、黄褐色、浅褐色、褐色、茶褐色至黑褐色；菌肉白色，受伤后不变色。菌褶弯生至直生，稀疏，较厚，白色至奶油色。菌柄长 5 ～ 20 cm，直径 0.5 ～ 2 cm，近圆柱形，污白色，密被褐色至淡褐色秕糠状鳞片，无菌环，具假根。担子 50 ～ 70 × 12 ～ 18 μm，棒状，2 孢或 4 孢。担孢子 14 ～ 18 × 10 ～ 13 μm，卵形，光滑，薄壁，无色。缘生囊状体 25 ～ 240 × 8 ～ 40 μm，丰富，在菌褶边缘组成不育带，披针形、梭形、棒状至窄棒状。侧生囊状体 70 ～ 200 × 20 ～ 50 μm，花瓶形，顶端膨大呈头状或不膨大，被金黄色结晶。担子 4 孢时锁状联合常见，担子 2 孢时锁状联合阙如。

　　夏秋季生于亚热带林中地表之下埋藏的腐木上。腐生菌。分布于云南南部和中部，有时西北部也有。可食。可栽培。文献记载该菌具降血压等作用。

亚黏小奥德蘑
Oudemansiella submucida Corner

蘑菇目 Agaricales　　膨瑚菌科 Physalacriaceae

　　菌盖直径 2 ～ 7 cm，扁半球形、扁平至平展；表面湿时胶黏，污白色至奶油色，中部色稍深；菌肉白色，受伤后不变色；菌褶弯生，厚，稀疏，白色至奶油色。菌柄长 2 ～ 8 cm，直径 0.2 ～ 0.8 cm，近圆柱形，污白色至奶油色，基部膨大，无假根；菌环膜质。担子 60 ～ 80 × 20 ～ 30 μm，棒状，4 孢。担孢子 18 ～ 24 × 16 ～ 21 μm，近球形至宽椭圆形，非淀粉质，光滑，无色。缘生囊状体 35 ～ 85 × 7 ～ 26 μm，密集，在菌褶边缘组成不育带。侧生囊状体 140 ～ 210 × 40 ～ 50 μm，棒状至梭形。锁状联合常见。

　　夏秋季生于亚热带林中腐木上。腐生菌。分布于云南各地。可食。

云南小奥德蘑
Oudemansiella yunnanensis Zhu L. Yang & M. Zang

蘑菇目 Agaricales　　膨瑚菌科 Physalacriaceae

菌盖直径 3 ～ 7 cm，扁半球形至扁平；表面灰色、灰褐色至黄褐色，有时近白色，湿时胶黏；菌肉白色，受伤后不变色。菌褶直生至近弯生，厚，稀疏，白色至奶油色。菌柄长 2 ～ 5 cm，直径 0.3 ～ 0.8 cm，中生至偏生，上部白色，下部淡褐色，基部稍膨大；菌环薄膜质，仅初期可见，易消失。担子 100 ～ 150 × 26 ～ 34 μm，4 孢。担孢子 24 ～ 38 × 23 ～ 33 μm，球形至近球形，光滑，非淀粉质，无色。缘生囊状体 50 ～ 140 × 10 ～ 30 μm，梭形至棒状。侧生囊状体 120 ～ 200 × 28 ～ 45 μm，顶端钝圆。锁状联合常见。

夏秋季生于亚热带高山亚高山林中腐木上。腐生菌。分布于云南西北部。可食。

椭孢拟干蘑
Paraxerula ellipsospora Zhu L. Yang & J. Qin

蘑菇目 Agaricales　　膨瑚菌科 Physalacriaceae

菌盖直径 2 ～ 5 cm，扁半球形至扁平；表面灰褐色至淡灰色，被白色至污白色绒毛；菌肉白色，受伤后不变色。菌褶弯生，稀疏，白色至奶油色。菌柄长 5 ～ 8 cm，直径 0.3 ～ 0.5 cm，上部白色，下部淡灰色至淡褐色，被污白色绒毛，基部稍膨大，无菌环。担子 45 ～ 85 × 7.5 ～ 11 μm，棒状，4 孢。担孢子 10 ～ 13 × 5.5 ～ 7 μm，椭圆形至长椭圆形，光滑，薄壁，非淀粉质，无色。褶缘可育，缘生囊状体稀疏分布。锁状联合常见。

夏秋季生于亚热带山地松林地上，与地下腐木相连。腐生菌。分布于云南西北部。可食。

糙孢玫耳
Rhodotus asperior L.P. Tang *et al.*

蘑菇目 Agaricales　　膨瑚菌科 Physalacriaceae

　　菌盖直径 3 ~ 6 cm，幼时半球形至扁半球形，成熟后扁平至平展；表面有时具网状脊或脉，湿时近胶黏至胶黏，橙色、橙红色、浅红色至桃红色，边缘内卷；菌肉浅红色、粉色至淡白色，受伤后不变色。菌褶弯生至直生，密，浅红色至浅肉红色。菌柄长 3 ~ 5 cm，直径 0.3 ~ 0.8 cm，稍偏生，近圆柱形或向上稍细，基部稍膨大，污白色至淡灰色。担子 35 ~ 50 × 8 ~ 11 μm，棒状，4 孢。担孢子 5 ~ 6.5 × 4.5 ~ 5.5 μm，宽椭圆形至近球形，表面具钝疣凸，非淀粉质，无色。锁状联合常见。

　　夏秋季生于热带和亚热带阔叶林中腐木上。腐生菌。分布于云南中部至西南部。可食。

大囊球果伞
Strobilurus luchuensis Har. Takah. *et al.*

蘑菇目 Agaricales　　膨瑚菌科 Physalacriaceae

　　菌盖直径 1 ~ 2 cm，扁半球形至扁平；表面湿时稍黏，淡黄褐色、褐色至灰色，有时近白色；菌肉白色至乳白色，受伤后不变色。菌褶弯生，较稀，白色至乳白色。菌柄长 5 ~ 9 cm，直径 0.2 ~ 0.3 cm，圆柱状，表面近光滑，黄褐色至浅棕色，但顶端近白色；基部有白毛。担子 13 ~ 17 × 3.5 ~ 4.5 μm，棒状，多数 4 孢。担孢子 4.5 ~ 6 × 2 ~ 3 μm，种子形，非淀粉质，平滑，无色。侧生囊状体 25 ~ 35 × 8 ~ 16 μm，棒状、宽棒状至团扇形，顶部较宽，钝圆形，薄壁至稍厚壁，无色透明，顶部被有结晶。缘生囊状体与侧生囊状体形状和尺寸相似，稀疏，菌褶边缘可育。锁状联合阙如。

　　冬季、初春至初夏季生于林中地表云南松、思茅松等三针松植物球果上。腐生菌。分布于云南南部、中部和北部。可食。

东方球果伞

Strobilurus orientalis Zhu L. Yang & J. Qin

蘑菇目 Agaricales   膨瑚菌科 Physalacriaceae

　　菌盖直径 1 ～ 2.5 cm，扁半球形至平展；表面污白色、淡灰色至暗灰褐色，边缘颜色较淡。菌褶弯生至近离生，白色至污白色。菌柄长 2 ～ 7 cm，直径 0.1 ～ 0.3 cm，近圆柱形，中空；表面微绒质，赭黄色、浅褐色至黄褐色，顶端近白色；基部具长白毛；假根长达 4 cm。担子 12 ～ 18 × 3 ～ 4 μm，4 孢。担孢子 3.5 ～ 5 × 2 ～ 3 μm，近椭圆形至长椭圆形，光滑，非淀粉质，光滑。缘生囊状体和侧生囊状体 25 ～ 40 × 6 ～ 10 μm，薄壁或稍厚壁。锁状联合阙如。

　　夏秋季生于亚热带华山松林中，长于华山松球果上。腐生菌。分布于云南中部和西北部。可食。

中华干蘑
Xerula sinopudens R.H. Petersen & Nagas.

蘑菇目 Agaricales　　膨瑚菌科 Physalacriaceae

菌盖直径 1 ~ 4.5 cm，扁半球形至扁平；表面密被灰褐色至褐色硬毛，淡灰色、淡褐色至黄褐色；菌肉白色，受伤后不变色。菌褶弯生至直生，较稀，白色至奶油色。菌柄长 3 ~ 10 cm，直径 0.3 ~ 0.5 cm，被褐色硬毛，有假根。担子 43 ~ 50 × 12 ~ 13 μm，棒状，4 孢。担孢子 10.5 ~ 13.5 × 9.5 ~ 12.5 μm，近球形至宽椭圆形，光滑，非淀粉质，无色。侧生囊状体薄壁、无结晶。锁状联合阙如。

夏季生于热带和亚热带林中地上。腐生菌。分布于云南南部和中部。可食。

硬毛干蘑
Xerula strigosa Zhu L. Yang *et al.*

蘑菇目 Agaricales　　膨瑚菌科 Physalacriaceae

菌盖直径 2 ~ 5 cm，扁半球形至扁平；表面密被黄褐色硬毛，黄褐色、深褐色至灰褐色；菌肉白色，受伤后不变色。菌褶弯生至直生，稍稀，白色至奶油色。菌柄长 5 ~ 10 cm，直径 0.3 ~ 0.6 cm，被黄褐色硬毛，有假根。担子 52 ~ 70 × 15 ~ 17 μm，棒状，4 孢。担孢子 11 ~ 15 × 9 ~ 11.5 μm，宽椭圆形至椭圆形，光滑，非淀粉质，无色。侧生囊状体厚壁，顶端有结晶。锁状联合稀少。

夏季生于亚热带至温带林中地上。腐生菌。分布于云南中部和北部。可食。

勺形亚侧耳

Hohenbuehelia petaloides (Bull.) Schulzer

蘑菇目 Agaricales　　侧耳科 Pleurotaceae

　　菌盖直径 3 ～ 10 cm，花瓣状、扇形、匙形或勺形；表面初期淡肉桂色至肉桂色，后期淡肉桂色至浅黄褐色；菌肉白色，受伤后不变色，有蘑菇香味。菌褶延生，窄，密，白色至奶油色。菌柄长 1 ～ 2 cm，直径 0.5 ～ 1.5 cm，与盖表同色或稍淡，具白色至灰白色细绒毛。担子 15 ～ 26 × 5 ～ 6 μm，棒状，4 孢。担孢子 6 ～ 8 × 4 ～ 5 μm，椭圆形，光滑，非淀粉质，无色。侧生囊状体和缘生囊状体厚壁，顶端被结晶，45 ～ 69 × 9 ～ 14 μm。锁状联合常见。

　　夏秋季群生于亚高山带针阔混交林中腐殖质丰富处或草地上。腐生菌。分布于云南西北部。可食。

扇形侧耳
Pleurotus flabellatus (Berk. & Broome) Sacc.

蘑菇目 Agaricales　　侧耳科 Pleurotaceae

　　菌盖直径 3 ～ 5 cm，扇形；表面白色或灰白色，边缘有辐射状沟纹；菌肉白色，受伤后不变色。菌褶延生，稍稀，白色。菌柄偏生，长达 0.5 cm，白色。担子 16 ～ 20 × 5 ～ 6 μm，棒状，4 孢。担孢子 6.5 ～ 8.5 × 2.5 ～ 3.5 μm，近圆柱形，光滑，非淀粉质，无色。缘生囊状体 25 ～ 30 × 7 ～ 10 μm，棒状至近圆杜形，顶端钝圆，有时喙状。锁状联合常见。

　　夏秋季生于热带至南亚热带林中腐木上。腐生菌。分布于云南南部。可食。

大侧耳　大香菇、巨大香菇
Pleurotus giganteus (Berk.) Karun. & K.D. Hyde

蘑菇目 Agaricales　　侧耳科 Pleurotaceae

　　菌盖直径 6 ～ 20 cm，漏斗形；表面初期暗褐色，边缘被污白色易脱落颗粒状鳞片，后期淡褐色，被褐色小鳞片，边缘色较淡；菌肉白色，较韧，受伤后不变色。菌褶延生，白色。菌柄长 8 ～ 20 cm，直径 1 ～ 3 cm，近圆柱形，初期灰褐色，被污白色秕糠状鳞片，后期近光滑或被绒状鳞片，淡褐色至污白色；基部有假根。担子 30 ～ 40 × 8 ～ 10 μm，棒状，4 孢。担孢子 7.5 ～ 9 × 5 ～ 6 μm，椭圆形，光滑，非淀粉质，无色。锁状联合常见。

　　夏秋季生于热带和南亚热带常绿阔叶林中地上，其假根与地下腐木相连。腐生菌。分布于云南南部。幼时可食。可栽培。

肺形侧耳

Pleurotus pulmonarius (Fr.) Quél.

蘑菇目 Agaricales　　侧耳科 Pleurotaceae

菌盖直径 4 ~ 8 cm，扇形；表面白色、灰白色或奶油色，边缘颜色较浅；菌肉白色，受伤后不变色。菌褶延生，密，白色。菌柄偏生至近侧生，长 0.5 ~ 2.5 cm，直径 0.5 ~ 1 cm，光滑，白色。担子 18 ~ 25 × 5 ~ 6 μm，棒状，4 孢。担孢子 7 ~ 8.5 × 3 ~ 3.5 μm，近圆柱形，光滑，非淀粉质，无色。缘生囊状体 25 ~ 30 × 5.5 ~ 6.5 μm，窄棒状至圆柱形，顶端常喙状。锁状联合常见。

夏秋季生于亚热带和温带阔叶林中腐木上。腐生菌。分布于云南中部和北部。可食。文献记载该菌具抗氧化作用。

网盖光柄菇　汤姆森光柄菇

Pluteus thomsonii (Berk. & Broome) Dennis

蘑菇目 Agaricales　　光柄菇科 Pluteaceae

菌盖直径 2 ~ 3.5 cm，初期扁平，后期平展；表面淡褐色至灰褐色，中部有辐射状脉纹，边缘稍延生；菌肉淡奶油色，较薄。菌褶离生，较稀，初期白色至奶油色，成熟后粉红色。菌柄长 2.5 ~ 5 cm，直径 0.2 ~ 0.4 cm，近圆柱形，中空，污白色，被同色细小鳞片。担子 25 ~ 35 × 8 ~ 10 μm，棒状，4 孢。担孢子 6 ~ 8.5 × 5.5 ~ 7 μm，宽椭圆形，光滑，非淀粉质，无色。侧生囊状体和缘生囊状体 30 ~ 60 × 10 ~ 20 μm，棒状至近梭形。锁状联合阙如。

夏秋季生于温带和亚热带针阔混交林中腐木上。腐生菌。分布于云南中部和北部。食性不明。

多色光柄菇
Pluteus variabilicolor Babos

蘑菇目 Agaricales　　光柄菇科 Pluteaceae

菌盖直径 3 ～ 5 cm，初期钟形，后期扁平至平展，中央稍凸起；表面鲜黄色、橘黄色至金黄色，中央颜色较深，边缘颜色较淡，有辐射状沟纹；菌肉奶油色至淡黄色，受伤后不变色。菌褶离生，初期奶油色，后期淡粉红色。菌柄长 5 ～ 8 cm，直径 0.3 ～ 0.6 cm，被细绒毛，淡黄色，基部菌丝白色。担子 25 ～ 30 × 6 ～ 8 μm，棒状，4 孢。担孢子 5.5 ～ 7 × 4.5 ～ 5.5 μm，窄椭圆形至近球形，光滑，无色。侧生囊状体 60 ～ 150 × 20 ～ 30 μm，近梭形，较少。缘生囊状体 50 ～ 90 × 20 ～ 30 μm，棒状至近梭形，顶端喙状。盖表皮由细胞排列成子实层状。锁状联合阙如。

夏秋季生于阔叶林或针阔混交林中腐木上。腐生菌。分布于云南中部和西北部。食性不明。

银丝草菇
Volvariella bombycina (Schaeff.) Singer

蘑菇目 Agaricales　　光柄菇科 Pluteaceae

菌盖直径 5 ～ 13 cm，初期近圆锥形或半球形，后期扁平至平展；表面具银丝状柔毛，白色至浅黄色，边缘具不育带；菌肉较薄，白色。菌褶离生，密，白色至浅粉色。菌柄长 5 ～ 15 cm，直径 1 ～ 2.5 cm，近圆柱形，向上渐细；表面光滑，白色；菌托大而厚，呈苞状，外表面白色至浅黄色或污褐色，具裂纹或绒毛状鳞片。担子 20 ～ 28 × 8 ～ 10 μm，棒状，4 孢。担孢子 6.5 ～ 10 × 4.5 ～ 6.5 μm，宽椭圆形至卵圆形，光滑，淡粉红色。锁状联合阙如。

夏秋季生于阔叶林中腐木上。腐生菌。分布于云南各地。可食。

莫氏草菇
Volvariella morozovae E.F. Malysheva & A.V. Alexandrova

蘑菇目 Agaricales　　光柄菇科 Pluteaceae

菌盖直径 4 ～ 7 cm，初期阔钟形，后期平展，中央无凸起；表面被同色银丝状或毛发状柔毛，豆沙褐色、灰色至淡褐灰色，中央颜色更深；菌肉白色。菌褶离生，初期白色，成熟呈粉色至褐粉色。菌柄长 4 ～ 7 cm，直径 0.4 ～ 0.8 cm，近圆柱形；表面白色或浅黄色色调，被绒毛；菌托膜质，袋状，外表面污灰褐色至橄榄褐色，具锈褐色斑点或绒毛。担子 13.5 ～ 20 × 7 ～ 8.5 μm，棒状，4 孢。担孢子 5 ～ 6.2 × 3.3 ～ 4.3 μm，长椭圆形至泪滴状，厚壁，光滑，无色。锁状联合阙如。

夏季生于亚热带林中地表腐殖层上。腐生菌。分布于云南中部。食性不明。

褐毛小草菇
Volvariella subtaylor Hongo

蘑菇目 Agaricales　　光柄菇科 Pluteaceae

菌盖直径 3 ～ 5 cm，扁平至平展，中央稍凸起；表面污白色，被褐色至灰色、近辐射状排列的、纤丝状匍匐鳞片；菌肉白色，受伤后不变色。菌褶离生，淡粉红色。菌柄长 5 ～ 8 cm，直径 0.3 ～ 0.6 cm，白色至奶油色，被细绒毛至近光滑；菌托杯状，1 ～ 1.5 × 0.8 ～ 1.2 cm，外表面褐色至灰褐色，薄，被近白色的绒毛。担子 22 ～ 30 × 7 ～ 10 μm，棒状，4 孢。担孢子 6 ～ 7.5 × 4 ～ 5 μm，宽椭圆形至卵形，光滑，无色。缘生囊状体 40 ～ 70 × 10 ～ 30 μm，近梭形。锁状联合阙如。

夏秋季生于针阔混交林中地表腐殖层上。腐生菌。分布于云南中部。食性不明。

黏盖包脚菇
Volvopluteus gloiocephalus (DC.) Vizzini *et al.*

蘑菇目 Agaricales　　光柄菇科 Pluteaceae

菌盖直径 6 ～ 10 cm，初期钟形，后期平展，中央有钝圆凸起；表面灰褐色，至边缘近白色，光滑，边缘具棱纹；菌肉白色或污白色。菌褶离生，白色、淡粉色至粉色，稍密。菌柄长 7 ～ 17 cm，直径 0.8 ～ 1.5 cm，白色，向基部渐膨大，无菌环；菌托浅杯状，膜质，外表面白色。担子 30 ～ 45 × 12 ～ 16 μm，棒状，4 孢。担孢子 10 ～ 15 × 7 ～ 8 μm，宽椭圆形至椭圆形，光滑。侧生囊状体 45 ～ 60 × 12 ～ 15 μm，近梭形。缘生囊状体 45 ～ 80 × 13 ～ 16 μm，近梭形，顶部喙状或尾状。锁状联合阙如。

夏秋季生于亚热带地区地表腐殖层上。腐生菌。分布于云南中部。有毒，误食导致胃肠炎型或神经精神型中毒。

墨汁拟鬼伞
Coprinopsis atramentaria (Bull.) Redhead *et al.*

蘑菇目 Agaricales　　小脆柄菇科 Psathyrellaceae

菌盖直径 4 ～ 10 cm，初期卵形至钟形，后期平展；表面被淡褐色至褐色平伏小鳞片，灰色至灰褐色，顶端钝圆，边缘有长条纹；菌肉薄，近白色。菌褶初期白色，后期转为褐色或黑色，成熟时自溶。菌柄长 4 ～ 8 cm，直径 0.5 ～ 1 cm，白色，下部有菌环状痕迹并被淡褐色小鳞片。担子 18 ～ 25 × 8 ～ 10 μm，棒状，4 孢。担孢子 7 ～ 10 × 5 ～ 6 μm，顶端具平截芽孔，光滑，黑褐色。囊状体 50 ～ 80 × 15 ～ 20 μm，近圆柱形。锁状联合常见。

夏秋季生于路边或林中地上。腐生菌。分布于云南大部。有毒，误食导致胃肠炎型中毒。

灰盖拟鬼伞
Coprinopsis cinerea (Schaeff.) Redhead *et al.*

蘑菇目 Agaricales   小脆柄菇科 Psathyrellaceae

菌盖直径 3 ～ 5 cm，初期卵形或钟形，后期伸展；表面被白色至污白色易脱落的反卷鳞片，淡灰色或灰色，边缘辐射状撕裂，由外向内自溶；菌肉较薄，污白色至淡灰色。菌褶离生，密，初期污白色，很快变灰褐色或近黑色，后期自溶。菌柄长 8 ～ 12 cm，直径 0.3 ～ 0.6 cm，近圆柱形或向上逐渐变细，白色，被白色绒毛状鳞片；假根细长。担子 20 ～ 30 × 8 ～ 11 μm，棒状，4 孢。担孢子 7.5 ～ 10 × 5.5 ～ 7 μm，椭圆形或卵形，顶端有芽孔，光滑，黑褐色。锁状联合常见。

夏秋季生于亚热带至温带地区腐草堆上。腐生菌。分布于云南大部。有毒。

白绒拟鬼伞
Coprinopsis lagopus (Fr.) Redhead *et al.*

蘑菇目 Agaricales   小脆柄菇科 Psathyrellaceae

菌盖直径 2 ～ 4 cm，初期卵形至钟形，后期平展；表面被灰色至近白色的颗粒状至锥状鳞片，淡灰色、灰色至灰褐色，边缘有长条纹，老时撕裂；菌肉薄，近白色。菌褶初期白色，后期转为褐色或黑色，成熟时自溶。菌柄长 5 ～ 10 cm，直径 0.2 ～ 0.5 cm，中空，白色，被同色细小鳞片，无菌环。担子 20 ～ 30 × 8 ～ 12 μm，棒状，4 孢。担孢子 10 ～ 13 × 6 ～ 8.5 μm，椭圆形至卵形，顶端具平截芽孔，光滑，黑褐色。侧生囊状体和缘生囊状体 50 ～ 80 × 15 ～ 20 μm，近圆柱形。锁状联合常见。

夏秋季生于路边或林中地上。腐生菌。分布于云南大部。有毒。

白拟鬼伞
Coprinopsis nivea (Pers.) Redhead *et al.*

蘑菇目 Agaricales　　小脆柄菇科 Psathyrellaceae

　　菌盖直径 2 ～ 3 cm，卵形至钟形；表面白色，密被白色粉粒状鳞片；菌肉较薄，白色。菌褶离生，初期白色，后期转灰色，成熟时近黑色。菌柄长 7 ～ 10 cm，直径 0.3 ～ 0.6 cm，白色至污白色，被同色粉末状鳞片，渐变光滑，无菌环。担子 25 ～ 35 × 12 ～ 15 μm，棒状，4 孢。担孢子 12 ～ 16 × 10 ～ 14 × 7 ～ 9 μm，侧面观椭圆形，背腹观近柠檬形，有芽孔，光滑，近黑色。侧生囊状体和缘生囊状体 50 ～ 150 × 15 ～ 50 μm，坛状至近椭圆形。锁状联合常见。
　　夏秋季生于高山草甸中牦牛粪上。腐生菌。分布于云南西北部亚高山地区。有毒。

毡毛疣孢菇　毡毛小脆柄菇
Lacrymaria lacrymabunda (Bull.) Pat.

蘑菇目 Agaricales　小脆柄菇科 Psathyrellaceae

菌盖直径 3 ～ 5 cm，初期钟形至半球形，后期扁半球形；表面污黄褐色，密被淡褐色至黄褐色纤丝状鳞片；菌肉薄而脆，污白色至淡褐色。菌褶离生，初期污白色，成熟后变淡褐色至褐色。菌柄长 4 ～ 8 cm，直径 0.4 ～ 0.8 cm，褐色，被褐色或黄褐色绒状鳞片；菌环阙如，但有一环状区域。担子 25 ～ 35 × 8 ～ 10 μm，棒状，4 孢。担孢子 9 ～ 11 × 6 ～ 7 μm，椭圆形，有芽孔有疣凸，黑褐色。缘生囊状体 40 ～ 60 × 6 ～ 10 μm，窄棒状至近圆柱形，顶端常呈头状。锁状联合常见。

夏秋季生于林中、林缘或路边地上。腐生菌。分布于云南各地。文献记载该菌可食，但有人食后引起胃肠炎型中毒，不建议采食。

薄肉伞
Parasola plicatilis (Curtis) Redhead *et al.*

蘑菇目 Agaricales　小脆柄菇科 Psathyrellaceae

菌盖直径 1 ～ 3 cm，初期卵圆形，渐变为钟形，后期平展，中心稍下陷；表面淡灰色，带褐色色调，边缘放射状长条纹达菌盖中央；菌肉薄，污白色。菌褶近离生，稀疏，薄，灰色至灰黑色。菌柄长 3 ～ 7，直径 0.1 ～ 0.2 cm，细长，中空，白色至近白色，光滑。担子 25 ～ 35 × 11 ～ 13 μm，棒状，4 孢。担孢子侧面观椭圆形（10 ～ 12 × 6.5 ～ 7.5 μm），有斜生芽孔，背腹观近柠檬形（10 ～ 12 × 8 ～ 10 μm），光滑，黑褐色至黑色。锁状联合常见。

夏秋季单生或群生于草地、花圃中腐木屑或腐殖质上。腐生菌。分布于云南各地。食性不明。

黄白小脆柄菇
Psathyrella candolleana (Fr.) Maire

蘑菇目 Agaricales　　小脆柄菇科 Psathyrellaceae

　　菌盖直径 2 ～ 5 cm，初期半球形至钟形，后期扁半球形至平展；表面有近辐射状的细皱纹，水浸状，黄褐色，成熟后边缘颜色变淡至近白色，中央变为淡黄褐色；边缘常悬垂有污白色菌幕残余；菌肉薄，污白色。菌褶弯生，污白色、灰色至紫褐色。菌柄长 3 ～ 7 cm，直径 0.3 ～ 0.5 cm，近圆柱形，中空，脆，表面被白色细绒毛至纤毛状鳞片；菌环易消失。担子 18 ～ 23 × 8 ～ 9 μm，棒状，4 孢。担孢子 7 ～ 8.5 × 3.5 ～ 4.5 μm，椭圆形，有宽的顶生芽孔，光滑，褐色。缘生囊状体 40 ～ 50 × 10 ～ 13 μm，近花瓶状。锁状联合常见。

　　夏秋季生于路边或林中地上或腐木屑上。腐生菌。分布于云南大部。有人食用，但有人食后引起神经精神型中毒。

荷叶蘑 灰杯菌
Pseudoclitocybe cyathiformis (Bull.) Singer

蘑菇目 Agaricales　　假杯伞科 Pseudoclitocybaceae

　　菌盖直径 4 ~ 7 cm，扁平至平展，中心下陷成浅漏斗形；表面有时水浸状，灰褐色至褐灰色，光滑，有辐射状隐生纹理，边缘稍内卷；菌肉较薄，淡奶油色或淡灰色。菌褶直生或稍延生，稍稀，污白色至蛋壳色。菌柄长 4 ~ 8 cm，直径 0.5 ~ 0.8 cm，近圆柱形，中空，淡灰色或淡褐色，有污白色纤毛构成近网状花纹。担子 30 ~ 40 × 8 ~ 10 μm，棒状，4 孢。担孢子 8 ~ 10 × 5.5 ~ 6.5 μm，宽椭圆形至椭圆形，光滑，淀粉质，无色。侧生囊状体和缘生囊状体阙如。锁状联合阙如。

　　夏秋季生于温带或亚热带亚高山带针阔混交林中地上或腐木上。腐生菌。分布于云南西北部。可食。

美味扇菇　冻蘑、黄蘑
Sarcomyxa edulis (Y.C. Dai *et al.*) T. Saito *et al.*

蘑菇目 Agaricales　　扇菇科 Sarcomyxaceae

菌盖直径 4 ～ 10 cm，扇形至半圆形；表面湿时黏，近光滑，橙黄色至污黄色，有时带橄榄色色调；菌肉白色，受伤后不变色。菌褶延生，窄，密，淡黄色。菌柄长 1 ～ 2 cm，直径 0.5 ～ 1 cm，侧生，表面被绒毛状鳞片，褐黄色。担子 18 ～ 20 × 4 ～ 5 μm，棒状，4 孢。担孢子 4.5 ～ 5.5 × 1 ～ 1.5 μm，腊肠形，光滑，无色。侧生囊状体 35 ～ 55 × 7 ～ 10 μm，窄棒状至近梭形，薄壁，顶端有时被黄色至淡黄色结晶。锁状联合常见。

秋季生于亚高山阔叶林中腐木上。腐生菌。分布于云南西北部。可食。

裂褶菌　白参
Schizophyllum commune Fr.

蘑菇目 Agaricales　　裂褶菌科 Schizophyllaceae

菌盖直径 1 ～ 4.5 cm，扇形，掌状，常放射状瓣裂；表面幼时白色或灰白色，成熟后淡灰色或浅褐色，密被同色硬毛状鳞片；菌肉薄，韧，革质，白色，受伤后不变色。菌褶边缘波状，干时从褶缘向内纵裂而反卷，白色或灰白色，受伤后不变色。菌柄无或较短。担子 15 ～ 20 × 4 ～ 6 μm，窄棒状，4 孢。担孢子 4 ～ 6 × 1.5 ～ 2 μm，近圆柱形，光滑，无色。锁状联合常见。

生于腐木上，几乎各个季节都可见。腐生菌。分布于云南各地。可食。可栽培。可入药，具消炎、滋补等作用。

田头菇

Agrocybe praecox (Pers.) Fayod

蘑菇目 Agaricales　　球盖菇科 Strophariaceae

菌盖直径 3 ～ 8 cm，伸展至扁平；表面淡黄色至奶油色；菌肉白色，受伤后不变色。菌褶直生至弯生，锈褐色。菌柄长 4 ～ 9 cm，直径 0.5 ～ 1 cm，近圆柱形，污白色，被粉末状鳞片；菌环上位，膜质，白色。担子 25 ～ 35 × 7 ～ 9 μm，棒状，4 孢。担孢子 8 ～ 11 × 5 ～ 7.5 μm，卵状至椭圆形，有小芽孔，光滑，褐色。侧生囊状体和缘生囊状体 30 ～ 60 × 15 ～ 30 μm，坛状至宽棒状，上部变细。盖表皮由紧密排列的数层细胞组成。锁状联合常见。

夏秋季生于林中或路边地上。腐生菌。分布于云南中部和北部。可食。

丛生垂幕菇

Hypholoma fasciculare (Huds.) P. Kumm.

蘑菇目 Agaricales　　球盖菇科 Strophariaceae

菌盖直径 2 ～ 4 cm，扁半球形至平展；表面光滑，常水浸状，硫黄色、橙黄色或黄褐色，边缘色较淡，常悬垂有菌幕残余；菌肉浅黄色，受伤后不变色，味苦。菌褶弯生，密，硫黄色至橄榄绿色。菌柄长 3 ～ 5 cm，直径 0.3 ～ 0.5 cm，硫黄色、橙黄色或污白色。担子 18 ～ 23 × 5 ～ 6 μm，棒状，4 孢。担孢子 5.5 ～ 7 × 3.5 ～ 4.5 μm，椭圆形，芽孔平截，光滑，浅黄褐色。侧生囊状体和缘生囊状体常见。锁状联合常见。

夏秋季生于林中腐木上。腐生菌。分布于云南大部。有毒，误食导致胃肠炎型中毒，有时引起呼吸循环衰竭型中毒。

毛柄库恩菌

Kuehneromyces mutabilis (Schaeff.) Singer & A.H. Sm.

蘑菇目 Agaricales   球盖菇科 Strophariaceae

　　菌盖直径 2 ~ 5 cm，扁半球形至扁平，中央凸起；表面蜜黄色、黄色至褐黄色，被淡黄色易脱落的鳞片；菌肉薄，淡黄色。菌褶奶油色至淡褐色。菌柄长 3 ~ 7 cm，直径 0.3 ~ 0.6 cm，近圆柱形，淡黄色至褐色，被淡褐色鳞片；菌环易破碎。担子 22 ~ 28 × 6 ~ 8 μm，棒状，4 孢。担孢子 6 ~ 8 × 4 ~ 5.5 μm，椭圆形至近杏仁形，有芽孔，光滑，淡褐色。锁状联合常见。

　　夏秋季生于林中腐木上。腐生菌。分布于云南中部和北部。可食。

金毛鳞伞
Pholiota aurivella (Batsch) P. Kumm.

蘑菇目 Agaricales　　球盖菇科 Strophariaceae

菌盖直径 5 ~ 15 cm，初期扁半球形至凸镜形，后期展开；表面金黄色至锈黄色，湿时黏，具平伏且呈同心环分布的褐色鳞片，边缘有纤维状菌幕残余；菌肉初期淡黄色，后期柠檬黄色。菌褶米色、黄锈色或褐色。菌柄长 6 ~ 12 cm，直径 0.6 ~ 1.4 cm，黏，上部黄色，下部淡褐色，菌环之下具反卷鳞片；菌环上位，丝膜状，易消失。担子 20 ~ 25 × 5 ~ 6 μm，棒状，4 孢。担孢子 7 ~ 10 × 4.5 ~ 6.5 μm，有芽孔，光滑，黄褐色。

夏秋季丛生于针叶林和阔叶林中倒木或树桩基部。腐生菌。分布于云南西北部。有毒，误食导致胃肠炎型中毒。

黏环鳞伞
Pholiota lenta (Pers.) Singer

蘑菇目 Agaricales　　球盖菇科 Strophariaceae

菌盖直径 3 ~ 7 cm，初期半球形至扁平，后期平展；表面近光滑，湿时黏，黄褐色，边缘附着有菌幕残余，成熟或干时呈放射状撕裂；菌肉稍硬，白色，味柔和。菌褶直生，密，初期白色，后期浅灰褐色。菌柄长 3 ~ 8 cm，直径 0.4 ~ 1.2 cm，实心，上部浅黄色，下部黄褐色，表面具纤毛，顶端白粉末状。担子 18 ~ 23 × 5 ~ 6 μm，4 孢。担孢子 6.5 ~ 9 × 3.5 ~ 4.5 μm，椭圆形，具细小芽孔，光滑，黄褐色。侧生囊状体 65 ~ 85 × 17 ~ 20 μm，纺锤形至烧瓶形，金黄色。锁状联合常见。

夏秋季生于针阔混交林中腐殖质上。腐生菌。分布于云南西北部。食性不明。

黏皮鳞伞
Pholiota lubrica (Pers.) Singer

蘑菇目 Agaricales　　球盖菇科 Strophariaceae

　　菌盖直径 4～6 cm，初期半球形或尖凸镜形，后期平展；表面湿时黏，红褐色至橙褐色，边缘淡黄色，具稍反翘的污白色鳞片；菌肉厚 1～3 mm。菌褶直生至短延生，较密，初期白色或淡黄色，成熟后黄褐色至灰黄褐色。菌柄长 3.5～5 cm，直径 0.5～0.8 cm，圆柱形，表面干，初期奶油色，后期变黄褐色，菌环之下具翘起的黄褐色鳞片；菌环上位，白色，易消失。担孢子 6～7 × 3.5～4.5 μm，椭圆形，具小芽孔，光滑，黄褐色。侧生囊状体 30～70 × 6～20 μm，丰富，棒状、烧瓶形至纺锤形。盖表皮黏菌丝平伏型。锁状联合常见。
　　夏秋季生于林中腐殖质上。腐生菌。分布于云南大部。不可食。

小孢鳞伞　滑菇、滑子蘑、光盖鳞伞
Pholiota microspora (Berk.) Sacc. [= *Pholiota nameko* (T. Itô) S. Ito & S. Imai]

蘑菇目 Agaricales　球盖菇科 Strophariaceae

　　菌盖直径 3 ～ 8 cm，初期半球形，后期渐平展；表面胶黏，黄褐色或褐色，无鳞片；菌肉淡黄色至淡褐色，受伤后不变色。菌褶直生或稍弯生，浅黄色。菌柄长 3 ～ 6 cm，直径 0.5 ～ 1 cm，表面胶黏，淡黄色；菌环强烈胶质化，浅黄色至浅肉桂色。担子 20 ～ 25 × 5 ～ 6 μm，棒状，4 孢。担孢子 4 ～ 6 × 2.5 ～ 3 μm，椭圆形至卵圆形，芽孔不明显，光滑，黄褐色。锁状联合常见。

　　夏秋季生于阔叶林中腐木上。腐生菌。分布于云南南部。可食。可栽培。文献记载该菌具抗氧化、降血压和降血糖等作用。

多脂翘鳞伞

Pholiota squarrosoadiposa J.E. Lange

蘑菇目 Agaricales   球盖菇科 Strophariaceae

菌盖直径 3 ～ 5 cm，扁半球形至平展；表面有黏性，黄色至赭黄色，被锥状至近锥状褐色至红褐色鳞片；边缘有丝网状菌环残余；菌肉污白色或淡黄色，受伤后不变色。菌褶弯生至直生，初期污白色，后期淡黄褐色。菌柄长 6 ～ 9 cm，直径 0.5 ～ 1 cm，近圆柱状，表面污白色，被淡黄色或淡褐色鳞片；菌环易破碎消失。担子 25 ～ 30 × 6 ～ 7 μm，棒状，4 孢。担孢子 5.5 ～ 7.5 × 3.5 ～ 5 μm，椭圆形，芽孔细小，平滑，黄褐色。侧生囊状体 26 ～ 35 × 6 ～ 8 μm，近棒状，顶端稍窄；缘生囊状体 30 ～ 50 × 5 ～ 7 μm，花瓶状至近圆柱形。锁状联合常见。

夏季生于亚热带常绿阔叶林中腐树桩上。腐生菌。分布于云南中部。不可食。

半球假黑伞
Protostropharia semiglobata (Batsch) Redhead *et al.*

蘑菇目 Agaricales   球盖菇科 Strophariaceae

菌盖直径 2 ～ 5 cm，半球形；表面湿时黏至胶黏，光滑，浅黄色或奶油色；菌肉污白色，受伤后不变色。菌褶直生至弯生，浅紫褐色。菌柄长 4 ～ 10 cm，直径 0.3 ～ 0.8 cm，等粗或基部稍膨大；菌环上位，膜质。担子 35 ～ 40 × 11 ～ 14 μm，棒状，4 孢。担孢子 17 ～ 20 × 8 ～ 10 μm，椭圆形至长椭圆形，壁厚，芽孔平截、明显，黄褐色。侧生囊状体 35 ～ 60 × 10 ～ 18 μm，宽棒状，顶端喙状，内部常含有黄色物质。缘生囊状体 30 ～ 40 × 5 ～ 7 μm，花瓶状。锁状联合常见。

夏秋季生于动物粪便上或堆肥上。腐生菌。分布于云南西北部。有毒，误食导致神经精神型中毒。

皱环球盖菇 大球盖菇
Stropharia rugosoannulata Farl. ex Murrill

蘑菇目 Agaricales   球盖菇科 Strophariaceae

菌盖直径 5 ～ 22 cm，扁半球形、扁平至平展；表面褐灰色至褐黄色，有时金黄色，有近匍匐状的纤丝状鳞片；菌肉白色，受伤后不变色。菌褶近直生，密，褐色、暗褐色至近黑色。菌柄长 6 ～ 20 cm，直径 1 ～ 3 cm，白色、奶油色至淡黄色；菌环厚，双层，上层膜质，下层撕裂呈颗粒状或齿轮状。担子 30 ～ 35 × 8 ～ 11 μm，棒状，4 孢。担孢子 10 ～ 13 × 7 ～ 9 μm，宽椭圆形至卵形，顶端有芽孔，光滑，黄褐色。侧生囊状体和缘生囊状体顶端有尾尖。锁状联合常见。

夏秋季生于亚热带林中地上或腐殖质上。腐生菌。分布于云南中部和北部。可食。可栽培。

大白桩菇
Aspropaxillus giganteus (Sowerby) Kühner & Maire

蘑菇目 Agaricales　　口蘑科 Tricholomataceae

菌盖直径 10 ～ 20 cm，近漏斗形，中心下凹；表面光滑，污白色、淡灰色或稍淡褐色，边缘波纹状；菌肉较厚，白色，受伤后不变色，有香气。菌褶延生，密，较窄，污白色或奶油色。菌柄长 5 ～ 10 cm，直径 2 ～ 5 cm，近圆柱形或向上逐渐变细，与菌盖表面同色。担子 30 ～ 40 × 6 ～ 8 μm，棒状，4 孢。担孢子 5.5 ～ 7 × 3.5 ～ 4 μm，椭圆形，淀粉质，近光滑。锁状联合常见。

夏秋季生于亚热带至温带林中地上。分布于云南西北部。可食，但有人食后引起胃肠炎型中毒。

假松口蘑　假松茸
Tricholoma bakamatsutake Hongo

蘑菇目 Agaricales　　口蘑科 Tricholomataceae

菌盖直径 4 ～ 10 cm，幼时半球形，成熟后平展；表面栗褐色至红褐色，被同色鳞片，边缘颜色较浅；菌肉厚约 2 cm，白色，受伤后不变色，具强烈松香气味。菌褶弯生，密，幼时白色，后期奶油色。菌柄长 4 ～ 9 cm，直径 0.5 ～ 1.8 cm，菌环之上为白色或近白色，菌环之下被栗褐色至红褐色、纤丝状鳞片；菌环近膜质，上位。担子 20 ～ 25 × 6 ～ 7.5 μm，棒状，4 孢。担孢子 5 ～ 7 × 4.5 ～ 5.5 μm，宽椭圆形至近球形，光滑，无色。锁状联合阙如。

夏季生于亚热带和温带阔叶林或针阔混交林中地上。外生菌根菌。分布于云南中部和西北部。可食。

灰环口蘑
Tricholoma cingulatum (Almfelt) Jacobashch

蘑菇目 Agaricales　　口蘑科 Tricholomataceae

菌盖直径 3 ～ 5 cm，扁半球形至平展，中部稍凸起；表面淡灰色，有时有褐色色调，边缘近白色；菌肉白色，受伤后不变色。菌褶弯生，白色至奶油色。菌柄长 4 ～ 7 cm，直径 0.3 ～ 0.8 cm，白色至污白色；菌环中上位，白色，易消失。担子 20 ～ 30 × 5 ～ 6 μm，棒状，4 孢。担孢子 4 ～ 6 × 2.5 ～ 3.5 μm，长椭圆形，光滑，非淀粉质，无色。锁状联合阙如。

夏季生于亚高山带针叶林或针阔混交林中地上。外生菌根菌。分布于云南西北部，但稀少。食性不明。

油口蘑
Tricholoma equestre (L.) P. Kumm.

蘑菇目 Agaricales　　口蘑科 Tricholomataceae

菌盖直径 5 ～ 10 cm，扁半球形至平展，中央稍凸起；表面黄褐色，中央颜色较深，边缘变淡黄色，被近平伏褐色细小鳞片，湿时黏；菌肉淡黄色或奶油色，受伤后不变色，有面粉味。菌褶弯生，较密，淡黄色至鲜黄色。菌柄长 4 ～ 10 cm，直径 0.5 ～ 2 cm，向上稍变细，黄色或淡黄色，被黄色或白色纤丝状鳞片。担子 25 ～ 40 × 7 ～ 9 μm，棒状，多数 4 孢。担孢子 6 ～ 9 × 4.5 ～ 6 μm，椭圆形，光滑，非淀粉质，无色。锁状联合阙如。

夏季生于针阔混交林或松树林中地上。外生菌根菌。分布于云南中部和北部。有些地方采食，但文献记载该菌有毒，误食导致神经精神型中毒或横纹肌溶解症。

高地口蘑
Tricholoma highlandense Zhu L. Yang *et al.*

蘑菇目 Agaricales　　口蘑科 Tricholomataceae

菌盖直径 5 ～ 10 cm，扁半球形至平展，中部具宽凸起；表面干，白色、污白色至浅褐色，被褐色至暗褐色纤丝状龟裂鳞片，边缘有时内卷；菌肉白色。菌褶直生至弯生，白色、污白色至奶油色，褶缘偶尔具浅褐色至浅黄色色调。菌柄长 3 ～ 9 cm，直径 1 ～ 3 cm，倒棒状；表面白色至污白色、浅灰色、浅黄色至浅褐色，被纤丝状鳞片；菌肉白色。担子 37 ～ 50 × 8 ～ 10 μm。担孢子 6.5 ～ 8 × 5 ～ 6 μm，宽椭圆形至椭圆形，光滑，非淀粉质，无色。锁状联合常见。

夏秋季生于云南松林或针阔混交林中地上。外生菌根菌。分布于云南中部和西北部。有毒，误食导致胃肠炎型中毒。

松茸　松口蘑
Tricholoma matsutake (S. Ito & S. Imai) Singer

蘑菇目 Agaricales　　口蘑科 Tricholomataceae

菌盖直径 7 ～ 15 cm，扁半球形至平展，中央稍凸起；表面密被黄褐色至暗褐色鳞片；菌肉白色，受伤后不变色。菌褶弯生，密，白色至奶油色。菌柄长 10 ～ 20 cm，直径 1.5 ～ 3 cm，白色至污白色，被深褐色至淡褐色鳞片，上部有膜质菌环。担子 25 ～ 30 × 6 ～ 8 μm，棒状，4 孢。担孢子 6.5 ～ 7.5 × 5.5 ～ 6.5 μm，宽椭圆形，光滑，非淀粉质，无色。锁状联合阙如。

夏秋季生于针叶林或针阔混交林中地上。外生菌根菌。分布于云南中部和西北部。可食。

拟毒蝇口蘑

Tricholoma muscarioides Reschke *et al.*

蘑菇目 Agaricales　　口蘑科 Tricholomataceae

菌盖直径 5 ~ 8 cm，幼时圆锥形或中央明显凸起，成熟后扁半球形，中部具钝凸；表面干，具纤丝状鳞片，中央橄榄灰色至橄榄褐色，边缘呈亮黄色，凸起有时呈白色；菌肉白色至淡灰色。菌褶弯生，密，白色至奶油色。菌柄长 7 ~ 15 cm，直径 1 ~ 2 cm，近圆柱形；表面白色，明显纤丝状，受伤后变黄色；基部菌丝白色。担子 28 ~ 38 × 7 ~ 7.5 μm，棒状，4 孢。担孢子 6 ~ 7 × 5 ~ 5.5 μm，椭圆形，光滑，非淀粉质，无色。锁状联合阙如。

夏秋季生于亚热带阔叶林中地上。外生菌根菌。分布于云南中部。可能有毒，误食导致胃肠炎型或神经精神型中毒。

褐黄口蘑

Tricholoma olivaceoluteolum Reschke *et al.*

蘑菇目 Agaricales　　口蘑科 Tricholomataceae

菌盖直径 5 ~ 8 cm，幼时圆锥形，边缘内卷，老后扁半球形；表面湿时胶黏，具不明显纤丝，幼时橄榄褐色，边缘橘色至黄色，老后黄褐色，边缘呈亮黄色；菌肉白色。菌褶弯生，密，白色或稍具奶油色。菌柄长 7 ~ 12 cm，直径达 1.6 cm，近圆柱形；表面顶端和基部白色，中部黄色，具有同色纤丝；基部菌丝白色。担子 26 ~ 33 × 6 ~ 8 μm，棒状，4 孢。担孢子 5.5 ~ 6.5 × 5 ~ 6 μm，宽椭圆形至近球形，光滑，非淀粉质，无色。锁状联合阙如。

夏秋季生于亚热带阔叶林中地上。外生菌根菌。分布于云南中部。食性不明。

东方褐盖口蘑

Tricholoma orientifulvum X. Xu *et al.*

蘑菇目 Agaricales　　**口蘑科 Tricholomataceae**

菌盖直径 4 ～ 11 cm，扁半球形至平展，中央微凸起；表面湿时黏，光滑，边缘内卷，成熟后波浪状，中央红褐色至暗红褐色，边缘褐色至红褐色；菌肉白色，受伤后不变色。菌褶弯生，密，黄色至污黄色，常具有红褐色斑点；褶缘齿状。菌柄长 8 ～ 11 cm，直径 0.8 ～ 1.2 cm，近圆柱形；表面污白色、浅褐色至红褐色，常被红褐色纤丝状鳞片，无菌环。气味似肥皂味。担子 20 ～ 30 × 5 ～ 7 μm，棒状，4 孢。担孢子 5 ～ 6 × 4 ～ 4.5 μm，宽椭圆形至椭圆形，光滑，非淀粉质，无色。锁状联合阙如。

夏秋季生于针阔混交林中地上。外生菌根菌。分布于云南中部和南部。可能有毒，误食引起胃肠炎型中毒。

皂味口蘑

Tricholoma saponaceum (Fr.) P. Kumm.

蘑菇目 Agaricales　　**口蘑科 Tricholomataceae**

菌盖直径 6 ～ 9 cm，扁半球形至平展，中央稍凸起；表面黄绿色至橄榄色，至边缘变黄色至污白色，不黏；菌肉白色至奶油色，受伤后不变色，有肥皂味。菌褶弯生，较稀，奶油色。菌柄长 10 ～ 16 cm，直径 1 ～ 2 cm，向下变细，白色，被白色至灰色鳞片，基部带有粉红色斑点。担子 25 ～ 30 × 6 ～ 8 μm，棒状，4 孢。担孢子 4 ～ 5 × 3 ～ 3.5 μm，椭圆形，光滑，非淀粉质，无色。锁状联合常见。

夏季生于亚热带阔叶林或针阔混交林中地上。外生菌根菌。分布于云南中部和北部。有毒，误食导致胃肠炎型中毒。

中华苦酸口蘑
Tricholoma sinoacerbum T.H. Li *et al.*

蘑菇目 Agaricales　　口蘑科 Tricholomataceae

菌盖直径 5 ～ 12 cm，半球形、扁半球形至平展，边缘稍内卷；表面奶油色、淡黄色至浅褐黄色，干或湿时稍黏；菌肉厚 0.6 ～ 1 cm，白色，受伤后不变色。菌褶直生至弯生，密，白色至黄白色。菌柄长 7 ～ 12 cm，直径 1 ～ 1.8 cm，污白色至近白色；基部菌丝白色。气味浓烈，生尝味苦。担子 22 ～ 25 × 6 ～ 7 μm，棒状，4 孢。担孢子 4 ～ 5 × 3.5 ～ 4 μm，卵形至宽椭圆形，光滑，非淀粉质，无色。锁状联合阙如。

夏秋季生于亚热带阔叶林中地上。外生菌根菌。分布于云南南部。可能有毒。

中华豹斑口蘑
Tricholoma sinopardinum Zhu L. Yang *et al.*

蘑菇目 Agaricales　　口蘑科 Tricholomataceae

菌盖直径 5 ～ 11 cm，扁半球形至平展，污白色至淡灰色，被褐色至暗褐色稍反卷的鳞片；菌肉白色，受伤后不变色。菌褶弯生，密，污白色至奶油色；边缘淡褐色至近褐色。菌柄长 5 ～ 18 cm，直径 1 ～ 3 cm，白色、污白色至淡褐色，被淡褐色至深褐色鳞片。担子 45 ～ 55 × 9 ～ 11 μm，棒状，4 孢。担孢子 8 ～ 10.5 × 6.5 ～ 7.5 μm，椭圆形至宽椭圆形，光滑，非淀粉质，无色。缘生囊状体较大。锁状联合常见。

夏季生于亚高山带针叶林或针阔混交林中地上。外生菌根菌。分布于云南西北部。有毒，误食导致胃肠炎型中毒。

中华灰褐纹口蘑
Tricholoma sinoportentosum Zhu L. Yang *et al.*

蘑菇目 Agaricales　　口蘑科 Tricholomataceae

菌盖直径 5 ～ 10 cm，幼时半球形，成熟后扁半球形至平展，中央凸起；表面暗褐色、暗灰色至近黑色，边缘褐色至淡黄色，湿时黏，具隐生灰色至近黑色辐射状纤丝花纹；菌肉白色或淡灰色。菌褶弯生，中稀，白色或奶油色，老后黄色。菌柄长 8 ～ 14 cm，直径 1 ～ 2.5 cm，近圆柱形；表面白色，被白色纤丝状鳞片，老后黄色，受伤后变淡褐色；基部菌丝白色。担子 25 ～ 35 × 7 ～ 8 μm，棒状，4 孢。担孢子 5.5 ～ 7 × 5 ～ 5.5 μm，宽椭圆形，光滑，非淀粉质，无色。锁状联合常见。

夏秋季生于亚高山带针叶林中地上。外生菌根菌。分布于云南西北部。有毒，误食会引起某些人胃肠炎型中毒。

直立口蘑
Tricholoma stans (Fr.) Sacc.

蘑菇目 Agaricales　　口蘑科 Tricholomataceae

菌盖直径 4 ～ 8 cm，平展；表面锈黄色至棕褐色，稍黏，边缘幼时内卷；菌肉白色。菌褶弯生，密，白色。菌柄长 4.5 ～ 8 cm，直径 0.8 ～ 1.8 cm，近圆柱形，与菌盖表面同色或稍淡，被纤毛状鳞片，无菌环。担子 22 ～ 35 × 5 ～ 8 μm，棒状，4 孢。担孢子 5 ～ 6 × 3.5 ～ 4.5 μm，近球形至宽椭圆形，光滑，非淀粉质，无色。锁状联合阙如。

夏秋季生于针叶林或针阔混交林中地上。外生菌根菌。分布于云南中部至西北部。有毒，误食导致胃肠炎型中毒。

棕灰口蘑
Tricholoma terreum (Schaeff.) P. Kumm.

蘑菇目 Agaricales　　口蘑科 Tricholomataceae

菌盖直径 3 ～ 6 cm，扁半球形至平展，中央稍凸起；表面污白色，被淡灰色、灰色至暗灰色的匍匐纤丝状鳞片；菌肉白色，受伤后不变色。菌褶弯生，中密，白色至灰白色。菌柄长 3 ～ 6 cm，直径 0.3 ～ 0.8 cm，近光滑，白色至灰白色。担子 17 ～ 22 × 4 ～ 5 μm，棒状，4 孢。担孢子 4 ～ 5.5 × 3 ～ 3.5 μm，椭圆形至宽椭圆形，光滑，非淀粉质，无色。锁状联合阙如。

夏季生于针阔混交林和针叶林中地上。外生菌根菌。分布于云南中部和北部。可食。

红鳞口蘑
Tricholoma vaccinum (Schaeff.) P. Kumm.

蘑菇目 Agaricales　　口蘑科 Tricholomataceae

菌盖直径 3 ～ 5 cm，幼时近锥形，成熟后扁半球形至平展，中央凸起；表面淡红褐色，被深红褐色反卷鳞片，边缘有睫毛状鳞片；菌肉白色，受伤后不变色。菌褶弯生，密，淡粉红色。菌柄长 3 ～ 8 cm，直径 0.5 ～ 1.5 cm，与菌盖表面同色。担子 25 ～ 35 × 6 ～ 8 μm，棒状，4 孢。担孢子 6.5 ～ 7.5 × 4.5 ～ 6 μm，宽椭圆形，光滑，非淀粉质，无色。锁状联合阙如。

夏季生于亚高山带针叶林中地上。外生菌根菌。分布于云南西北部。可食。

茶薪菇　茶树菇
Cyclocybe chaxingu (N.L. Huang) Q.M. Liu *et al.*

蘑菇目 Agaricales　　假脐菇科 Tubariaceae

菌盖直径 1.5 ～ 7 cm，半球形至平展；菌盖表面不黏，光滑或有皱曲，幼时黑褐色，渐变褐色至浅褐色，中央颜色较深，边缘近白色；菌肉白色，有芳香气味。菌褶弯生，灰褐色。菌柄长 7.5 ～ 20 cm，直径 0.5 ～ 1 cm，污白色，表面有纵向纤维条纹和褐色细小鳞片；菌环近顶生，膜质，较薄，白色至污白色，宿存或易脱落。担子 20 ～ 30 × 7 ～ 9 μm，棒状，4 孢或 2 孢。担孢子 7.5 ～ 10.5 × 5 ～ 6 μm（4 孢）或 8.5 ～ 12 × 6 ～ 7 μm（2 孢），椭圆形至近肾形，具不明显芽孔，光滑，褐色。锁状联合常见。

夏秋季生于亚热带林中腐木上。腐生菌。分布于云南南部至中部。可食。广泛栽培。

杨柳田头菇
Cyclocybe salicaceicola (Zhu L. Yang *et al.*) Vizzini

蘑菇目 Agaricales　　假脐菇科 Tubariaceae

菌盖直径 4 ～ 8 cm，半球形至扁平，中部稍下陷，表面光滑象牙色至奶油色，成熟时中部奶油色，边缘白色；菌肉白色，不变色，味淡，有香气。菌褶延生，灰褐色，边缘白色。菌柄长 5 ～ 10 cm，直径 0.5 ～ 0.8 cm，近圆柱形，污白色，密被褐色小鳞片；菌环近顶生，大，宿存或易消失。担子 22 ～ 26 × 7 ～ 8 μm，棒状，4 孢。担孢子 7 ～ 10.5 × 4 ～ 6 μm，椭圆形，光滑，具不明显芽孔，褐色。锁状联合常见。

夏季生于杨柳树上。腐生菌。分布于云南中部。可食。可栽培。

水粉杯伞　烟云杯伞
Clitocybe nebularis (Batsch) P. Kumm.

蘑菇目 Agaricales　　科位置未定属种 Incertae sedis

　　菌盖直径 5 ～ 10 cm，初期半球形，后期平展中凸，边缘内卷；表面近光滑，稍具丝质光泽，干燥，浅灰色至灰色；菌肉白色，无味。菌褶宽 2 ～ 3 mm，直生或稍延生，密。菌柄长 5 ～ 7 cm，直径 1.2 ～ 1.5 cm，近圆柱形，基部膨大，实心，肉质，具细小丝质纤毛，柄上部纤毛尤为明显，白色。担子 33 ～ 36 × 4 ～ 6 μm，棒状，4 孢。担孢子 5 ～ 7 × 3 ～ 3.5 μm，椭圆形至长椭圆形，光滑，非淀粉质，无色。锁状联合常见。

　　秋季生于高山栎林中地上。腐生菌。分布于云南西北部。有人食后中毒，应避免采食。

疣盖囊皮伞
Cystoderma granulosum (Batsch) Fayod

蘑菇目 Agaricales   科位置未定属种 Incertae sedis

菌盖直径 2 ～ 4 cm，半球形至近平展，中央稍凸起；表面土褐色至红褐色，密被同色细小鳞片，不平滑；菌肉白色，受伤后不变色。菌褶直生至弯生，白色至奶油色。菌柄长 5 ～ 7 cm，直径 0.3 ～ 0.6 cm，圆柱形，菌环之上近光滑，菌环之下密被土褐色至红褐色细小鳞片；菌环易消失。担子 18 ～ 22 × 4.5 ～ 5.5 μm，棒状，4 孢。担孢子 3.5 ～ 4.5 × 2.5 ～ 3 μm，椭圆形，光滑，非淀粉质，无色。锁状联合常见。

夏秋季生于针阔混交林中地上。腐生菌。分布于云南西北部。食性不明。

假牛排菌
Fistulina subhepatica B.K. Cui & J. Song

蘑菇目 Agaricales   科位置未定属种 Incertae sedis

菌盖径向长 7 ～ 10 cm，宽 5 ～ 18 cm，舌状至扇形；表面红色、玛瑙红色至红褐色，盖表有细小颗粒；菌肉肉红色，肉质。子实层体延生，初期淡黄色，后期淡粉红色至肉红色；菌管各自分离，菌孔近圆形。菌柄长达 2 cm，直径 1 ～ 2 cm，与菌盖表面同色。担子 15 ～ 20 × 5 ～ 7 μm。担孢子 4 ～ 5 × 3 ～ 4 μm，近球形至宽椭圆形，光滑，无色至淡黄色。锁状联合常见。

夏秋季生于亚热带林中腐木上。腐生菌。分布于云南中部和西南部。可食。可入药，用于抗菌、抗肿瘤等。

鳞柄卷毛菇
Floccularia albolanaripes (G.F. Atk.) Redhead

蘑菇目 Agaricales　　科位置未定属种 Incertae sedis

菌盖直径 3.5 ~ 6.5 cm，扁平至平展；表面黄色至鲜黄色，被淡褐色细小鳞片，中央颜色稍深并有一明显凸起；菌肉白色至奶油色，受伤后不变色。菌褶弯生，奶油色至淡黄色。菌柄长 5 ~ 10 cm，直径 0.5 ~ 1 cm，顶端白色、光滑，中部及下部奶油色至淡黄色，被黄色、绒状至反卷的鳞片。担子 25 ~ 30 × 5.5 ~ 6.5 μm，棒状，4 孢。担孢子 6 ~ 7.5 × 4 ~ 5 μm，椭圆形，光滑，弱淀粉质，无色。盖表皮由匍匐的菌丝组成。锁状联合常见。

夏秋季生于阔叶林或针阔混交林中地上。分布于云南中部和北部。食性不明。

碱紫漏斗伞
Infundibulicybe alkaliviolascens (Bellù) Bellù

蘑菇目 Agaricales　　科位置未定属种 Incertae sedis

菌盖直径 4 ~ 10 cm，初期平展中心下凹，成熟后变漏斗形，边缘常波状；表面不黏，淡黄褐色或淡灰褐色；菌肉较薄，厚 0.5 ~ 3 mm，白色，味柔和。菌褶宽 1 ~ 4 mm，延生，密，白色至奶油色。菌柄长 5 ~ 10 cm，直径 0.4 ~ 1 cm，表面近光滑，常有细的纵条纹，淡黄褐色或淡灰褐色。担子 20 ~ 25 × 5.5 ~ 7 μm，棒状，4 孢。担孢子 5.5 ~ 7 × 3.5 ~ 4.5 μm，泪滴状，光滑，无色。锁状联合常见。

夏秋季生于针阔混交叶林中地上。腐生菌。分布于云南中部和北部。可食，但对部分人可能有毒，不建议采食。

细鳞漏斗伞　肉鸡枞
Infundibulicybe squamulosa (Pers.) Harmaja

蘑菇目 Agaricales　　科位置未定属种 Incertae sedis

菌盖直径3～7 cm，初期平展中央下凹，成熟后近漏斗形，边缘常波状；表面不黏，被细小绒状鳞片，黄褐色，中部颜色较深；菌肉较薄，厚1～3 mm，白色至奶油色，有香气。菌褶宽3～5 mm，延生，密，白色至奶油色。菌柄长3～8×0.3～1 cm，表面淡黄褐色或淡黄褐色，近光滑。担子20～30×6.5～7.5 μm，棒状，4孢。担孢子6～7.5×3～4.5 μm，泪滴状，光滑，无色。锁状联合常见。

夏秋季生于亚高山带针叶林或针阔混交叶林中地上或草甸上。腐生菌。分布于云南西北部。可食。

肉色香蘑
Lepista irina (Fr.) H.E. Bigelow

蘑菇目 Agaricales　　科位置未定属种 Incertae sedis

菌盖直径4～7 cm，扁平至平展，中央稍凸起；表面白色至奶油色，中央淡黄色至淡褐色，边缘内卷；菌肉厚，白色。菌褶直生至弯生，白色至污白色。菌柄长5～12 cm，直径0.8～1.8 cm，近圆柱形，柄表污白色，有纵向沟纹和丝状鳞片。担子30～45×8～10 μm，棒状，4孢。担孢子7.5～9.5×4.5～5.5 μm，椭圆形，表面近光滑或具细小疣，无色。锁状联合常见。

夏秋季生于亚高山带针叶林中地上。腐生菌。分布于云南西北部。可食。

紫丁香蘑
Lepista nuda (Bull.) Cooke

蘑菇目 Agaricales　　**科位置未定属种 Incertae sedis**

菌盖直径 3 ~ 12 cm，扁半球形至平展，有时中心凹陷，边缘内卷；表面初期蓝紫色至丁香紫色，成熟后褐紫色；菌肉较厚，柔软，淡紫色。菌褶直生或稍延生，蓝紫色或与菌盖表面同色。菌柄长 4 ~ 8 cm，直径 0.7 ~ 2 cm，近圆柱形，基部稍膨大，蓝紫色或与菌盖表面同色，下部光滑或有纵条纹和颗粒状鳞片。担子 20 ~ 34 × 6.5 ~ 8 μm，棒状，4 孢。担孢子 5 ~ 8 × 3 ~ 5 μm，椭圆形，近光滑或具小麻点，近无色。锁状联合常见。

秋季生于针阔混交林中地上。腐生菌。分布于云南各地。可食。

花脸香蘑　米汤菌
Lepista sordida (Schumach.) Singer

蘑菇目 Agaricales　　**科位置未定属种 Incertae sedis**

菌盖 5 ~ 8 cm，平展中凹，成熟后近浅漏斗形；表面强烈水浸状，湿时紫褐色，干时浅黄褐色，中心与边缘常形成强烈的颜色对比；菌肉浅紫色，柔和。菌褶宽 3 ~ 5 mm，弯生至直生，密，近菌柄处紫褐色，近菌盖边缘堇紫色。菌柄长 3 ~ 5 cm，直径 0.5 ~ 0.7 cm，具纵条纹，污紫褐色；基部菌丝白色。担子 20 ~ 30 × 4 ~ 6 μm，棒状，4 孢。担孢子 6 ~ 7 × 3.5 ~ 4 μm，长椭圆形，微有疣凸至近光滑，无色。囊状体阙如。锁状联合常见。

夏秋季生于林缘或路边腐殖质层上。腐生菌。分布于云南中部和南部。可食。

黏脐菇

Myxomphalia maura (Fr.) Hora

蘑菇目 Agaricales　　科位置未定属种 Incertae sedis

　　菌盖直径 2 ～ 5 cm，扁半球形至扁平，中央凹陷；表面湿时黏，暗灰色至暗褐色，有辐射状隐生丝纹；菌肉污白色。菌褶延生，污白色至淡灰色。菌柄长 3 ～ 5 cm，直径 0.3 ～ 0.5 cm，光滑，与菌盖表面同色。担子 18 ～ 23 × 5 ～ 6.5 μm，棒状，4 孢。担孢子 5 ～ 5.5 × 3.5 ～ 4.5 μm，近球形至宽椭圆形，厚壁，淀粉质，无色。锁状联合常见。

　　夏秋季生于亚高山地带火烧迹地上或腐殖质较厚的地上。腐生菌。分布于云南西北部。食性不明。

雷丸

Omphalia lapidescens (Horan.) E. Cohn & J. Schröt.

蘑菇目 Agaricales　　科位置未定属种 Incertae sedis

菌核直径 0.5 ～ 5 cm，球形至近球形；表面近光滑至稍皱曲，黄褐色、褐色、黑褐色至黑色；内部白色至奶油色，干后坚硬；基部有时具菌索。担子果未见。

夏季生于竹林中，在距地表 10 ～ 20 cm 的土壤中。分布于云南南部和西部。可入药，用于抗炎或驱蛔虫、绦虫等。

环带斑褶菇

Panaeolus cinctulus (Bolten) Sacc.

蘑菇目 Agaricales　　科位置未定属种 Incertae sedis

菌盖直径 2 ～ 4.5 cm，半球形至扁半球形，中部稍凸起；表面具细皱纹红褐色，很快变淡而呈淡灰褐色，水浸状；菌肉污白色至淡灰色。菌褶弯生，淡灰色，有深灰色至近黑色的点状斑纹。菌柄长 6 ～ 10 cm，直径 0.3 ～ 0.5 cm，淡褐色并带紫色色调，有纵向细纹，被污白色至淡灰色细小鳞片，无菌环。担子 22 ～ 28 × 9 ～ 12 μm，棒状，4孢。担孢子侧面观椭圆形（10 ～ 12 × 7 ～ 8 μm），有稍偏斜的芽孔，背腹观近柠檬形至凸镜形（10 ～ 12 × 8 ～ 9.5 μm），光滑，淡褐色至深褐色。锁状联合阙如。

夏秋季生于林中腐殖质上。腐生菌。分布于云南各地。有毒，误食导致神经精神型中毒。

大孢斑褶菇　大孢花褶伞
Panaeolus papilionaceus (Bull.) Quél.

蘑菇目 Agaricales　　科位置未定属种 Incertae sedis

菌盖直径 2～4 cm，钟形；表面灰褐色至黄褐色，中部有时龟裂成鳞片，边缘有时有菌幕残余；菌肉污白色。菌褶弯生，灰黑色，有深浅色斑。菌柄长 8～12 cm，直径 0.3～0.5 cm，污白色至灰褐色；菌环薄，膜质，易消失。担子 35～40 × 13～17 μm，4 孢。担孢子 17～22 × 8～12 μm，椭圆形，有芽孔，光滑，暗褐色。锁状联合稀少。

夏秋季生于粪上或粪堆上。腐生菌。分布于云南大部。有毒，误食导致神经精神型中毒。

半卵形斑褶菇
Panaeolus semiovatus (Sowerby) S. Lundell & Nannf.

蘑菇目 Agaricales　　科位置未定属种 Incertae sedis

菌盖直径 2～5 cm，钟形；表面平滑至有皱纹，污白色至奶油色，有时中部撕裂成鳞片；菌肉白色至污白色。菌褶弯生，灰褐色，有深色斑纹。菌柄长 7～12 cm，直径 0.3～0.6 cm，污白色至奶油色；菌环上位至中位，膜质，易消失。担子 40～50 × 15～18 μm。担孢子 17～20 × 9.5～12 μm，椭圆形，有芽孔光滑，暗褐色。缘生囊状体 30～45 × 8～15 μm，花瓶状至近梭形。锁状联合阙如。

夏秋季生于废弃的牧场上或牛马粪上。腐生菌。分布于云南西北部。有毒，误食导致神经精神型中毒。

肉色拟香蘑
Paralepista flaccida (Sowerby) Vizzini

蘑菇目 Agaricales　　科位置未定属种 Incertae sedis

菌盖直径 5 ～ 10 cm，浅漏斗形；表面红褐色至黄褐色，中央颜色较深，边缘内卷；菌肉较厚。菌褶延生，奶油色，老时淡褐色。菌柄长 2 ～ 5 cm，直径 0.5 ～ 1.5 cm，近圆柱形，污白色至淡褐色。担子 27 ～ 32 × 6.5 ～ 8 μm，棒状，4 孢。担孢子 4.5 ～ 5.5 × 3.5 ～ 4.5 μm，宽椭圆形至近球形，表面具小疣凸，无色。锁状联合常见。

夏秋季生于亚高山带针叶林中地上。腐生菌。分布于云南西北部。可食。

白漏斗囊皮杯伞
Singerocybe alboinfundibuliformis (S.J. Seok *et al.*) Zhu L. Yang *et al.*

蘑菇目 Agaricales　　科位置未定属种 Incertae sedis

菌盖直径 2 ～ 4 cm，漏斗形，中心下陷至菌柄基部；表面白色至奶油色，边缘有辐射状透明条纹；菌肉白色至奶油色，受伤后不变色，无特殊气味。菌褶延生，低矮，白色。菌柄长 3 ～ 6 cm，直径 0.3 ～ 0.7 cm，中空，白色至奶油色。担子 20 ～ 30 × 5 ～ 7 μm，棒状，4 孢。担孢子 6 ～ 8 × 4 ～ 5 μm，椭圆形，光滑，非淀粉质，无色。锁状联合常见。

夏秋季生于针叶林或针阔混交林中地上或腐殖质上。腐生菌。分布于云南中部。可食。

热带囊皮杯伞
Singerocybe humilis (Berk. & Broome) Zhu L. Yang & J. Qin

蘑菇目 Agaricales   科位置未定属种 Incertae sedis

　　菌盖直径 3 ～ 5 cm，漏斗形，中央下陷至菌柄基部；表面白色至奶油色，边缘有辐射状透明条纹；菌肉白色至奶油色，受伤后不变色，无特殊气味。菌褶延生，低矮，白色，强烈网结。菌柄长 1 ～ 2 cm，直径 0.3 ～ 0.5 cm，白色至奶油色，中空。担子 20 ～ 25 × 5 ～ 6 μm，棒状，4 孢。担孢子 4.5 ～ 6 × 2.5 ～ 3.5 μm，椭圆形至卵形，光滑，非淀粉质，无色。锁状联合常见。

　　夏秋季生于热带至南亚热带林中地上。腐生菌。分布于云南南部。食性不明。

黄拟口蘑

Tricholomopsis decora (Fr.) Singer

蘑菇目 Agaricales　　科位置未定属种 Incertae sedis

　　菌盖直径 2 ~ 7.5 cm，初期凸镜形，后期扁凸镜形或浅漏斗形；表面黄色至黄褐色，密被细小褐色或灰色鳞片和纤毛；菌肉厚 1 ~ 1.5 mm，黄色，柔和或稍涩。菌褶宽 4 ~ 7 mm，直生，密，不等长，黄色至深黄色，褶缘锯齿状。菌柄长 5 ~ 7 cm，直径 0.3 ~ 1 cm，淡黄色；基部菌丝白色。担子 30 ~ 35 × 6 ~ 7 μm，棒状，4 孢。担孢子 6 ~ 8 × 4 ~ 5.5 μm，宽椭圆形，光滑，无色。无侧生囊状体。缘生囊状体 50 ~ 65 × 10 ~ 15 μm，腹鼓形圆柱形。锁状联合常见。

　　夏秋季生于热带、亚热带和亚高山带针叶林中腐烂的树基或树干上。腐生菌。分布于云南各地。不可食。

云南拟口蘑
Tricholomopsis yunnanensis (M. Zang) L.R. Liu *et al.*

蘑菇目 Agaricales　　科位置未定属种 Incertae sedis

　　菌盖直径 5 ～ 10 cm，扁半球形至平展；表面红褐色、黄褐色至褐黄色，中部色较深，密被红褐色细小鳞片；菌肉白色至奶油色，受伤后不变色。菌褶弯生，较稀，淡黄色至黄色。菌柄长 5 ～ 10 cm，直径 0.5 ～ 2 cm，淡黄色至黄色，被红褐色细小鳞片。担子 25 ～ 35 × 6 ～ 7 μm，棒状，4 孢。担孢子 5.5 ～ 7 × 4 ～ 5 μm，宽椭圆形至椭圆形，薄壁，非淀粉质，无色。缘生囊状体大型，60 ～ 160 × 10 ～ 30 μm，棒状至近梭形。锁状联合常见。

　　夏秋季生于针阔混交林中腐木上。腐生菌。分布于云南中部。食性不明。

漏斗沟褶菌
Trogia infundibuliformis Berk. & Broome

蘑菇目 Agaricales　　科位置未定属种 Incertae sedis

　　菌盖直径 2 ～ 4 cm，漏斗形；表面粉红色至淡肉色，有时带褐色色调；菌肉薄，柔韧，白色至淡粉红色。菌褶延生，低矮，稀疏，污白色至淡粉红色。菌柄长 1 ～ 4 cm，直径 0.2 ～ 0.4 cm，中生，较韧，近圆柱形；基部菌丝白色。担子 30 ～ 40 × 7 ～ 9 μm，棒状，4 孢。担孢子 7 ～ 9 × 3.5 ～ 5 μm，椭圆形，光滑，无色。锁状联合常见。

　　夏秋季生于热带至南亚热带林中腐木上。腐生菌。分布于云南南部热带地区。食性不明。

毒沟褶菌　小白菌、蝴蝶菌、指甲菌
Trogia venenata Zhu L. Yang *et al.*

蘑菇目 Agaricales　　科位置未定属种 Incertae sedis

　　菌盖长宽各 1～6 cm，扇形至花瓣状；表面粉红色至淡肉色，有时污白色至白色；菌肉薄，柔韧，白色至淡粉红色，无味。菌褶延生，低矮，稀疏，淡粉红色至污白色。菌柄长 0.3～2 cm，直径 0.2～0.4 cm，侧生，近圆柱形，较韧；基部菌丝白色。担子 38～50×6.5～8 μm，棒状，4 孢。担孢子 6～8×4～5 μm，椭圆形至瓜子状，光滑，无色。锁状联合常见。

　　夏秋季生于亚热带常绿阔叶林或针阔混交林中腐木上。腐生菌。分布于云南南部、中部、西部和北部。有毒，误食导致猝死。

哀牢山具柄干朽菌 塔鸡油菌
Podoserpula ailaoshanensis J.L. Zhou & B.K. Cui

淀粉伏革菌目 Amylocorticiales　　淀粉伏革菌科 Amylocorticiaceae

担子果高 6 ~ 10 cm，具一柄状中轴，中轴有时分叉，在中轴或分枝上轮生数层菌盖。菌盖扇形、匙形或近漏斗形，较厚，质地柔韧至较脆，表面淡黄色、象牙色或橙黄色，有时有同心环纹，边缘近白色。子实层体为鸡油菌状隆起的钝条脊，高约 1 mm，延生，奶油色或污白色。担子 20 ~ 45 × 4 ~ 8 μm，棒状，4 孢。担孢子 4 ~ 5 × 3.5 ~ 5 μm，球形至近球形，光滑，无色。锁状联合常见。

夏秋季生于亚热带阔叶林中地上。可能为腐生菌。分布于云南中部和东南部，模式标本产自景东哀牢山。

毛木耳
Auricularia cornea Ehrenb.

木耳目 Auriculariales   木耳科 Auriculariaceae

担子果直径 2 ～ 15 cm，浅圆盘形或不规则耳状，边缘波状；上表面（不育面）褐色至锈褐色，被密集同色且较长的绒毛；菌肉较薄，胶质，有弹性，干后角质、硬而脆；下表面（子实层体表面）平滑或稍有皱纹，淡褐色、灰褐色至紫褐色，干后变近黑色。担子 50 ～ 70 × 4 ～ 5 μm，具 3 个横隔。担孢子 10.5 ～ 16.5 × 3 ～ 4 μm，圆柱形，光滑，无色。锁状联合常见。

夏秋季生于热带和亚热带林中腐木上。腐生菌。分布于云南南部和中部。可食。文献记载该菌具抗炎降血压等作用。

皱木耳
Auricularia delicata (Mont. ex Fr.) Henn.

木耳目 Auriculariales   木耳科 Auriculariaceae

担子果直径 2 ～ 5 cm，浅圆盘形或不规则耳状，边缘波状。上表面（不育面）淡黄褐色、深褐色、红褐色至紫红色，具绒质感；菌肉较胶质，有弹性，干后角质、硬而脆；下表面（子实层体表面）皱曲成网格状，幼时紫红褐色至黄褐色，成熟后具紫褐色色调或褪至淡黄褐色，常稍具粉红色色调。担子 45 ～ 65 × 4 ～ 5 μm，具 3 个横隔。担孢子 10 ～ 12 × 4.5 ～ 6 μm，腊肠形，光滑，无色。上表面毛长 60 ～ 80 μm，黄褐色。锁状联合常见。

夏秋季生于阔叶林中枯木桩上。腐生菌。分布于云南南部热带地区。可食。文献记载该菌具补气养血、润肺止咳等作用。

黑木耳
Auricularia heimuer F. Wu *et al.*

木耳目 Auriculariales   木耳科 Auriculariaceae

担子果直径 3 ~ 8 cm，耳状、壳状至叶状；上表面（不育面）灰褐色、茶褐色、褐色至近黑色，被灰白色短柔毛，平滑、有凹陷或有脉络状皱纹；菌肉较薄，胶质，有弹性，干后角质、硬而脆；下表面（子实层体表面）平滑，有凹陷或有脉络状皱纹，颜色较上表面稍淡。担子 50 ~ 60 × 4 ~ 5 μm，具有 3 个横隔。担孢子 11 ~ 13 × 5 ~ 6 μm，长椭圆形、肾形至腊肠形，光滑，无色。上表面毛长 50 ~ 130 μm。锁状联合常见。

夏秋季生于北温带或亚热带的亚高山地区林中腐树桩或腐木上。腐生菌。分布于云南西北部。可食。可栽培。

西藏木耳
Auricularia tibetica Y.C. Dai & F. Wu

木耳目 Auriculariales   木耳科 Auriculariaceae

担子果直径 2.5 ~ 8 cm，厚 1 ~ 5 mm，胶质，红褐色，单生或群生，无柄或近无柄，边缘瓣状或全缘；上表面（不育面）具短毛，皱或否；下表面（子实层体表面）光滑，具皱褶或近平滑。担子 70 ~ 100 × 4 ~ 7 μm，具 3 个横隔。担孢子 14 ~ 20 × 6 ~ 6.5 μm，腊肠形，具一至两枚油滴，光滑，无色。锁状联合常见。

夏秋季生于针叶林中腐木上，分布于云南西北部。腐生菌。本种因模式标本产自西藏而得名。可食。

短毛木耳
Auricularia villosula Malysheva

木耳目 Auriculariales　　木耳科 Auriculariaceae

担子果直径 3 ~ 6 cm，浅圆盘形、扇形或耳朵形，边缘波状；上表面（不育面）褐色、琥珀褐色或黄褐色，有时淡褐色或污白色，被短的细柔毛；菌肉较薄，胶质，有弹性，干后角质、硬而脆；下表面（子实层体表面）平滑或有网状皱纹，淡褐色至灰褐色，有时淡褐色或污白色，干后稍变暗色。担子 50 ~ 65 × 5 ~ 7 μm，具 3 个横隔。担孢子 13.5 ~ 16 × 5.5 ~ 6.5 μm，腊肠形，光滑，无色。锁状联合常见。

夏秋季生于亚热带和温带阔叶林中腐木上。腐生菌。分布于云南中部。可食。

焰耳　胶勺
Guepinia helvelloides (DC.) Fr. [*Phlogiotis helvelloides* (DC.) G.W. Martin]

木耳目 Auriculariales　　科位置未定属种 Incertae sedis

担子果高 4 ~ 8 cm，宽 2 ~ 6 cm，匙状至半漏斗形；表面火焰色、玫红色、橘红色至胡萝卜色，盖缘卷曲或呈波状；菌肉胶质，肉色至淡肉色，受伤后不变色。子实层体表面近平滑或有皱纹。菌柄长 0.5 ~ 2 cm，与盖表同色或稍淡，凹凸不平，胶质。担子十字纵隔；下担子 15 ~ 30 × 10 ~ 11 μm，纺锤形或洋梨形；上担子 30 ~ 40 × 2 ~ 3 μm，纤细。担孢子 9 ~ 12 × 4 ~ 6 μm，椭圆形至长椭圆形，光滑，无芽孔，无色至淡黄色。锁状联合常见。

夏秋季单生或群生于亚高山带针叶林中地上。腐生菌。分布于云南西北部。可食。

念珠金牛肝菌
Aureoboletus catenarius G. Wu & Zhu L. Yang

牛肝菌目 Boletales　　牛肝菌科 Boletaceae

菌盖直径 3.5 ～ 6 cm，近半球形至平展；表面粗糙，黄褐色、褐色至红褐色，成熟后龟裂成同色颗粒状鳞片；菌肉奶油色至浅黄色，受伤后不变色。子实层体管状，表面淡黄色、浅黄色至灰黄色，偶有褐红色色调，受伤后不变色；菌管与子实层体表面同色，受伤后不变色。菌柄长 4 ～ 7 cm，直径 0.4 ～ 0.7 cm，近圆柱形，顶端灰橘色、褐红色至褐紫色，其余部位呈灰橘色至黄褐色，具明显或不明显纵条纹；基部菌丝白色至奶油色。担子 23 ～ 30 × 7.5 ～ 10 μm，棒状，4 孢。担孢子 7 ～ 9 × 3.5 ～ 5 μm，近梭形，光滑，橄榄褐色。锁状联合阙如。

夏秋季生于阔叶林中地上。外生菌根菌。分布于云南中部。食性不明。

复孔金牛肝菌
Aureoboletus duplicatoporus (M. Zang) G. Wu & Zhu L. Yang

牛肝菌目 Boletales　　牛肝菌科 Boletaceae

菌盖直径 4 ～ 9 cm，扁半球形至平展；表面湿时胶黏，红褐色至暗红色；菌肉污白色，受伤后不变色。子实层体管状，表面金黄色，受伤后不变色；菌管金黄色，受伤后不变色。菌柄长 5 ～ 8 cm，直径 0.5 ～ 1 cm，胶黏，与盖同色或稍淡，无网纹。担子 20 ～ 30 × 8 ～ 11 μm，棒状，4 孢。担孢子 9 ～ 14 × 4.5 ～ 6 μm，长椭圆形至近梭形，光滑，橄榄褐色。侧生囊状体 35 ～ 80 × 15 ～ 20 μm，纺锤形。锁状联合阙如。

夏秋季生于阔叶林或针阔混交林中地上。外生菌根菌。分布于云南中部。食性不明。

绒盖条孢金牛肝菌
Aureoboletus mirabilis (Murrill) Halling

牛肝菌目 Boletales　　牛肝菌科 Boletaceae

　　菌盖直径 5 ～ 12 cm，近半球形至平展；表面暗红褐色至紫褐色、绒状或疣状，有浅色块状斑纹；菌肉奶油色至污白色，受伤后不变色。子实层体管状，表面黄色、浅黄色至黄绿色，受伤后不变色。菌柄长 8 ～ 10 cm，直径 1 ～ 3 cm，上部及中部被网纹。担子 40 ～ 60 × 8 ～ 12 μm，棒状，4 孢。担孢子 22 ～ 27 × 9 ～ 13 μm，椭圆形至近梭形，光滑，橄榄褐色。菌盖表面菌丝近直立。锁状联合阙如。

　　夏秋季生于亚高山带针叶林中地上。外生菌根菌。分布于云南西北部。可食。

西藏金牛肝菌

Aureoboletus thibetanus (Pat.) Hongo & Nagas.

牛肝菌目 Boletales　　牛肝菌科 Boletaceae

　　菌盖直径 1.5 ~ 5 cm，扁半球形至扁平；表面栗褐色、锈褐色至淡褐色，湿时胶黏，具明显网状的脊凸，边缘有淡黄色胶化菌幕残余；菌肉淡黄色至黄色，受伤后不变色。子实层体管状，成熟后污黄色并带橄榄色色调，受伤后不变色。菌柄长 4 ~ 8 cm，直径 0.3 ~ 1 cm，胶黏，污白色或淡粉红色，无网纹。担子 24 ~ 30 × 8 ~ 10.5 μm，棒状，4孢。担孢子 9.5 ~ 13.5 × 4.5 ~ 5.5 μm，长椭圆形至近梭形，光滑，橄榄褐色。侧生囊状体 30 ~ 75 × 4 ~ 10 μm，圆柱形、近梭形至棒状，内部近无色，外表被黄色至淡黄色的、在 5% KOH 溶液中易全部溶解的折光性物质。锁状联合阙如。

　　夏秋季生于阔叶林或针阔混交林中地上。外生菌根菌。分布于云南中部至西北部。食性不明。

云南金牛肝菌
Aureoboletus yunnanensis G. Wu & Zhu L. Yang

牛肝菌目 Boletales　　牛肝菌科 Boletaceae

菌盖直径 9 ～ 10 cm，近半球形至平展；表面湿时黏滑，灰橘色至褐橘色，近光滑或稍绒质；菌肉黄白色至淡黄色，受伤后不变色。子实层体管状，表面及菌管同色，黄油色至玉米黄色，受伤后不变色。菌柄长 8 ～ 11 cm，直径 1.3 ～ 2.3 cm，近圆柱形或倒棒状，上半部灰黄色，下半部金色；基部菌丝近白色。担子 24 ～ 30 × 8 ～ 10 μm，4 孢。担孢子 9 ～ 11 × 4 ～ 5.5 μm，近梭形，光滑，橄榄褐色。锁状联合阙如。

夏秋季生于阔叶林或针阔混交林中地上。外生菌根菌。分布于云南中部。

纺锤孢南方牛肝菌
Austroboletus fusisporus (Imazeki & Hongo) Wolfe

牛肝菌目 Boletales　　牛肝菌科 Boletaceae

菌盖直径 1.5 ～ 5 cm，锥状至扁半球形；表面湿时胶黏，红褐色至肉红褐色，被同色绒质鳞片；边缘延伸，幼时包裹在菌柄周围，老后裂开呈垂幕状；菌肉白色，受伤后不变色。子实层体管状，表面及菌管同色，幼时淡粉色至粉色，老后粉色至紫粉色，受伤后不变色。菌柄白色，触摸后变红褐色至肉红褐色，被网纹；基部菌丝白色。担子 28 ～ 35 × 12 ～ 17 μm，棒状，4 孢。担孢子 12 ～ 14 × 9 ～ 11 μm，近梭形至长杏仁形，表面具大疣凸，橄榄褐色。锁状联合阙如。

夏秋季生于阔叶林中地上。外生菌根菌。分布于云南南部。食性不明。

黏盖南方牛肝菌
Austroboletus olivaceoglutinosus K. Das & Dentinger

牛肝菌目 Boletales　　牛肝菌科 Boletaceae

菌盖直径 3 ~ 5 cm，半球形至扁半球形；表面湿时胶黏，干后绒质，幼时橄榄色至暗绿色，老后淡橄榄色至黄绿色；菌肉白色，受伤后不变色。子实层体管状，表面幼时淡粉色至粉灰色，老后粉色至粉紫色，受伤后不变色；菌管与表面同色，受伤后不变色。菌柄长约 9 cm，直径 1 ~ 1.2 cm，表面白色至奶油色，受伤后褐黄色至浅黄色，被网纹；菌肉白色，受伤后不变色；基部菌丝白色。担子 39 ~ 49 × 12 ~ 17 μm。担孢子 12 ~ 17 × 6 ~ 7.5 μm，近梭形，表面具有完整的网纹纹饰，橄榄褐色。锁状联合阙如。

夏秋季生于亚高山带针叶林中地上。外生菌根菌。分布于云南西北部。食性不明。

木生条孢牛肝菌
Boletellus emodensis (Berk.) Singer

牛肝菌目 Boletales　　牛肝菌科 Boletaceae

菌盖直径 4.5 ~ 9 cm，扁平至平展；表面紫红色至暗红色，成熟后裂成大的鳞片，边缘悬垂有菌幕残余；菌肉淡黄色，受伤后迅速变蓝色。子实层体管状，表面黄色，受伤后迅速变蓝色。菌柄长 6 ~ 8 cm，直径 0.6 ~ 1 cm，顶端淡黄色，下部与菌盖表面同色，表面无网纹。担子 35 ~ 50 × 11 ~ 17 μm，棒状，4 孢。担孢子 18 ~ 23 × 8 ~ 10 μm，长椭圆形至近梭形，侧面观有 7 ~ 9 条纵脊，脊间无横纹，橄榄褐色。盖表皮菌丝直立。锁状联合阙如。

夏秋季生于阔叶林或针阔混交林中腐树桩、腐木或地上。外生菌根菌。分布于云南中部和南部。有毒，误食导致胃肠炎型中毒。

胭脂条孢牛肝菌
Boletellus puniceus (W.F. Chiu) X.H. Wang & P.G. Liu

牛肝菌目 Boletales　　牛肝菌科 Boletaceae

　　菌盖直径 3 ～ 8 cm，扁半球形至平展；表面胭脂色、粉红色至暗绯红色，成熟时开裂而形成小鳞片；菌肉淡黄色，受伤后不变色。子实层体管状，表面黄色至浅黄色，受伤后不变色，管口较大，角形。菌柄长 6 ～ 11 cm，直径 0.3 ～ 1 cm，近顶端黄色，中部及下部被浅红色至红色鳞片，无菌环。担子 38 ～ 50 × 8 ～ 12 μm，棒状，4 孢。担孢子 14 ～ 18 × 6 ～ 8 μm，长椭圆形，侧面观有多条不明显纵脊，脊间无横纹，橄榄褐色。菌盖表面菌丝直立。锁状联合阙如。

　　夏秋季生于阔叶林或针阔混交林中地上。外生菌根菌。分布于云南大部分地区。有毒，误食导致胃肠炎型中毒。

白牛肝菌　白牛肝
Boletus bainiugan Dentinger

牛肝菌目 Boletales　　牛肝菌科 Boletaceae

　　菌盖直径 6 ～ 10 cm，扁半球形至扁平；表面平滑或皱曲，具绒质感，淡黄色至黄色，有时淡褐色并带橄榄色色调，老时变淡；菌肉奶油色，受伤后不变色。子实层体表面幼时白色至奶油色，成熟后淡黄色至黄色并带橄榄色色调，受伤后不变色。菌柄长 7 ～ 12 cm，直径 2 ～ 4 cm，近棒状至近圆柱状，污白色至淡黄褐色，中部及下部有淡褐色网纹，顶端有污白色网纹；基部近白色。担子 22 ～ 27 × 9 ～ 11 μm，棒状，4 孢。担孢子 13 ～ 15 × 4.5 ～ 5 μm，近梭形，光滑，橄榄褐色。侧生囊状体和缘生囊状体 35 ～ 50 × 7 ～ 9 μm，近梭形。盖表皮由交织的栅状排列菌丝（直径 5 ～ 10 μm）组成，菌丝间不易分散。锁状联合阙如。

　　夏秋季生于针叶林或针阔混交林中地上。外生菌根菌。分布于云南中部、东部和西北部。可食。

网盖牛肝菌

Boletus reticuloceps (M. Zang *et al.*) Q.B. Wang & Y.J. Yao

牛肝菌目 Boletales 牛肝菌科 Boletaceae

菌盖直径 7 ~ 17 cm，扁半球形至平展；表面凹凸不平，具明显网状棱纹，污白色至淡褐色，密被黄褐色、褐色至深褐色秕糠状鳞片；菌肉白色，受伤后不变色，味柔和。子实层体管状，幼时白色至污白色，成熟后橄榄黄色，受伤后不变色；菌管白色或奶油色，成熟后橄榄黄色。菌柄长 6 ~ 18 cm，直径 2 ~ 3.5 cm，污白色、淡灰色至淡褐色，上下皆被污白色、淡褐色至灰褐色网纹。担子 30 ~ 40 × 12 ~ 16 μm，棒状，4 孢。担孢子 13 ~ 18 × 5 ~ 6 μm，长椭圆形至近梭形，光滑，橄榄褐色。侧生囊状体和缘生囊状体 40 ~ 60 × 10 ~ 12 μm，近梭形。锁状联合阙如。

夏秋季生于亚高山带针叶林或针阔叶林中地上。外生菌根菌。分布于云南西北部。可食。

食用牛肝菌
Boletus shiyong Dentinger

牛肝菌目 Boletales   牛肝菌科 Boletaceae

菌盖直径 7 ~ 12 cm，半球形至扁平；表面不平滑，具绒质感，褐色至黄褐色，老时变淡；菌肉奶油色，受伤后不变色，味柔和。子实层体管状，幼时白色至奶油色，成熟后带橄榄色色调，受伤后不变色。菌柄长 7 ~ 10 cm，直径 1.5 ~ 4 cm，近棒状，向下变粗，污白色至淡灰色，上下皆被同色或淡色网纹。担子 28 ~ 40 × 10 ~ 12 μm，棒状，4 孢。担孢子 13 ~ 17 × 4.5 ~ 6 μm，近梭形，光滑，橄榄褐色。侧生囊状体和缘生囊状体 50 ~ 60 × 6.5 ~ 8.5 μm，近梭形。盖表皮由栅状排列的有横隔的菌丝（直径 3 ~ 9 μm）组成。锁状联合阙如。

夏秋季生于亚热带和亚高山带针叶林或针阔混交林中地上。外生菌根菌。分布于云南西北部。可食。

中华美味牛肝菌
Boletus sinoedulis B. Feng *et al.*

牛肝菌目 Boletales   牛肝菌科 Boletaceae

菌盖直径 10 ~ 12 cm，近半球形至平展；表面浅黄色至暗褐色，边缘幼时白色，老后黄褐色至淡橄榄褐色；菌肉白色，受伤后不变色。子实层体管状，表面幼时被白色菌丝，成熟后菌丝消失而呈浅黄色至黄褐色，受伤后不变色；菌管与表面同色，受伤后不变色。菌柄长 9 ~ 10 cm，直径 1.2 ~ 1.5 cm，污白色至淡黄色，表面被污白色至浅黄色网纹；基部菌丝白色。担子 29 ~ 40 × 9 ~ 13 μm，棒状，4 孢。担孢子 14 ~ 17.5 × 5 ~ 6.5 μm，近梭形，光滑，橄榄褐色。锁状联合阙如。

夏秋季生于亚高山带针叶林中地上。外生菌根菌。分布于云南西北部。可食。

紫褐牛肝菌　紫牛肝
Boletus violaceofuscus W.F. Chiu

牛肝菌目 Boletales　　牛肝菌科 Boletaceae

菌盖直径 5 ～ 10 cm，扁半球形至扁平；表面紫色、深紫色至紫褐色，边缘色较淡；菌肉白色，受伤后不变色。子实层体管状，表面及菌管污白色至橄榄黄色，受伤后不变色或稍变为淡褐色。菌柄长 5 ～ 10 cm，直径 1 ～ 2.2 cm，与菌盖近同色，但顶端往往近白色，表面被同色或污白色网纹；基部有白色菌丝。担子 30 ～ 40 × 10 ～ 12 μm。担孢子 10 ～ 14 × 5 ～ 6 μm，长椭圆形至近梭形，光滑，橄榄褐色。侧生囊状体和缘生囊状体 40 ～ 50 × 10 ～ 15 μm，近棒状至梭形。锁状联合阙如。

夏秋季生于亚热带阔叶林或针阔混交林中地上。外生菌根菌。分布于云南中部。可食。

玫黄黄肉牛肝菌　　白葱、见手青
Butyriboletus roseoflavus (Hai B. Li & Hai L. Wei) D. Arora & J.L. Frank

牛肝菌目 Boletales　　牛肝菌科 Boletaceae

菌盖直径 6 ～ 12 cm，扁半球形；表面具绒质感，紫红色、玫红色至粉红色，老时变淡；菌肉黄色至奶油色，受伤后不变色或在局部快速变为浅蓝色。子实层体管状，表面黄色，受伤后变蓝色。菌柄长 6 ～ 12 cm，直径 1.5 ～ 3 cm，上半部黄色至奶油色，有同色网纹；下半部网纹不明显。担子 25 ～ 30 × 7 ～ 10 μm，棒状，4 孢。担孢子 9 ～ 12 × 3.5 ～ 4.5 μm，长椭圆形至近梭形，光滑，橄榄褐色。侧生囊状体和缘生囊状体 20 ～ 40 × 7 ～ 12 μm，近棒状至梭形。锁状联合阙如。

夏秋季生于针叶林或针阔混交林中地上。分布于云南中部和西部。外生菌根菌。可食，但需要煮熟，否则会致幻。

血红黄肉牛肝菌

Butyriboletus rubrus (M. Zang) Kui Wu *et al.*

牛肝菌目 Boletales   牛肝菌科 Boletaceae

菌盖直径 5 ~ 13 cm，半球形至扁半球形；表面红色、暗红色至褐红色，边缘有时色浅，光滑，湿时胶黏；菌肉奶油色至淡黄色，受伤后缓慢变蓝色。子实层体管状，表面红色、紫红色、暗红色至褐红色，受伤后迅速变蓝色；菌管浅黄色至黄色，受伤后迅速变蓝色。菌柄长 8 ~ 12 cm，直径 1 ~ 3 cm，表面被红色、紫红色、褐红色至黑红色网纹，常龟裂成环带状；菌肉浅黄色，受伤后变蓝色；基部菌丝浅黄色至淡黄色。担子 30 ~ 37 × 10 ~ 13 μm，棒状，4 孢。担孢子 14.5 ~ 20 × 5.5 ~ 7 μm，近梭形，光滑，橄榄褐色。锁状联合阙如。

夏秋季生于亚高山冷杉林或高山松林中。外生菌根菌。分布于云南西北部。食性不明。

彝食黄肉牛肝菌
Butyriboletus yicibus D. Arora & J.L. Frank

牛肝菌目 Boletales　　牛肝菌科 Boletaceae

　　菌盖直径 5 ～ 10 cm，半球形至扁半球形；表面红褐色、褐色至暗褐色；菌肉污白色至奶油色，受伤后缓慢变浅蓝色。子实层体管状，表面黄褐色至淡黄色，受伤后缓慢变浅蓝色；菌管与表面近同色，受伤后缓慢变浅蓝色。菌柄长 4 ～ 7 cm，直径 2.5 ～ 4 cm，暗红色至紫红色，顶端玫红色至浅粉色，表面被有同色网纹；菌肉黄色，受伤后缓慢变浅蓝色；基部菌丝白色。担子 26 ～ 38 × 9 ～ 12 μm，棒状，4 孢。担孢子 13 ～ 15 × 4 ～ 5 μm，近梭形，光滑，橄榄褐色。锁状联合阙如。

　　夏秋季生于亚高山带针叶林中地上。外生菌根菌。分布于云南西北部。可食。

毡盖美牛肝菌
Caloboletus panniformis (Taneyama & Har. Takah.) Vizzini

牛肝菌目 Boletales　　牛肝菌科 Boletaceae

菌盖直径 6 ～ 12 cm，扁半球形；表面密被灰褐色、褐色至红褐色的毡状至绒状鳞片；菌肉黄色至淡黄色，受伤后缓慢变淡蓝色，味苦。子实层体管状，幼时奶油色，成熟后黄色至污黄色，受伤后迅速变蓝色。菌柄长 7 ～ 12 cm，直径 2 ～ 3 cm，向下变粗，中下部红色，顶端污黄色，密被红褐色至红色细小鳞片，上半部有时被网纹；基部菌丝淡黄色至污白色。担子 25 ～ 35 × 11 ～ 13 μm，棒状，4 孢。担孢子 11 ～ 16 × 4 ～ 6 μm，近梭形，光滑，橄榄褐色。侧生囊状体和缘生囊状体 25 ～ 50 × 6 ～ 10 μm，近梭形。盖表皮由不规则排列的菌丝（直径 6 ～ 10 μm）组成。锁状联合阙如。

夏秋季生于针叶林或针阔混交林中地上。外生菌根菌。分布于云南东部、中部和西北部。有毒，误食导致胃肠炎型中毒。

窄囊裘氏牛肝菌
Chiua angusticystidiata Yan C. Li & Zhu L. Yang

牛肝菌目 Boletales　　牛肝菌科 Boletaceae

　　菌盖直径 2.5 ～ 5 cm，半球形至平展；表面微绒质至纤丝状，暗橄榄色至橄榄黄色或黄绿色；菌肉黄色至亮黄色，受伤后不变色。子实层体管状，表面白色至浅粉色或污粉色，受伤后不变色；菌管与子实层体表面同色，受伤后不变色。菌柄长 3 ～ 6 cm，直径 0.6 ～ 1.3 cm，表面黄色，顶端浅黄色，基部亮黄色，被红色至粉红色或紫红色鳞片；菌肉黄色，下半部亮黄色，受伤后不变色；基部菌丝亮黄色。担子 25 ～ 35 × 8 ～ 10 μm，棒状，4 孢。担孢子 10.5 ～ 12.5 × 4.5 ～ 5.5 μm，椭圆形至长椭圆形，光滑，近无色至粉红色。锁状联合阙如。

　　夏秋季生于亚热带常绿阔叶林中地上。外生菌根菌。分布于云南中部至南部。食性不明。

裘氏牛肝菌
Chiua virens (W.F. Chiu) Yan C. Li & Zhu L. Yang

牛肝菌目 Boletales　　牛肝菌科 Boletaceae

　　菌盖直径 3 ～ 8 cm，半球形至平展；表面幼时绿色至暗绿色或橄榄绿色，老后黄绿色至芥末黄色，常被有同色纤毛状或绒状鳞片；菌肉黄色至亮黄色，受伤后不变色。子实层体管状，表面幼时白色，老后浅粉色至粉色，受伤后不变色；菌管与子实层体表面同色，受伤后不变色。菌柄长 3 ～ 7 cm，直径 0.2 ～ 1.8 cm，表面上半部黄色至芥末黄色，下半部亮黄色至铬黄色，有网纹或无网纹；菌肉与菌盖菌肉近同色，但基部铬黄色，受伤后不变色；基部菌丝铬黄色。担子 20 ～ 30 × 9 ～ 14 μm，棒状，4 孢。担孢子 11.5 ～ 13.5 × 5 ～ 5.5 μm，近梭形，光滑，近无色至粉红色。锁状联合阙如。

　　夏秋季生于亚热带针叶林或针阔混交林中地上。外生菌根菌。分布于云南中部、南部和西北部。可食，但有人食后引起胃肠炎型中毒。

绿盖裘氏牛肝菌
Chiua viridula Yan C. Li & Zhu L. Yang

牛肝菌目 Boletales　　牛肝菌科 Boletaceae

菌盖直径 3 ～ 4 cm，半球形至平展；表面暗绿色至黄绿色或灰绿色，边缘色淡，被纤毛状或绒状鳞片；菌肉黄色至亮黄色，受伤后不变色。子实层体管状，表面幼时白色，老后淡粉色至粉色，受伤后不变色；菌管与表面同色，受伤后不变色。菌柄长 4.5 ～ 7 cm，直径 0.9 ～ 1.2 cm，表面黄色至亮黄色，中部具粉色色调，基部为铬黄色，被浅黄色至黄色颗粒状鳞片；菌肉黄色至亮黄色，基部铬黄色，受伤后不变色；基部菌丝亮黄色至铬黄色。担子 32 ～ 38 × 10.5 ～ 11.5 μm，棒状，4 孢。担孢子 10 ～ 12 × 4 ～ 5 μm，近梭形，光滑，近无色至粉红色。锁状联合阙如。

夏秋季生于针阔混交林中地上。外生菌根菌。分布于云南西南部至南部。食性不明。

亮橙黄牛肝菌
Crocinoboletus laetissimus (Hongo) N.K. Zeng *et al.*

牛肝菌目 Boletales　　牛肝菌科 Boletaceae

菌盖直径 4 ～ 7 cm，半球形至平展；表面金黄色、亮橘色至橘红色，被暗红褐色小鳞片，触摸后迅速变蓝色，后变黑色；菌肉鲜金黄色，受伤后迅速变蓝色。子实层体管状，表面橘色，受伤后迅速变蓝色，后变黑色；菌管金黄色至橘色，受伤后迅速变蓝色，后变黑色。菌柄长 6 ～ 11 cm，直径 1.2 ～ 2 cm，表面与菌盖近同色，有时被有暗橘红色鳞片，受伤后迅速变蓝色，后变黑色；菌肉鲜金黄色，受伤后迅速变蓝色；基部菌丝橘黄色。担子 24 ～ 35 × 7 ～ 10 μm，棒状，4 孢。担孢子 9 ～ 12 × 4 ～ 5 μm，近梭形，光滑，橄榄褐色至黄褐色。锁状联合阙如。

夏秋季生于针阔混交林中地上。外生菌根菌。分布于云南南部。食性不明。

橙黄牛肝菌
Crocinoboletus rufoaureus (Massee) N.K. Zeng *et al.*

牛肝菌目 Boletales　　牛肝菌科 Boletaceae

菌盖直径 4 ~ 8 cm，半球形至平展；表面橘黄色、亮橘色至橘红色，被红褐色小鳞片，受伤后迅速变蓝色，后变黑色；菌肉亮黄色，受伤后迅速变蓝色。子实层体管状，表面橘色，受伤后迅速变蓝色，后变黑色；菌管与表面同色，受伤后迅速变蓝色，后变黑色。菌柄长 5 ~ 8 cm，直径 1 ~ 3 cm，与菌盖表面同色，受伤后迅速变蓝色，后变黑色；菌肉鲜金黄色，受伤后迅速变蓝色；基部菌丝橘黄色。担子 23 ~ 34 × 7 ~ 10 μm。担孢子 11 ~ 14 × 4 ~ 5 μm，近梭形，光滑，橄榄褐色。锁状联合阙如。

夏秋季生于热带和南亚热带阔叶林中地上。外生菌根菌。分布于云南南部。食性不明。

哈里牛肝菌
Harrya chromipes (Frost) Halling *et al.*

牛肝菌目 Boletales　　牛肝菌科 Boletaceae

菌盖直径 5 ~ 8 cm，扁平至平展；表面干燥，具微绒毛，粉红色至桃红色，老后褪色；菌肉白色至污白色，受伤后不变色，味淡。子实层体管状，表面淡粉色，受伤后不变色。菌柄长 5 ~ 10 cm，直径 1 ~ 2 cm，污白色，密被粉红色至红色鳞片，基部黄色；基部菌丝黄色。担子 25 ~ 30 × 7 ~ 9 μm，棒状，4 孢。担孢子 9 ~ 13 × 4 ~ 5 μm，椭圆形至近纺锤形，光滑，无色至淡黄色。盖表皮由不规则排列的栅状菌丝组成。锁状联合阙如。

夏秋季生于亚高山带针叶林或针阔混交林中地上。外生菌根菌。分布于云南西北部。可食。

念珠哈里牛肝菌
Harrya moniliformis Yan C. Li & Zhu L. Yang

牛肝菌目 Boletales　　牛肝菌科 Boletaceae

菌盖直径 2.5 ~ 5 cm，半球形至扁半球形；表面幼时橄榄色至暗橄榄色，老后灰绿色至橄榄黄色，被纤毛或绒毛状鳞片；菌肉白色，受伤后不变色。子实层体管状，表面幼时白色，老后变淡粉色至粉色，受伤后不变色；菌管与表面同色，受伤后不变色。菌柄长 4 ~ 9 cm，直径 0.4 ~ 0.6 cm，上半部奶油色至浅黄色，被紫红色颗粒状鳞片，受伤后不变色，基部亮黄色至铬黄色；菌肉上半部奶油色至浅黄色，基部亮黄色至铬黄色，受伤后不变色；基部菌丝亮黄色至铬黄色。担子 30 ~ 35 × 11 ~ 18.5 μm，棒状，4 孢。担孢子 12 ~ 14 × 4.5 ~ 5.5 μm，近梭形，光滑，无色至淡黄色。锁状联合阙如。

夏秋季生于亚热带常绿阔叶林或针阔混交林中地上。外生菌根菌。分布于云南中部。食性不明。

长柄网孢牛肝菌　　高脚葱
Heimioporus gaojiaocong N.K. Zeng & Zhu L. Yang

牛肝菌目 Boletales　　牛肝菌科 Boletaceae

菌盖直径 3 ~ 9.5 cm，扁半球形至平展；表面干燥，近光滑，粉红色、红色至暗红色；边缘内卷；菌肉浅黄色，受伤后不变色或偶变淡蓝色。子实层体管状，表面黄色，常带红色色调，受伤后不变色或偶变淡蓝色；菌管浅黄色，受伤后不变色。菌柄长 5.5 ~ 14 cm，直径 0.8 ~ 3 cm，表面褐红色至浅红色，顶端黄色，被浅红色网纹和黄色皮屑状鳞片；基部菌丝白色。担子 34 ~ 46 × 14 ~ 18.5 μm，棒状，4 孢。担孢子 14 ~ 19 × 8 ~ 11 μm（含纹饰），椭圆形至近梭形，表面被网纹，橄榄褐色。锁状联合阙如。

夏季生于亚热带针阔混交林中地上。外生菌根菌。分布于云南中南部。有毒，误食导致胃肠炎型中毒。

日本网孢牛肝菌
Heimioporus japonicus (Hongo) E. Horak

牛肝菌目 Boletales　　牛肝菌科 Boletaceae

　　菌盖直径 4～10.5 cm，扁半球形至平展，中央有时凹陷；表面粉红色、红色至暗红色，干燥，近光滑；菌肉浅黄色，受伤后不变色。子实层体管状，表面幼时黄色，老后褐黄色，受伤后不变色；菌管浅黄色，受伤后不变色。菌柄长 5～20 cm，直径 0.7～3 cm，浅红色、红色至暗红色，幼时顶端黄色，上半部被有红色网纹和鳞片；基部菌丝白色。担子 22～37×10～15 μm，棒状，4 孢。担孢子 11～14×7～8 μm（含纹饰），近椭圆形至近梭形，表面被网纹，橄榄褐色。锁状联合阙如。

　　夏季生于亚热带阔叶林中地上。外生菌根菌。分布于云南中南部。有毒，误食导致胃肠炎型中毒。

白柄假疣柄牛肝菌
Hemileccinum albidum Mei-Xiang Li *et al.*

牛肝菌目 Boletales   牛肝菌科 Boletaceae

菌盖直径 3 ～ 9 cm，扁半球形至平展；表面湿时稍黏，灰褐色、黄褐色至饼干色，被稀疏、污白色、丝状至绒状、易脱落的鳞片；菌肉奶油色至淡黄色，受伤后不变色。子实层体管状，表面浅黄色至淡柠檬黄色，老后橄榄黄色，受伤后不变色；菌管与子实层体同色，受伤后不变色。菌柄长 5 ～ 16 cm，直径 1 ～ 2.5 cm，表面污白色、奶油色至淡黄褐色，被丝状或细小的颗粒状鳞片。担子 25 ～ 38 × 10 ～ 14 μm，棒状，4 孢。担孢子 11 ～ 12.5 × 4.5 ～ 5.5 μm，近梭形至椭圆形，光镜下光滑，电镜下表面有不规则细小疣凸，褐黄色。锁状联合阙如。

夏秋季生于亚热带阔叶林中地上。外生菌根菌。分布于云南中部至西南部。食性不明。

杏仁味庭院牛肝菌
Hortiboletus amygdalinus Xue T. Zhu & Zhu L. Yang

牛肝菌目 Boletales   牛肝菌科 Boletaceae

菌盖直径 2 ～ 6.5 cm，半球形至平展；表面干燥，幼时明显皱曲，老后平滑并龟裂，黄褐色、红褐色、灰褐色至暗褐色；菌肉奶油色至浅黄色，受伤后稍变淡蓝色，有杏仁味。子实层体管状，表面黄色至暗黄色，老后赭色，受伤后迅速变蓝色；菌管与子实层体表面同色，受伤后变蓝色。菌柄长 4 ～ 8 cm，直径 0.7 ～ 1 cm，顶端浅黄色，基部奶油色至污白色，中部奶油色至浅褐色；菌肉奶油色至黄色，基部红褐色，受伤后不变色；基部菌丝污白色至浅黄色。担子 25 ～ 40 × 11 ～ 15 μm，宽棒状，4 孢。担孢子 10 ～ 12 × 5 ～ 6.5 μm，近梭形，光滑，褐黄色。锁状联合阙如。

夏秋季生于针叶林或阔叶林中地上。外生菌根菌。分布于云南中部。食性不明。

近酒红庭院牛肝菌
Hortiboletus subpaludosus (W.F. Chiu) Xue T. Zhu & Zhu L. Yang

牛肝菌目 Boletales 牛肝菌科 Boletaceae

菌盖直径 3 ~ 8 cm，半球形至扁半球形；表面干燥，天鹅绒质，红色、红褐色至暗褐色；菌肉浅黄色，受伤后迅速变蓝色，最后呈淡褐色。子实层体管状，表面金黄色至暗黄色，老后赭色，受伤后迅速变蓝色；菌管与子实层体表面同色，受伤后变蓝色。菌柄长 4 ~ 9 cm，直径 0.8 ~ 1.3 cm，顶端黄色，中部红色至褐红色，表面具有纵向纤丝，基部奶油色至污白色；菌肉顶端黄色，其余部位褐红色；基部菌丝污白色。担子 25 ~ 40 × 11 ~ 14 μm，宽棒状，4 孢。担孢子 11 ~ 13 × 4.5 ~ 5 μm，近梭形至窄杏仁形，光滑，褐黄色。锁状联合阙如。

夏秋季生于针阔混交林中地上。外生菌根菌。分布于云南中部、西部和南部。食性不明。

厚瓤牛肝菌

Hourangia cheoi (W.F. Chiu) Xue T. Zhu & Zhu L. Yang

牛肝菌目 Boletales   牛肝菌科 Boletaceae

菌盖直径 2 ～ 8 cm，半球形至平展，有时中央凸起；表面幼时密被红褐色至暗褐色点状鳞片，老后龟裂成小块状鳞片；菌肉污白色，受伤后先迅速变蓝色，后变红色或红褐色，最后缓慢变淡褐色至近黑色。子实层体管状，表面鲜黄色，老后暗黄色，受伤后迅速变蓝色，厚度为菌盖菌肉的 3 ～ 5 (7) 倍；菌管与子实层体表面同色，受伤后迅速变蓝色。菌柄长 5 ～ 8 cm，直径 0.3 ～ 0.6 cm，褐色、淡红褐色至浅污褐色，近光滑或有时具纵向纤丝；菌肉污白色，上半部受伤后先缓慢变淡蓝色，再变浅红色至红褐色，其他部位受伤直接变为浅红色至红褐色，最后缓慢变淡褐色至近黑色；基部菌丝污白色。担子 27 ～ 34 × 8 ～ 11 μm，棒状，4 孢。担孢子 10 ～ 12.5 × 4 ～ 4.5 μm，近梭形，光镜下光滑，电镜下表面有杆菌状纹饰，褐黄色。锁状联合阙如。

夏秋季生于针阔混交林中地上。外生菌根菌。分布于云南中部、西部和西北部。食性不明。

芝麻厚瓤牛肝菌
Hourangia nigropunctata (W.F. Chiu) Xue T. Zhu & Zhu L. Yang

牛肝菌目 Boletales　　牛肝菌科 Boletaceae

　　菌盖直径 3 ～ 7 cm，半球形至扁半球形；表面幼时绒质，密被黄褐色、红褐色至暗褐色鳞片，老后龟裂成点状鳞片；菌肉奶油色至浅黄色，受伤后先变淡蓝色，后变淡红色至褐红色，最后变淡褐色至近黑色。子实层体管状，表面幼时浅黄色，老后赭色，受伤后迅速变蓝色，后变暗褐色，厚度为菌盖菌肉的 3 ～ 5 倍；菌管与子实层体同色，受伤后变蓝色。菌柄长 2 ～ 8 cm，直径 0.3 ～ 1.2 cm，表面黄褐色至淡褐色，有时带红色色调；菌肉污白色至浅黄色，受伤后变淡红色至褐红色，最后缓慢变淡褐色至近黑色。担子 27 ～ 40 × 9 ～ 11 μm，棒状，4 孢。担孢子 7.5 ～ 9 × 3.5 ～ 4 μm，近梭形，光镜下光滑，电镜下表面有杆菌状纹饰，褐黄色。锁状联合阙如。

　　夏秋季生于阔叶林或针阔混交林中地上。外生菌根菌。分布于云南西部和西南部。可能有毒，误食可能会导致胃肠炎型中毒。

暗褐栗色牛肝菌

Imleria obscurebrunnea (Hongo) Xue T. Zhu & Zhu L. Yang

牛肝菌目 Boletales   牛肝菌科 Boletaceae

菌盖直径 2 ～ 6 cm，半球形至扁半球形；表面微绒质，湿时黏滑，锈褐色、灰褐色至暗褐色；菌肉奶油色至黄色，受伤后缓慢变蓝色。子实层体管状，表面幼时浅黄色至淡柠檬黄色，老后橄榄黄色，受伤后缓慢变蓝色；菌管与子实层体同色，受伤后缓慢变蓝色，最后褪为暗褐色。菌柄长 4 ～ 8 cm，直径 0.3 ～ 0.8 cm，表面与菌盖表面近同色，顶端奶油色，近光滑，其余部分被有淡褐色至暗褐色细小鳞片；基部菌丝白色。担子 25 ～ 35 × 9 ～ 11 μm，宽棒状，4 孢。担孢子 9.5 ～ 12 × 4 ～ 4.5 μm，近梭形至椭圆形，光滑，褐黄色。锁状联合阙如。

夏秋季生于亚热带常绿阔叶林中地上。外生菌根菌。分布于云南中部。食性不明。

亚高山栗色牛肝菌

Imleria subalpina Xue T. Zhu & Zhu L. Yang

牛肝菌目 Boletales   牛肝菌科 Boletaceae

菌盖直径 4 ～ 8 cm，半球形至扁半球形；表面微绒质，湿时黏滑，红褐色至暗褐色；菌肉奶油色至黄色，受伤后缓慢变蓝色。子实层体管状，表面幼时浅黄色至淡柠檬黄色，老后橄榄黄色，受伤后缓慢变蓝色；菌管与子实层体同色，受伤后缓慢变蓝色，最后褪为暗褐色。菌柄长 5 ～ 7 cm，直径 0.8 ～ 1.7 cm，表面与菌盖表面近同色，顶端浅黄色，被淡褐色至暗褐色颗粒状鳞片，基部稍呈球形。担子 24 ～ 35 × 10 ～ 13 μm，宽棒状，4 孢。担孢子 11 ～ 15 × 4.5 ～ 6 μm，近梭形至椭圆形，光滑，褐黄色。锁状联合阙如。

夏秋季生于亚高山带针叶林中地上。外生菌根菌。分布于云南西北部。食性不明。

兰茂牛肝菌　红葱、红见手、见手青
Lanmaoa asiatica G. Wu & Zhu L. Yang

牛肝菌目 Boletales　　牛肝菌科 Boletaceae

菌盖直径 5 ～ 11 cm，扁半球形至扁平；表面粉红色、红色至暗红色；菌肉有洋葱味，淡黄色，受伤后缓慢变淡蓝色至浅蓝色。子实层体管状，较薄，厚度仅为菌盖中央菌肉厚度的 1/4 ～ 1/3；菌管及孔浅黄色，受伤后迅速变浅蓝色至蓝色。菌柄长 8 ～ 11 cm，直径 1 ～ 3 cm，顶端浅黄色至黄色，其余部位灰红色、褐红色至灰红宝石色，有时上半部具网纹。担子 24 ～ 52 × 6 ～ 12 μm，棒状，4 孢。担孢子 9 ～ 11.5 × 4 ～ 5.5 μm，梭形，光滑，褐黄色。锁状联合阙如。

夏秋季生于亚热带云南松林中或针阔混交林中地上。外生菌根菌。可食，但要煮熟，剩余的下顿食用前，也需要再煮透煮熟，否则会致幻。

华金黄小疣柄牛肝菌
Leccinellum sinoaurantiacum (M. Zang & R.H. Petersen) Yan C. Li & Zhu L. Yang

牛肝菌目 Boletales　　牛肝菌科 Boletaceae

菌盖直径 2 ～ 5 cm，扁半球形；表面有皱纹，橘黄色至橘红色；菌肉奶油色，受伤后不变色。子实层体管状，表面黄色；菌管淡黄色，受伤后不变色。菌柄长 5 ～ 10 cm，直径 0.5 ～ 1 cm，中部及上部与菌盖表面同色，表面被橘红色细小秕糠状鳞片，基部有明显的白色或奶油色菌丝。担子 20 ～ 28 × 8 ～ 12 μm。担孢子 12 ～ 15 × 5 ～ 6 μm，长椭圆形至近梭形，光滑，黄褐色。侧生囊状体和缘生囊状体 35 ～ 40 × 15 ～ 20 μm，近棒状至梭形。锁状联合阙如。

夏秋季生于阔叶林中地上。外生菌根菌。分布于云南南部和中部。食性不明。

褐疣柄牛肝菌
Leccinum scabrum (Bull.) Gray

牛肝菌目 Boletales　　牛肝菌科 Boletaceae

菌盖直径 5 ～ 14 cm，半球形、扁半球形至平展；表面黄褐色、浅褐色、褐色至焦茶色，近光滑至微绒质，湿时微黏滑至黏滑；边缘幼时具不育带；菌肉近白色，受伤后不变色。子实层体管状，表面近白色至灰白色，成熟常有淡褐色斑点，受伤后变淡褐色；菌管幼时白色，老后淡褐灰色，受伤后变色不明显。菌柄长 4 ～ 17 cm，直径 1 ～ 3.5 cm；表面白色至灰白色，有时具褐色色调，密被褐色、暗褐色至近黑色鳞片；菌肉与菌盖菌肉近同色，受伤后变色不明显；基部菌丝白色。担子 30 ～ 40 × 10 ～ 12 μm，棒状，4 孢。担孢子 15 ～ 21 × 4 ～ 6.5 μm，梭形，光滑，橄榄褐色。

夏秋季生于亚高山带针叶林中。外生菌根菌。分布于云南西北部。有毒，误食导致胃肠炎型中毒。

异色疣柄牛肝菌
Leccinum versipelle (Fr. & Hök) Snell

牛肝菌目 Boletales　　牛肝菌科 Boletaceae

菌盖直径 8 ～ 18 cm，幼时半球形，成熟后扁半球形至平展，边缘幼时弯曲悬垂，成熟后菌幕残余消失；表面黄褐色、橘色至褐色，微绒质或被纤毛状鳞片；菌肉白色，受伤后变浅灰色或浅褐色并带紫罗兰色色调。子实层体管状，近柄处直生至弯生，管口近圆形，灰白色至灰赭色，受伤后变褐色；菌管长 0.8 ～ 2.2 cm，黄白色至褐灰色，受伤后变紫罗兰色至灰色。菌柄长 7 ～ 20 cm，直径 1 ～ 4.5 cm，表面污白色、灰白色至黄白色，表面被浅灰色至浅黑色鳞片，基部受伤常变为蓝色；菌肉白色，上半部受伤后变浅灰色至浅黑色，下半部受伤后变蓝色。担子 20 ～ 35 × 8 ～ 10 μm，棒状，4 孢。担孢子 11 ～ 16 × 3.5 ～ 5 μm，近梭形，光滑，橄榄褐色。

夏秋季生于亚高山带针叶林中。外生菌根菌。分布于云南西北部。可食。

拟栗色黏盖牛肝菌
Mucilopilus paracastaneiceps Yan C. Li & Zhu L. Yang

牛肝菌目 Boletales　　牛肝菌科 Boletaceae

菌盖直径 3 ~ 5 cm，半球形至扁半球形；表面湿时胶黏，红褐色、肉褐色至淡褐色，边缘色较淡；菌肉白色至污白色，伤不变色。子实层体管状，表面淡粉色至粉紫色，受伤后不变色。菌柄长 5 ~ 7 cm，直径 0.3 ~ 1 cm，白色，有白色纵向网纹。担子 40 ~ 65 × 15 ~ 20 μm，棒状，4 孢。担孢子 12 ~ 14 × 5 ~ 6 μm，光滑，黄色至褐黄色。侧生囊状体和缘生囊状体 50 ~ 65 × 7 ~ 9 μm，近棒状。菌盖表面鳞片由栅状排列的胶质菌丝组成。锁状联合阙如。

夏秋季生于阔叶林或针阔混交林中地上。外生菌根菌。分布于云南中部。食性不明。

茶褐新牛肝菌　茶褐牛肝菌、褐牛肝、黑牛肝
Neoboletus brunneissimus (W.F. Chiu) Gelardi *et al.*

牛肝菌目 Boletales　　牛肝菌科 Boletaceae

菌盖直径 2 ~ 8 cm，扁半球形；表面具绒质感，不黏，暗褐色、茶褐色至深肉桂色；菌肉淡黄色至黄色，受伤后迅速变蓝色，之后缓慢还原。子实层体管状，表面暗褐色至深肉桂色，受伤后迅速变蓝色至近黑色；菌管黄绿色，受伤后变淡蓝色。菌柄长 4 ~ 9 cm，直径 0.5 ~ 1.3 cm，黄褐色，被暗褐色秕糠状鳞片，基部有淡褐色至暗褐色硬毛。担子 25 ~ 30 × 9 ~ 12 μm，棒状，4 孢。担孢子 9 ~ 13 × 4 ~ 5 μm，长椭圆形至近梭形，光滑，褐黄色。侧生囊状体和缘生囊状体 40 ~ 50 × 7 ~ 12 μm，近梭形。锁状联合阙如。

夏秋季生于亚热带针叶林或针阔混交林中地上。外生菌根菌。分布于云南西部、中部、东部、东南部和西北部。可食。

黄孔新牛肝菌

Neoboletus flavidus (G. Wu & Zhu L. Yang) N.K. Zeng *et al.*

牛肝菌目 Boletales　　牛肝菌科 Boletaceae

　　菌盖直径 3 ～ 8 cm，扁半球形至平展；表面干燥，具绒质感、红褐色、浅红色、橄榄褐色或黄褐色，受伤后迅速变暗蓝色，边缘幼时内卷；菌肉淡黄色至黄色，受伤后迅速变暗蓝色。子实层体管状，表面幼时鲜黄色至黄色，成熟后褐红色，受伤后迅速变暗蓝色；菌管长约 4 mm，幼时鲜黄色至黄色，成熟后橘色，受伤后迅速变暗蓝色，管口直径约 0.5 mm，近圆形至圆形。菌柄长 2 ～ 9 cm，直径 1 ～ 1.5 cm，表面顶端鲜黄色至黄色，其余部位红褐色至紫褐色，受伤后变暗蓝色；基部菌丝污白色至淡黄色。担子 23 ～ 34 × 8 ～ 12 μm，棒状，4 孢。担孢子 9 ～ 14 × 4.5 ～ 6 μm，近梭形至圆柱形，光滑，褐黄色。侧生囊状体和缘生囊状体 20 ～ 35 × 4.5 ～ 8 μm，梭状、腹鼓形至棒状。锁状联合阙如。

　　夏秋季散生于亚热带针阔混交林中地上。外生菌根菌。分布于云南西部和中部。可食。

华丽新牛肝菌　红见手、紫见手、见手青
Neoboletus magnificus (W.F. Chiu) Gelardi *et al.*

牛肝菌目 Boletales　　牛肝菌科 Boletaceae

菌盖直径 5 ~ 8 cm，扁半球形至扁平，边缘幼时内卷；表面干燥，具绒质感，玫红色至浅红色或咖啡褐色至暗褐色，受伤后迅速变暗蓝色；菌肉浅黄色，受伤后迅速变暗蓝色。子实层体管状，表面红褐色至褐红色；菌管浅黄色至玉米黄，老后橄榄黄色，受伤后迅速变暗蓝色。菌柄长 7.5 ~ 10 cm，直径 1.5 ~ 5 cm，表面顶端黄色至玉米黄色，向基部逐渐变为鸡冠红色或暗红色，被红色颗粒状鳞片，受伤后迅速变蓝色；基部菌丝淡黄色。担子 24 ~ 42 × 8.5 ~ 13 μm，棒状，4 孢。担孢子 10 ~ 13 × 4 ~ 5 μm，长椭圆形至近梭形，光滑，褐黄色。锁状联合阙如。

夏秋季散生于亚热带针阔混交林中地上。外生菌根菌。分布于云南中部和西部。可食，但烹调不当会导致神经精神型中毒。

暗褐新牛肝菌　褐牛肝、大脚菇
Neoboletus obscureumbrinus (Hongo) N.K. Zeng *et al.*

牛肝菌目 Boletales　　牛肝菌科 Boletaceae

菌盖直径 8 ~ 13 cm，扁半球形至扁平；表面具绒质感，暗褐色至深褐色；菌肉奶油色至淡黄色，受伤后缓慢变蓝色。子实层体管状，表面幼时肉桂褐色，成熟后颜色变淡，受伤后缓慢变蓝色；菌管黄色，受伤后缓慢变蓝色。菌柄长 4 ~ 8 cm，直径 1.5 ~ 3 cm，顶端污黄色，中下部红褐色至暗褐色，光滑至近光滑，基部膨大并具硬毛。担子 30 ~ 40 × 12 ~ 16 μm，棒状，4 孢。担孢子 9 ~ 12 × 4 ~ 4.5 μm，长椭圆形至近梭形，光滑，褐黄色。侧生囊状体和缘生囊状体 30 ~ 50 × 6 ~ 7 μm，近梭形。锁状联合阙如。

夏秋季生于亚热带常绿阔叶林或针阔混交林中地上。外生菌根菌。分布于云南南部、西南部和中部。可食。

红孔新牛肝菌　见手青、红见手

Neoboletus rubriporus (G. Wu & Zhu L. Yang) N.K. Zeng *et al.*

牛肝菌目 Boletales　　牛肝菌科 Boletaceae

　　菌盖直径 5 ～ 9 cm，扁半球形至平展；表面褐红色、紫红色、橘红色、灰橘色、褐黄色至褐色，受伤后迅速变蓝色，边缘幼时内卷；菌肉浅黄色至鲜黄色，厚 8 ～ 12 cm，受伤后迅速变蓝色。子实层体管状，表面血红色、红色至鸡冠红色，受伤后迅速变蓝色；菌管浅黄色、橘黄色至橘色，受伤后迅速变蓝色。菌柄长 6 ～ 13 cm，直径 1 ～ 2.3 cm，近圆柱形至倒棒状；表面黄红色至红色或褐橘色，受伤后迅速变蓝色；菌肉浅黄色，具褐色色调，受伤后迅速变蓝色；基部菌丝黄白色至奶油色，有时为淡褐色。担子 24 ～ 34 × 10 ～ 13 μm，棒状，4 孢。担孢子 12.5 ～ 16 × 5 ～ 6 μm，近梭形，光滑，褐黄色。锁状联合阙如。

　　夏秋季生于亚高山带针叶林中地上。外生菌根菌。分布于云南西北部。食性不明。

拟血红新牛肝菌　见手青、红见手
Neoboletus sanguineoides (G. Wu & Zhu L. Yang) N.K. Zeng *et al.*

牛肝菌目 Boletales　　牛肝菌科 Boletaceae

　　菌盖直径 5 ~ 9 cm，扁半球形至平展；表面光滑或具绒质感，深红色至褐红色，受伤后迅速变蓝色，边缘色浅且常带黄色色调，幼时内卷；菌肉浅黄色，厚约 1.5 cm，受伤后迅速变蓝色。子实层体管状，表面红色、暗红色至褐红色，受伤后迅速变蓝色，管口近圆形；菌管浅黄色至玉米黄色，长约 1.8 cm，受伤后迅速变蓝色。菌柄长 5 ~ 9 cm，直径 2 ~ 3 cm，表面淡黄色至黄色，密被红色至暗红色细颗粒状鳞片，无网纹，受伤后迅速变蓝色；菌肉浅黄色至黄色，受伤后迅速变蓝色；基部菌丝奶黄色至浅黄色。担子 30 ~ 60 × 10 ~ 14 μm，棒状，4 孢。担孢子 13.5 ~ 17 × 5 ~ 7 μm，近梭形，光滑，褐黄色。锁状联合阙如。

　　夏秋季生于亚高山带针叶林中地上。外生菌根菌。分布于云南西北部。食性不明。

血红新牛肝菌　见手青、红见手
Neoboletus sanguineus (G. Wu & Zhu L. Yang) N.K. Zeng *et al.*

牛肝菌目 Boletales　　牛肝菌科 Boletaceae

菌盖直径 5 ～ 10 cm，扁半球形至平展；表面近光滑或具绒质感，红色、鲜红色、血红色至褐红色，受伤后迅速变蓝色，边缘幼时内卷；菌肉浅黄色，厚 1.5 ～ 2 cm，受伤后迅速变蓝色。子实层体管状，表面玫红色、红色至深红色，幼时有时具黄色色调，受伤后迅速变蓝色；菌管长 0.8 ～ 1.5 cm，浅黄色，受伤后迅速变蓝色。菌柄长 4 ～ 14 cm，直径 1.5 ～ 3 cm，表面顶端橘红色、红色至鲜红色，具网纹，其余部位暗红色至褐红色，被细颗粒状鳞片，受伤后迅速变蓝色；菌肉浅黄色至黄色，受伤后迅速变蓝色；基部菌丝淡黄色。担子 26 ～ 40 × 10 ～ 14 μm。担孢子 10 ～ 14 × 5 ～ 6 μm，近梭形，光滑，褐黄色。锁状联合阙如。

夏秋季生于亚高山带针叶林中地上。外生菌根菌。分布于云南西北部。食性不明。

西藏新牛肝菌
Neoboletus thibetanus (Shu R. Wang & Yu Li) Zhu L. Yang *et al.*

牛肝菌目 Boletales　　牛肝菌科 Boletaceae

担子果腹菌状，近球形，直径约 2 cm，具短柄；表面凹凸不平，具孔，黄色，受伤后变蓝色。包被阙如。产孢组织黄色至硫黄色，受伤后迅速变蓝色，具不规则小腔；小腔直径 0.5 ～ 1 mm；具中柱，黄色至硫黄色，受伤后迅速变蓝色。菌柄长约 1.2 cm，直径 0.2 ～ 0.3 cm，向下渐细；表面淡灰色至橄榄色，顶端黄色，基部黄色至红褐色，近光滑；菌肉黄色至褐黄色，受伤后迅速变蓝色。担子 25 ～ 40 × 11.5 ～ 15 μm，棒状，4 孢。担孢子 16 ～ 19 × 9.5 ～ 11 μm，杏仁形，厚壁，光滑，褐黄色。锁状联合阙如。

夏秋季生于亚高山带针叶林中地上。外生菌根菌。分布于云南西北部。食性不明。

美丽褶孔牛肝菌　荞面菌、荞粑粑菌
Phylloporus bellus (Mass.) Corner

牛肝菌目 Boletales　　牛肝菌科 Boletaceae

　　菌盖直径 4 ~ 6 cm，扁平至平展；表面黄褐色至褐色或淡红褐色，被黄褐色至红褐色绒状鳞片；菌肉奶油色至淡黄色，受伤后不变色。子实层体黄色，受伤后变蓝色。菌柄长 3 ~ 7 cm，直径 0.5 ~ 0.7 cm，奶油色至淡黄色，被黄色至褐色纤丝状鳞片；基部菌丝白色。担子 38 ~ 50 × 8 ~ 10 μm。担孢子 9 ~ 12 × 4 ~ 5.5 μm，长椭圆形至近梭形，光滑，褐黄色。侧生囊状体 60 ~ 130 × 11 ~ 22 μm，梭形至近棒状，壁稍厚。盖表皮由栅状排列的菌丝（直径 6 ~ 20 μm）组成。锁状联合阙如。

　　夏秋季生于亚热带 - 热带针阔混交林中地上。外生菌根菌。分布于云南中部和南部。可食，但有人食后引起胃肠炎型中毒。

翘鳞褶孔牛肝菌
Phylloporus imbricatus N.K. Zeng & Zhu L. Yang

牛肝菌目 Boletales　　牛肝菌科 Boletaceae

　　菌盖直径 5 ~ 11 cm，扁平至平展；表面撕裂成黄褐色、褐色、暗褐色至红褐色鳞片；菌肉奶油色至淡黄色，受伤后不变色。菌褶黄色，受伤后变淡蓝色，后缓慢恢复至黄色。菌柄长 5 ~ 10 cm，直径 0.3 ~ 1.5 cm，表面黄褐色、褐色至褐红色。担子 34 ~ 52 × 8 ~ 10 μm。担孢子 10 ~ 13 × 4 ~ 5 μm，长椭圆形至近梭形，光滑，褐黄色。侧生囊状体 50 ~ 76 × 9 ~ 17 μm，梭形至近梭形，壁稍厚。缘生囊状体 27 ~ 58 × 8 ~ 16 μm，棒状至近梭形，壁稍厚。锁状联合阙如。

　　夏秋季生于亚高山带针叶林及高山栎中地上。外生菌根菌。分布于云南西北部。可食。

潞西褶孔牛肝菌
Phylloporus luxiensis M. Zang

牛肝菌目 Boletales   牛肝菌科 Boletaceae

菌盖直径 4 ~ 8 cm，扁平至平展；表面具绒质感，褐色、肉桂褐色至灰褐色；菌肉白色或奶油色，受伤后不变色。菌褶黄色、黄褐色至污黄色，受伤后不变色。菌柄长 2 ~ 6 cm，直径 0.5 ~ 1 cm，上半部有纵纹并被红褐色至紫褐色细小鳞片，下半部黄褐色、褐色至灰褐色；基部菌丝污黄色。担子 33 ~ 44 × 9 ~ 10 μm。担孢子 9.5 ~ 12.5 × 4.5 ~ 5 μm，长椭圆形至近梭形，光滑，褐黄色。侧生囊状体 42 ~ 105 × 10 ~ 19 μm。缘生囊状体 36 ~ 65 × 10 ~ 20 μm。锁状联合阙如。

夏秋季生于亚热带 - 热带常绿阔叶林中地上。外生菌根菌。分布于云南南部。可食。

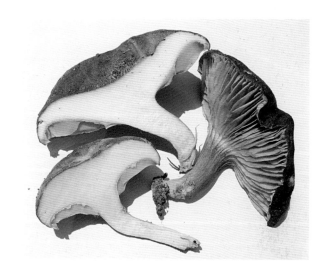

红孢牛肝菌
Porphyrellus porphyrosporus (Fr.) E.-J. Gilbert

牛肝菌目 Boletales   牛肝菌科 Boletaceae

菌盖直径 5 ~ 10 cm，半球形至平展；表面具绒质感，深褐色、灰褐色或红褐色；菌肉白色至灰白色，受伤后先变蓝色，后缓慢变淡红褐色。子实层体管状，表面暗粉色至灰粉色，受伤后先变蓝色，后缓慢变淡红褐色。菌柄长 6 ~ 10 cm，直径 1 ~ 2.5 cm，与菌盖表面同色或稍深，受伤后先变蓝色，后缓慢变淡红褐色；基部菌丝白色。担子 30 ~ 50 × 12 ~ 14 μm。担孢子 13 ~ 16.5 × 5.5 ~ 6.5 μm，长椭圆形至近梭形，光滑，无色至淡黄色。侧生囊状体和缘生囊状体 40 ~ 55 × 10 ~ 15 μm，近棒状至梭形。锁状联合阙如。

夏秋季生于亚高山带针叶林中地上。外生菌根菌。分布于云南西北部。可食。

褐点粉末牛肝菌
Pulveroboletus brunneopunctatus G. Wu & Zhu L. Yang

牛肝菌目 Boletales　　牛肝菌科 Boletaceae

　　菌盖直径 2 ～ 5 cm，扁半球形至平展；表面黄油色、玉米黄、浅橘色、橘色至橘红色，被粉末状菌幕残余和褐色至黄褐色秕糠状鳞片；菌肉近白色至奶油色，受伤后缓慢变浅蓝色。子实层体管状，表面幼时覆盖有絮状菌幕，成熟后表面浅黄色或琥珀黄色，受伤后迅速变蓝色至暗蓝色。菌柄长 4 ～ 7 cm，直径 0.3 ～ 0.7 cm，与菌盖表面同色，被粉末状物和褐色皮屑状鳞片；基部菌丝白色。担子 25 ～ 36 × 9 ～ 12 μm，棒状，4 孢。担孢子 8 ～ 10 × 5 ～ 5.5 μm，卵形至近梭形，光滑，褐黄色。侧生囊状体和缘生囊状体 28 ～ 56 × 6 ～ 11 μm，近梭形至腹鼓形，具喙。盖表皮由交织的菌丝（直径 3 ～ 5 μm）组成。锁状联合阙如。

　　夏秋季生于松林或针阔混交林中地上。外生菌根菌。分布于云南西部。有毒，误食导致胃肠炎型中毒。

大孢粉末牛肝菌
Pulveroboletus macrosporus G. Wu & Zhu L. Yang

牛肝菌目 Boletales　　牛肝菌科 Boletaceae

　　菌盖直径 3.5 ~ 12.5 cm，近半球形至平展；表面奶油色、浅橙色或橘红色，被同色粉末状菌幕残余和皮屑状鳞片；菌肉近白色至奶油色，受伤后迅速变蓝色。子实层体管状，表面幼时覆盖有絮状菌幕，成熟后浅黄色至琥珀黄色，受伤后迅速变蓝色。菌柄长 5 ~ 10 cm，直径 0.8 ~ 2 cm，淡黄色至杏黄色，被粉末状菌幕残余，后期上半部常见纵棱纹；基部菌丝白色。担子 30 ~ 40 × 10 ~ 13 μm，棒状，4 孢。担孢子 9 ~ 12 × 5 ~ 6.5 μm，卵形，光滑，褐黄色。侧生囊状体和缘生囊状体 28 ~ 69 × 6 ~ 12 μm，近梭形至腹鼓形，具喙。盖表皮由交织的菌丝（直径 4 ~ 5 μm）组成。锁状联合阙如。

　　夏秋季生于亚热带阔叶林或针阔混交林中地上。外生菌根菌。分布于云南西部和西南部。有毒，误食导致胃肠炎型中毒。

暗褐网柄牛肝菌
Retiboletus fuscus (Hongo) N.K. Zeng & Zhu L. Yang

牛肝菌目 Boletales　　牛肝菌科 Boletaceae

　　菌盖直径 5 ~ 8 cm，扁半球形；表面被细小绒毛，灰褐色至灰黑色；菌肉奶油色，受伤后变淡褐色。子实层体管状，成熟后灰白色至浅黄色，受伤后变淡褐色。菌柄长 4 ~ 11 cm，直径 1 ~ 4 cm，近圆柱状，污白色，被灰褐色至深灰色网纹；菌肉淡黄褐色；基部菌丝白色。担子 25 ~ 30 × 7 ~ 8 μm，棒状，4 孢。担孢子 8.5 ~ 13 × 3.5 ~ 4.5 μm，近梭形至长椭圆形，光滑，黄褐色。侧生囊状体和缘生囊状体 30 ~ 40 × 6 ~ 10 μm，有黄褐色至淡褐色内含物。锁状联合阙如。

　　夏秋季生于亚热带针叶林或针阔混交林中地上。外生菌根菌。分布于云南中部。可食。

考夫曼网柄牛肝菌
Retiboletus kauffmanii (Lohwag) N.K. Zeng & Zhu L. Yang

牛肝菌目 Boletales　　**牛肝菌科 Boletaceae**

菌盖直径 5 ~ 12 cm，扁平至平展；表面暗黄褐色至灰黄色，被暗灰色至近黑色的小绒质鳞片；菌肉淡黄色至奶油色，受伤后不变色，稍苦。子实层体管状，幼时黄色，成熟后橄榄黄色至金黄色，受伤后稍变暗。菌柄长 7 ~ 13 cm，直径 1 ~ 3 cm，污黄色至淡褐色，顶端被黄色网纹，其余大部被褐色至褐灰色网纹；基部菌丝金黄色。担子 30 ~ 35 × 8 ~ 10 μm，棒状，4 孢。担孢子 9 ~ 13 × 4 ~ 5 μm，近梭形至长椭圆形，光滑，褐黄色。侧生囊状体和缘生囊状体 45 ~ 70 × 8 ~ 12 μm，梭形，有黄褐色至淡褐色内含物。盖表皮由栅状至不规则排列的有横隔的菌丝（直径 3 ~ 7 μm）组成。锁状联合阙如。

夏秋季生于亚热带针叶林或针阔混交林中地上。外生菌根菌。分布于云南中部和西北部。可食。

网柄罗氏牛肝菌
Royoungia reticulata Yan C. Li & Zhu L. Yang

牛肝菌目 Boletales　　**牛肝菌科 Boletaceae**

菌盖直径 3 ~ 5 cm，半球形、扁平至平展；表面干燥，纤丝状或具绒质感，淡黄色、灰绿色至橄榄黄色，边缘颜色较浅；菌肉白色，受伤后不变色。子实层体管状，表面幼时白色，成熟后淡粉色，受伤后不变色；菌管与子实层体表面同色，长 6 ~ 15 mm，管口角形。菌柄长 3 ~ 6 cm，直径 1 ~ 1.5 cm，上部白色至奶油色，被纵向条纹，中部及下部从奶油色逐渐变为铬黄色，被同色网纹，中部有时具粉色至紫粉色网纹；菌肉上半部白色至奶油色，往下呈铬黄色，受伤后不变色；基部菌丝黄色至铬黄色。担子 23 ~ 28 × 9 ~ 12 μm，棒状，4 孢。担孢子 13 ~ 15 × 6 ~ 6.5 μm，近梭形至长椭圆形，光滑，无色至淡黄色。盖表皮菌丝栅状排列。锁状联合阙如。

夏秋季生于亚热带阔叶林中地上。外生菌根菌。分布于云南中部。食性不明。

褐孔皱盖牛肝菌　黄癞头
Rugiboletus brunneiporus G. Wu & Zhu L. Yang

牛肝菌目 Boletales　　牛肝菌科 Boletaceae

菌盖直径 10 ~ 20 cm，半球形至平展；表面皱曲，胶黏，土黄色、褐黄色、黄褐色至红褐色，边缘内卷或悬垂；菌肉浅黄色至黄色，厚约 2.5 cm，受伤后变暗蓝色，苦。子实层体管状，表面褐黄色、红褐色至紫褐色，受伤后迅速变暗蓝色；菌管长 1 ~ 1.5 cm，受伤后迅速变暗蓝色。菌柄长 12 ~ 22 cm，直径 2 ~ 4 cm，表面被有近黑色颗粒状鳞片；菌肉淡黄色、浅黄色至黄色，带有褐色色调，受伤后迅速变暗蓝色；基部菌丝淡黄色至浅黄色。担子 20 ~ 40 × 8 ~ 13 μm，棒状，4 孢。担孢子 12 ~ 15 × 4 ~ 5.5 μm，近梭形至长卵形，光滑，褐黄色。锁状联合阙如。

夏秋季生于亚高山带针叶林中地上。外生菌根菌。分布于云南西北部。可食。

皱盖牛肝菌　黄癞头

Rugiboletus extremiorientalis (Lj.N. Vassiljeva) G. Wu & Zhu L. Yang

牛肝菌目 Boletales　　牛肝菌科 Boletaceae

　　菌盖直径 8 ~ 15 cm，扁半球形至平展；表面皱曲，湿时黏，干燥时强烈龟裂，杏黄色至褐黄色，边缘延生；菌肉奶油色至黄色，受伤后不变色。子实层体管状，表面黄色；菌管黄色。菌柄长 6 ~ 15 cm，直径 2 ~ 4 cm，杏黄色至褐黄色，被黄色至黄褐色小鳞片。担子 20 ~ 33 × 7 ~ 9 μm，棒状，4 孢。担孢子 10 ~ 13 × 3.5 ~ 4.5 μm，长椭圆形至近梭形，光滑，褐黄色。锁状联合阙如。

　　夏秋季生于针叶林或针阔混交林中地上。外生菌根菌。分布于云南大部。可食。

高山松塔牛肝菌
Strobilomyces alpinus M. Zang *et al.*

牛肝菌目 Boletales　　牛肝菌科 Boletaceae

菌盖直径 5 ~ 6 cm，半球形至平展；表面褐色至褐紫色、深褐黄色或黑色，密被近锥状或贴伏的鳞片；菌肉厚 1 ~ 1.5 cm，污白色，受伤后先变锈红色，后近黑色。子实层体管状，表面幼时污白色，老后黑色，受伤后变黑色；菌管长 0.5 ~ 1 cm，与子实层体表面同色，受伤先变锈红色，后近黑色。菌柄长 6 ~ 7 cm，直径约 1 cm，近圆柱形，基部有时膨大；表面具纵条纹，并被有灰黑色至黑色絮状鳞片。担子 45 ~ 65 × 13 ~ 17 μm，棒状，4 孢。担孢子 11.5 ~ 14 × 9.5 ~ 11 μm，近椭圆形，具有网状纹饰，暗褐色。锁状联合阙如。

夏秋季生于亚高山带针叶林中。外生菌根菌。分布于云南西北部。食性不明。

环柄松塔牛肝菌
Strobilomyces cingulatus Li H. Han & Zhu L. Yang

牛肝菌目 Boletales　　牛肝菌科 Boletaceae

菌盖直径 4 ~ 7 cm，半球形至平展；表面底色为淡灰褐色，密被有基部浅褐色至污白色、顶端黑色的龟裂或平伏的鳞片；菌肉白色，受伤后变灰黑色至黑色。子实层体管状，表面近白色至烟灰色，受伤后迅速变锈红色，后呈黑色；菌管与子实层体表面同色，管口多角形。菌柄长 5 ~ 18 cm，直径 0.5 ~ 1.4 cm，近圆柱形，顶端具明显长椭圆状网眼；菌环较厚，絮状；菌柄表面密被灰白色至暗黑褐色絮状鳞片；菌肉白色，受伤后变砖红色；基部菌丝污白色至灰白色。担子 22 ~ 42 × 13 ~ 17 μm，棒状，4 孢。担孢子 9 ~ 11 × 7 ~ 8.5 μm（不含网纹），近椭圆形，表面具 1 ~ 2 μm 高的网纹，暗褐色。锁状联合阙如。

夏秋季生于阔叶林或针阔混交林中地上。外生菌根菌。分布于云南中部。食性不明。

密鳞松塔牛肝菌
Strobilomyces densisquamosus Li H. Han & Zhu L. Yang

牛肝菌目 Boletales　　牛肝菌科 Boletaceae

菌盖直径 6 ～ 12 cm，半球形至平展；表面底色为污白色至灰白色，密被灰褐色且近直立的锥状鳞片，边缘悬垂有厚而呈花边状的菌幕残余；菌肉白色，受伤后迅速变橘红色，后呈黑色。子实层体管状，表面白色至烟灰色，受伤后迅速变锈红色，后呈黑色，管口多角形，与子实层体表面颜色相同。菌柄长 4 ～ 13 cm，直径 0.4 ～ 1.2 cm，表面具有网纹，并在上半部被有灰色至污白色絮状鳞片，下半部鳞片呈黑色，无菌环；菌肉白色，受伤变色与菌管类似；基部菌丝污白色。担子 32 ～ 44 × 11 ～ 17 μm，棒状，4 孢。担孢子 8.5 ～ 10.5 × 7 ～ 9 μm（不含纹饰），近球形至椭圆形，表面具 0.5 ～ 1 μm 高的刺状纹饰，暗褐色。锁状联合阙如。

夏秋季生于阔叶林或针阔混交林中地上。外生菌根菌。分布于云南中部至南部。食性不明。

刺头松塔牛肝菌
Strobilomyces echinocephalus Gelardi & Vizzini

牛肝菌目 Boletales　　牛肝菌科 Boletaceae

菌盖直径 3 ～ 5 cm，扁半球形至扁平；表面污白色，被黑色至暗紫黑色、直立、锥状鳞片，边缘悬垂有黑色菌幕残余；菌肉白色，受伤后变锈褐色，最后变黑色。子实层体管状，污白色至褐灰色，受伤后变褐色，最后变近黑色。菌柄长 6 ～ 10 cm，直径 0.5 ～ 1 cm，密被灰色、黑色至近黑色鳞片。担子 30 ～ 45 × 13 ～ 17 μm，棒状，4 孢。担孢子 7 ～ 10 × 6.5 ～ 8 μm，近球形至宽椭圆形，被完整网纹，暗褐色。锁状联合阙如。

夏季生于亚热带针阔混交林中地上。外生菌根菌。分布于云南中部和西部。食性不明。

黄纱松塔牛肝菌
Strobilomyces mirandus Corner

牛肝菌目 Boletales　　牛肝菌科 Boletaceae

菌盖直径 2.5 ～ 6 cm，扁半球形至扁平；表面黄色至褐黄色，成熟后变褐色至近黑色，密被淡黄色或淡褐色至黑色的毡状、疣状至锥状鳞片，边缘悬垂有黄色至污黄色菌幕残余；菌肉白色，受伤后先变红褐色，后变黑色。子实层体管状，表面成熟后白色至灰粉红色，受伤后变灰褐色至深褐色，并有红色色调。菌柄长 6 ～ 10 cm，直径 0.5 ～ 0.8 cm，奶油色至淡黄色，被淡黄色至淡褐色鳞片。担子 27 ～ 45 × 16 ～ 19 μm，棒状，4 孢。担孢子 7.5 ～ 8.5 × 6.5 ～ 7.5 μm，近球形至宽椭圆形，被完整网纹，暗褐色。锁状联合阙如。

夏季生于热带森林中地上。外生菌根菌。分布于云南西南部。食性不明。

半裸松塔牛肝菌
Strobilomyces seminudus Hongo

牛肝菌目 Boletales　　牛肝菌科 Boletaceae

菌盖直径 7 ~ 9 cm，扁半球形；表面污白色至淡灰色，被黑灰色至近黑色的绒状至近平伏鳞片，边缘悬垂有灰色至近黑色的菌幕残余；菌肉污白色至淡灰色，受伤后先变红褐色至淡橘红色，后缓慢变黑灰色。子实层体管状，表面褐灰色，受伤后先变褐色，后变近黑色。菌柄长 7 ~ 10 cm，直径 1 ~ 1.3 cm，上部密被淡灰色至灰白色绒毛，下部被近黑色绒状鳞片；在菌柄顶端，网纹较明显。担子 30 ~ 35 × 11 ~ 12 μm。担孢子 8 ~ 10 × 7 ~ 9 μm，近球形，被不完整网纹及疣凸，暗褐色。锁状联合阙如。

夏季生于亚热带阔叶林中地上。外生菌根菌。分布于云南南部和西部。食性不明。

亚高山褐黄牛肝菌
Suillellus subamygdalinus Kuan Zhao & Zhu L. Yang

牛肝菌目 Boletales　　牛肝菌科 Boletaceae

菌盖直径 6 ~ 8 cm，扁半球形；表面土红色，中央带灰色色调，受伤后迅速变蓝黑色；菌肉鲜黄色，厚 1 ~ 1.5 cm，受伤后迅速变蓝色。子实层体管状，表面橘红色至褐红色，受伤后迅速变蓝色，管口角形；菌管长达 1 cm，橄榄黄色，受伤后迅速变蓝色。菌柄长 10 ~ 15 cm，直径 1.2 ~ 2 cm，表面橘红色、玫红色至暗紫红色，被明显网纹；菌肉浅黄色，带褐色色调，受伤后迅速变蓝色；基部菌丝白色。担子 34 ~ 48 × 8 ~ 11 μm，棒状，4 孢。担孢子 12 ~ 16 × 5 ~ 7 μm，近梭形至长椭圆形，光滑，褐黄色。锁状联合阙如。

夏秋季生于亚高山带针叶林中地上，偶见于亚热带针阔混交林中地上。外生菌根菌。分布于云南西北部。食性不明。

高原铅紫异色牛肝菌
Sutorius alpinus Yan C. Li & Zhu L. Yang

牛肝菌目 Boletales   牛肝菌科 Boletaceae

菌盖直径 5 ~ 12 cm，扁半球形至扁平；表面不黏或湿时稍黏，暗紫色、铅紫色至紫罗兰褐色；菌肉污白色至淡灰褐色，受伤后变红褐色。子实层体管状，表面成熟后淡紫色、粉褐色或淡肉桂色；菌管淡紫色、淡肉色或淡肉桂色。菌柄长 5 ~ 15 cm，直径 1 ~ 3 cm，紫灰色至灰色，密被紫色至紫褐色细小鳞片。担子 25 ~ 30 × 8 ~ 12 μm，棒状，4 孢。担孢子 13 ~ 15 × 4.5 ~ 5.5 μm，长椭圆形至近梭形，光滑，褐黄色。侧生囊状体 40 ~ 55 × 10 ~ 15 μm，近梭形。锁状联合阙如。

夏季生于亚热带针叶林中地上。外生菌根菌。分布于云南中部和西北部。可食，但有人食后引起胃肠炎型中毒。

福建邓氏牛肝菌
Tengioboletus fujianensis N.K. Zeng & Zhi Q. Liang

牛肝菌目 Boletales   牛肝菌科 Boletaceae

菌盖直径 9 ~ 11 cm，扁半球形至平展；表面具绒质感，肉桂色、茶褐色至红褐色，边缘内卷；菌肉厚 1.5 cm，浅黄色，受伤后不变色。子实层体管状，表面初期被奶油色菌丝层，成熟后菌丝层消失而呈黄色或褐黄色，受伤后不变色；菌管长 1.2 cm，淡褐黄色，受伤后不变色。菌柄长 9 ~ 11 cm，表面污黄色，被明显网纹；网纹黄色至褐黄色；菌肉浅黄色，受伤后不变色；基部菌丝污黄色。担子 20 ~ 30 × 9 ~ 11 μm，棒状，4 孢。担孢子 11 ~ 13 × 4 ~ 4.5 μm，近梭形，光滑，褐黄色。锁状联合阙如。

夏秋季生于阔叶林中地上。外生菌根菌。分布于云南中部和南部。市场上作为"杂菌"出售，未有中毒报道。

221

橙黄粉孢牛肝菌
Tylopilus aurantiacus Yan C. Li & Zhu L. Yang

牛肝菌目 Boletales　　牛肝菌科 Boletaceae

菌盖直径 5～9 cm，扁半球形至扁平；表面幼时橙红色至橙黄色，成熟后橙褐色至橙黄色；菌肉白色，受伤后不变色或缓慢变淡褐色。子实层体管状，表面白色或淡粉色，受伤后变淡褐色；菌管与子实层表面同色。菌柄长 4～5 cm，直径 1.2～1.6 cm，表面橘红色至橙黄色，基部白色至橙黄色，受伤后不变色；基部菌丝白色。担子 20～25 × 7～9 μm，棒状，4 孢。担孢子 6～8 × 4～5 μm，卵形至椭圆形，光滑，无色至淡黄色。侧生囊状体 45～60 × 8～12 μm，近梭形。缘生囊状体 30～50 × 6～10 μm，近梭形。锁状联合阙如。

夏秋季生于亚热带阔叶林或针阔混交林中地上。外生菌根菌。分布于云南中部和南部。可食。

新苦粉孢牛肝菌　闹马肝
Tylopilus neofelleus Hongo

牛肝菌目 Boletales　　牛肝菌科 Boletaceae

　　菌盖直径 5 ~ 16 cm，扁平至平展；表面干燥，具绒质感，浅紫罗兰色、灰褐色至褐色；菌肉白色至污白色，受伤后不变色，味苦。子实层体管状，表面淡粉色或污粉色，受伤后不变色。菌柄长 5 ~ 16 cm，直径 1.5 ~ 4 cm，淡褐色、褐色或污褐色，顶端常带淡紫色色调，近光滑，有时顶端具不明显网纹；基部菌丝白色。担子 20 ~ 30 × 7 ~ 9 μm。担孢子 8 ~ 9 × 3 ~ 4 μm，近纺锤形至腹鼓形，光滑，无色至淡黄色。侧生囊状体 70 ~ 85 × 10 ~ 15 μm，近纺锤形。盖表皮由放射状至松散交织的菌丝组成。锁状联合阙如。

　　夏秋季生于针叶林或针阔混交林中地上。外生菌根菌。分布于云南中部和南部。有毒，误食引起胃肠炎型中毒。

变绿粉孢牛肝菌
Tylopilus virescens (Har. Takah. & Taneyama) N.K. Zeng *et al.*

牛肝菌目 Boletales　　　**牛肝菌科 Boletaceae**

　　菌盖直径 2.5 ~ 5.5 cm，扁半球形至平展；表面干，初期具绒质感，后期开裂成鳞片，淡黄褐色、黄褐色至褐色，具绿色色调；菌肉厚 6 ~ 9 mm，奶油色，受伤后缓慢变绿色。子实层体管状，表面幼时奶油色，后呈黄色，受伤后缓慢变绿色；菌管长 2 ~ 3 mm，幼时奶油色，后呈浅黄色，受伤后缓慢变蓝绿色。菌柄长 2.5 ~ 5.5 cm，直径 0.6 ~ 0.8 cm，顶端浅黄色，上部蓝绿色，中下部淡褐色、褐色至暗褐色；菌肉上半部奶油色，受伤后缓慢变绿色，下半部淡褐色，受伤后不变色；基部菌丝白色。担子 22 ~ 36 × 8 ~ 10 μm，棒状，4 孢。担孢子 7.5 ~ 9 × 4 ~ 5 μm，椭圆形至近梭形，光滑，无色至淡黄色。锁状联合阙如。

　　夏秋季生于热带阔叶林中地上。外生菌根菌。分布于云南南部。食性不明。

高山垂边红孢牛肝菌
Veloporphyrellus alpinus Yan C. Li & Zhu L. Yang

牛肝菌目 Boletales　　　**牛肝菌科 Boletaceae**

　　菌盖直径 1.8 ~ 3.5 cm，圆锥状至平展，中央常具尖凸；表面密被褐色、咖啡褐色、栗褐色至暗红褐色鳞片；菌肉白色，受伤后不变色。子实层体管状，幼时被菌幕包被，成熟后显露，表面淡粉色，受伤后不变色，菌幕残余悬垂于菌盖边缘；菌管长达 0.6 cm，与子实层体表面同色，受伤后不变色。菌柄长 5.5 ~ 6.5 cm，直径 0.4 ~ 0.7 cm，上半部橘黄色至灰橘色，下半部褐色至红褐色；菌肉白色，受伤后不变色；基部菌丝白色。担子 34 ~ 39 × 8.5 ~ 12 μm，棒状，4 孢。担孢子 16 ~ 19 × 5 ~ 6 μm，近梭形，光滑，黄色至黄褐色。锁状联合阙如。

　　夏秋季生于亚高山带针叶林中地上。外生菌根菌。分布于云南西北部。食性不明。

假垂边红孢牛肝菌
Veloporphyrellus pseudovelatus Yan C. Li & Zhu L. Yang

牛肝菌目 Boletales　　牛肝菌科 Boletaceae

菌盖直径 2～5 cm，半球形至扁平；表面密被咖啡褐色至栗褐色的绒状鳞片；菌肉白色至奶油色，受伤后不变色。子实层体管状，幼时被菌幕包被，成熟后显露，表面淡粉色至肉粉色，受伤后不变色，菌幕残余悬垂于菌盖边缘；菌管长 0.3～0.6 cm，与子实层体表面同色，老后或伤后有锈红色印迹。菌柄长 3～7 cm，直径 0.5～0.8 cm，表面淡栗褐色，光滑；菌肉白色，受伤后不变色；基部菌丝白色。担子 23～30 × 8～11 μm，宽棒状，4 孢。担孢子 12.5～15 × 4～5 μm，近梭形，光滑，黄色至褐黄色。锁状联合阙如。

夏秋季生于亚热带油杉林或云南松和油杉组成的林中地上。外生菌根菌。分布于云南中部至西部。

泛生红绒盖牛肝菌
Xerocomellus communis Xue T. Zhu & Zhu L. Yang

牛肝菌目 Boletales　　牛肝菌科 Boletaceae

菌盖直径 2～7.5 cm，扁半球形至扁平；表面密被微绒毛，暗褐色至茶褐色；菌肉污白色至浅黄色，受伤后迅速变蓝色，后缓慢变褐色，味柔和。子实层体管状，表面橄榄黄色至浅黄褐色，老时赭黄色，受伤后迅速变蓝色，管口多角形，复孔，孔径 0.5～2 mm；菌管与子实层体表面同色，受伤后变蓝色。菌柄长 4.5～8 cm，直径 0.5～1 cm，表面红褐色，常带紫色色调，顶端浅黄色，具纵棱，被纤丝状鳞片；基部菌丝污白色或奶油色。担子 25～40 × 11～14 μm，棒状，4 孢。担孢子 10.5～14.5 × 4～5.5 μm，梭形至近圆柱形，褐黄色。侧生囊状体 50～85 × 11～18 μm，梭形至腹鼓形，散生。锁状联合阙如。

夏秋季单生或散生于亚热带针阔混交林中地上。外生菌根菌。分布于云南中部和西北部。食性不明。

柯氏红绒盖牛肝菌
Xerocomellus corneri Xue T. Zhu & Zhu L. Yang

牛肝菌目 Boletales　　牛肝菌科 Boletaceae

　　菌盖直径 3 ～ 8 cm，近半球形至扁平；表面密被红色至橄榄褐色微绒毛，常撕裂成鳞片；菌肉浅黄色，受伤后迅速变蓝色，味柔和。子实层体管状，表面亮黄色至深黄色，受伤后迅速变蓝色，管口多角形，复孔，孔径 0.5 ～ 1 mm；菌管与子实层体表面同色，受伤后变蓝色。菌柄长 4 ～ 9 cm，直径 0.8 ～ 1.3 cm，鲜红至红褐色，常有紫色色调，顶端浅黄色，密被纤丝状鳞片，基部污白色。担子 25 ～ 40 × 11 ～ 14 μm，棒状，4 孢。担孢子 10.5 ～ 14 × 4.5 ～ 5 μm，梭形至近圆柱形，光滑，褐黄色。侧生囊状体 45 ～ 75 × 9 ～ 11 μm，披针形、梭形至腹鼓棒状，散生。锁状联合阙如。

　　夏秋季生于亚热带常绿阔叶林中地上。外生菌根菌。分布于云南中部。食性不明。

兄弟绒盖牛肝菌
Xerocomus fraternus Xue T. Zhu & Zhu L. Yang

牛肝菌目 Boletales　　牛肝菌科 Boletaceae

　　菌盖直径 4 ～ 8 cm，扁半球形至平展；表面具绒质感，深黄褐色、土褐色至橄榄褐色；菌肉污白色至浅黄色，受伤后缓慢变淡蓝色，最后变淡褐色，味柔和。子实层体管状，表面黄色，受伤后变淡蓝色或蓝绿色，管口多角形，复孔，孔径 1 ～ 2 mm；菌管与子实层体表面同色，受伤后变蓝色。菌柄长 4 ～ 9 cm，直径 0.5 ～ 1.2 cm，浅黄褐色至浅褐色，上部具褐色纵条纹，基部白色；基部菌丝污白色。担子 35 ～ 48 × 9 ～ 12 μm，棒状，4 孢。担孢子 8.5 ～ 12 × 4 ～ 6 μm，梭形至近圆柱形，光滑，褐黄色。囊状体 30 ～ 70 × 8 ～ 13 μm，披针形、腹鼓棒状至铦形，散生。锁状联合阙如。

　　夏秋季生于亚热带常绿阔叶林或针阔混交林中地上。外生菌根菌。分布于云南中部和东北部。食性不明。

黄脚绒盖牛肝菌

Xerocomus fulvipes Xue T. Zhu & Zhu L. Yang

牛肝菌目 Boletales　　牛肝菌科 Boletaceae

　　菌盖直径 3 ~ 11 cm，扁半球形至扁平；表面被微绒毛，幼时淡黄褐色至淡红褐色，成熟后变灰褐色；菌肉污白色至浅黄色，受伤后缓慢变淡蓝色，味柔和。子实层体管状，表面亮黄色，受伤后缓慢变蓝色，管口多角形，复孔，孔径 1 ~ 2 mm；菌管长 4 ~ 8 mm，鲜黄色至黄褐色，受伤后缓慢变蓝色。菌柄长 3 ~ 9 cm，直径 0.5 ~ 1.3 cm，密被红褐色小鳞片，中上部有时具纵向红褐色条纹或网纹，顶端浅黄色；基部菌丝污白色。担子 28 ~ 38 × 9 ~ 11 μm，棒状，4 孢。担孢子 10 ~ 12.5 × 4 ~ 5 μm，梭形至近圆柱形，光滑，褐黄色。侧生囊状体 35 ~ 72 × 9 ~ 13 μm，披针形或腹鼓棒状。锁状联合阙如。

　　秋季散生于亚热带及亚高山带针阔混交林中地上。外生菌根菌。分布于云南西部和西北部。食性不明。

近小盖绒盖牛肝菌

Xerocomus microcarpoides (Corner) E. Horak

牛肝菌目 Boletales　　牛肝菌科 Boletaceae

菌盖直径 1.5 ～ 4 cm，扁半球形至扁平；表面干燥，被细绒毛，浅黄褐色至褐色；菌肉白色至淡黄色，受伤后缓慢变蓝色，味柔和。子实层体管状，表面亮黄色至深黄色，受伤后缓慢变蓝色；菌管与子实层体表面同色，管口多角形，复孔，孔径 1 ～ 1.5 mm。菌柄长 2.5 ～ 6.5 cm，直径 0.3 ～ 0.5 cm，污白色、浅黄褐至土褐色，被丝状鳞片；基部菌丝污白色。担子 33 ～ 42 × 8.5 ～ 11 μm，棒状，4 孢。担孢子 8.5 ～ 11.5 × 4 ～ 5.5 μm，梭形至近圆柱形，光滑，褐黄色。侧生囊状体 40 ～ 60 × 12 ～ 19 μm，棒状、梭形或腹鼓棒状，顶端有时尾尖，散生。锁状联合阙如。

秋季散生于热带 - 亚热带针阔混交林中地上。外生菌根菌。分布于云南中部、西部和西北部。食性不明。

小粗头绒盖牛肝菌

Xerocomus rugosellus (W.F. Chiu) F.L. Tai

牛肝菌目 Boletales　　牛肝菌科 Boletaceae

菌盖直径 4 ～ 8 cm，扁半球形至扁平；表面土黄色、浅褐色、灰褐色、黄褐色、红褐色至深褐色，幼时凹凸不平，成熟后近平滑，被细绒毛，有时被颗粒状鳞片或龟裂成斑块状鳞片；菌肉白色，受伤后缓慢变蓝色或变色不明显，味柔和。子实层体管状，表面浅黄色、黄绿色、鲜黄色至土黄色，受伤后变淡蓝色，后变赭色；菌管与子实层体表面同色，受伤不变蓝色或缓慢变淡蓝色，管口多角形，复孔，孔径 1 ～ 1.5 mm。菌柄长 6 ～ 10 cm，直径 0.5 ～ 2 cm，污白色、浅黄色至浅黄褐色，光滑，上部有时具褐色纵条纹；基部菌丝污白色。担子 30 ～ 45 × 12 ～ 15 μm，棒状，4 孢。担孢子 12 ～ 18 × 5 ～ 7 μm，梭形至近圆柱形，光滑，褐黄色。侧生囊状体 45 ～ 80 × 10 ～ 14 μm，披针形、棒状、腹鼓形至梭形。锁状联合阙如。

夏秋季生于亚热带针阔混交林中地上。外生菌根菌。分布于云南中部。食性不明。

细绒绒盖牛肝菌
Xerocomus velutinus Xue T. Zhu & Zhu L. Yang

牛肝菌目 Boletales 牛肝菌科 Boletaceae

菌盖直径 2.5 ~ 5 cm，扁半球形至扁平；表面密被短绒毛而呈天鹅绒状，黄褐色、红褐色至锈褐色，老时偶有细小的裂缝；菌肉污白色至淡黄色，受伤时缓慢变淡蓝色或变色不明显。子实层体管状，表面鲜黄色、黄色至土黄色，受伤后迅速变淡蓝色；菌管与子实层体表面同色，受伤变为淡蓝色，管口多角形，复孔，孔径 0.5 ~ 1 mm。菌柄长 3.5 ~ 8 cm，直径 0.3 ~ 0.7 cm，淡褐色至淡灰褐色，顶端有时淡黄色；基部菌丝污白色。担子 28 ~ 48 × 9 ~ 12 μm，棒状，4 孢。担孢子 10 ~ 16 × 4 ~ 5.5 μm，梭形至近圆柱形，褐黄色。侧生囊状体 40 ~ 95 × 8 ~ 11 μm，披针形或梭形，散生。锁状联合阙如。

夏秋季生于亚热带及亚高山带阔叶林或针阔混交林中地上。外生菌根菌。分布于云南中部、西部和西北部。食性不明。

云南绒盖牛肝菌
Xerocomus yunnanensis (W.F. Chiu) F.L. Tai

牛肝菌目 Boletales 牛肝菌科 Boletaceae

菌盖直径 2 ~ 4 cm，扁半球形；表面浅黄褐色至红褐色，具绒质感，不黏；菌肉淡黄色，受伤后不变色，味柔和。子实层体管状，表面及菌管柠檬黄色，伤不变色或缓慢变淡蓝色。菌柄长 3 ~ 4 cm，直径 0.3 ~ 0.8 cm，污白色、奶油色至淡黄褐色，有纵纹，基部稍膨大；基部菌丝淡黄色。担子 20 ~ 30 × 7 ~ 9 μm，棒状，4 孢。担孢子 7.5 ~ 11 × 3 ~ 4.5 μm，长椭圆形至近梭形，光滑，褐黄色。侧生囊状体 40 ~ 60 × 8 ~ 12 μm，近棒状至梭形。锁状联合阙如。

夏秋季生于阔叶林或针阔混交林中地上。外生菌根菌。分布于云南中部和西北部。食性不明。

红盖臧氏牛肝菌
Zangia erythrocephala Yan C. Li & Zhu L. Yang

牛肝菌目 Boletales　　牛肝菌科 Boletaceae

菌盖直径 3 ～ 8 cm，扁半球形至扁平；表面有时有皱曲，湿时胶黏，红色、暗红色、紫红色至红褐色；菌肉白色至奶油色，受伤后不变色。子实层体管状，淡粉红色，受伤后不变色；菌管淡粉红色。菌柄长 4 ～ 9 cm，直径 0.5 ～ 1.2 cm，淡红色至粉红色，被粉红色鳞片，顶端颜色较淡，基部亮黄色。担子 30 ～ 40 × 13 ～ 16 μm，棒状，4 孢。担孢子 12 ～ 15 × 5.5 ～ 6.5 μm，近梭形至长椭圆形，光滑，褐黄色。侧生囊状体和缘生囊状体 26 ～ 75 × 5 ～ 11 μm，近圆柱形至披针形。盖表皮由纵向链状排列的膨大细胞组成，末端细胞有时呈菌丝状。锁状联合阙如。

夏季生于亚高山带针叶林和针阔混交林中地上。外生菌根菌。分布于云南西北部。食性不明。

绿褐臧氏牛肝菌
Zangia olivacea Yan C. Li & Zhu L. Yang

牛肝菌目 Boletales　　牛肝菌科 Boletaceae

菌盖直径 4 ～ 7 cm，扁半球形至扁平；表面常皱曲，湿时胶黏，橄榄色至绿褐色；菌肉白色至奶油色，受伤后不变色。子实层体管状，成熟后淡粉红色，受伤后不变色；菌管淡粉红色。菌柄长 8 ～ 13 cm，直径 1 ～ 2 cm，污白色或淡黄色，被粉红色鳞片；菌肉受伤后缓慢变淡蓝色，基部亮黄色。担子 23 ～ 37 × 10 ～ 15 μm，棒状，4 孢。担孢子 12.5 ～ 15.5 × 6 ～ 7 μm，近梭形至长椭圆形，光滑，褐黄色。侧生囊状体和缘生囊状体 32 ～ 60 × 6 ～ 12 μm，近梭形至披针形。盖表皮由纵向链状排列的膨大细胞组成，末端细胞有时菌丝状。锁状联合阙如。

夏季生于亚高山带针叶林中地上。外生菌根菌。分布于云南西北部。食性不明。

红绿臧氏牛肝菌
Zangia olivaceobrunnea Yan C. Li & Zhu L. Yang

牛肝菌目 Boletales 牛肝菌科 Boletaceae

菌盖直径 4 ~ 6 cm，扁半球形至扁平；表面有时有皱曲，湿时稍黏，橄榄褐色至红褐色；菌肉白色、奶油色至淡黄色，受伤后不变色或偶变淡蓝色。子实层体管状，初期白色，成熟后淡粉红色，受伤后不变色；菌管淡粉红色。菌柄长 6 ~ 12 cm，直径 0.4 ~ 1 cm，污白色或红褐色，被粉红色至紫色鳞片，受伤后变淡蓝色；菌肉受伤后缓慢变淡蓝色，基部亮黄色。担子 20 ~ 36 × 10 ~ 15 μm，棒状，4 孢。担孢子 12.5 ~ 15.5 × 5 ~ 6 μm，近梭形至长椭圆形，光滑，浅橄榄色至近无色。侧生囊状体和缘生囊状体 20 ~ 70 × 4 ~ 13 μm，近梭形至披针形。盖表皮由链状排列的膨大细胞组成。锁状联合阙如。

夏季生于亚热带针阔混交叶林中地上。外生菌根菌。分布于云南中部。食性不明。

臧氏牛肝菌
Zangia roseola Yan C. Li & Zhu L. Yang

牛肝菌目 Boletales 牛肝菌科 Boletaceae

菌盖直径 2 ~ 4 cm，扁半球形至扁平；表面平滑或凹凸不平，湿时胶黏，大红色至紫红色，有时被白色至污白色绒状细小鳞片；菌肉受伤后不变色或局部变为淡蓝色。子实层体管状，成熟后淡粉红色，受伤后不变色。菌柄长 4 ~ 7 cm，直径 0.3 ~ 0.6 cm，污白色、淡粉红色至紫色，被粉红色至紫色鳞片；菌肉受伤后缓慢变淡蓝色或变色不明显，基部亮黄色。担子 26 ~ 38 × 10 ~ 15 μm，棒状，4 孢。担孢子 13 ~ 16 × 6 ~ 7 μm，近梭形至长椭圆形，光滑，浅橄榄色。侧生囊状体和缘生囊状体 30 ~ 83 × 5 ~ 18 μm，棒状至近梭形。盖表皮由纵向链状排列的膨大细胞组成。锁状联合阙如。

夏季生于亚热带针阔混交叶林中地上。外生菌根菌。分布于云南中部和西北部。可食。

暗褐脉柄牛肝菌　褐牛肝、黑牛肝
Phlebopus portentosus (Berk. & Broome) Boedijn

牛肝菌目 Boletales　　微牛肝菌科 Boletinellaceae

菌盖直径 6 ~ 18 cm，扁平至平展；表面橄榄褐色至黑褐色；菌肉浅黄色、黄色至灰黄色，受伤后不变色或缓慢变蓝色。子实层体管状，表面淡黄色、橄榄黄色至褐色；菌管黄色至橄榄黄色。菌柄长 5 ~ 10 cm，直径 3 ~ 5 cm，有皱纹，与菌盖表面同色；基部菌丝浅黄色、黄色至灰黄色。担子 43 ~ 63 × 8 ~ 9.5 μm，棒状，4 孢。担孢子 7 ~ 10 × 5 ~ 7 μm，椭圆形，光滑，黄褐色。锁状联合常见。

夏秋季生于热带和亚热带阔叶林中地上。腐生菌或腐生兼共生菌。分布于云南南部热带和南亚热带地区。可食。可栽培。

硬皮地星
Astraeus hygrometricus (Pers.) Morgan

牛肝菌目 Boletales　　双囊菌科 Diplocystidiaceae

担子果未开裂前扁球形，直径 1.5 ~ 2.5 cm，外表污黄色至灰褐色。外包被厚，三层，成熟时开裂为多瓣，湿时反卷，干时内卷；内包被薄，膜质，扁球形，顶部开裂为一小口。担子未观察到。担孢子 7 ~ 10.5 × 6.5 ~ 10 μm，球形至近球形，表面有小疣，褐色。孢丝近无色，厚壁，无隔，分枝。锁状联合常见。

夏秋季生于针叶林或阔叶林中或林缘地上。分布于云南各地。可食。可入药，具提高免疫力、抗肿瘤等作用。

易混色钉菇
Chroogomphus confusus Yan C. Li & Zhu L. Yang

牛肝菌目 Boletales　　铆钉菇科 Gomphidiaceae

　　菌盖直径 1.5 ~ 4 cm，钝圆锥状至扁半球形；表面褐黄色至橘黄色，有时带红褐色色调；菌肉橘黄色。菌褶延生，稀疏，橘黄色，后变灰橘黄色。菌柄长 2.5 ~ 8 cm，直径 0.5 ~ 1 cm，黄色至灰黄色，带粉红色色调；菌柄基部有淡灰色菌丝。担子 38 ~ 60 × 9 ~ 18 μm，棒状，4 孢。担孢子 15 ~ 20 × 5 ~ 7 μm，近梭形至长椭圆形，无色或具褐色调。侧生囊状体和缘生囊状体 60 ~ 150 × 13 ~ 20 μm，近棒状。锁状联合阙如。

　　夏秋季生于亚热带针叶林地上。外生菌根菌，与三针松植物共生。分布于云南北部。可食。

东方色钉菇
Chroogomphus orientirutilus Yan C. Li & Zhu L. Yang

牛肝菌目 Boletales　　铆钉菇科 Gomphidiaceae

　　菌盖直径 2 ~ 6 cm，扁半球形，中央稍凸起；表面红褐色、红色至淡血红色，被同色丝状鳞片；菌肉黄褐色至橘黄色。菌褶稍延生，橘黄色至灰色。菌柄长 3 ~ 6 cm，直径 0.3 ~ 1.3 cm，污黄色，下部黄色；基部菌丝白色至肉红色。担子 35 ~ 75 × 10 ~ 17 μm，棒状，4 孢。担孢子 15.5 ~ 19.5 × 5.5 ~ 7 μm，长椭圆形至近梭形，光滑，褐黄色至橄榄褐色。侧生囊状体和缘生囊状体 100 ~ 230 × 11 ~ 20 μm，近棒状至近梭形，壁稍厚。锁状联合阙如。

　　夏秋季生于亚热带针叶林或针阔混交林中地上。外生菌根菌，与三针松植物共生。分布于云南中部。可食。

拟绒盖色钉菇
Chroogomphus pseudotomentosus O.K. Mill. & Aime

牛肝菌目 Boletales　　铆钉菇科 Gomphidiaceae

菌盖直径 4 ～ 7 cm，扁半球形至扁平；表面橘黄色至黄褐色，中央颜色较深，被绒毛状至纤丝状鳞片；菌肉橘黄色至淡黄色。菌褶淡橘黄色至灰褐色。菌柄长 7 ～ 15 cm，直径 1 ～ 2 cm，淡黄色至橘黄色，被绒毛状至纤丝状鳞片，菌环易消失；卜部菌丝淡橙红色。担子 35 ～ 65 × 10 ～ 17 μm，棒状，4 孢。担孢子 14.5 ～ 18 × 8 ～ 9.5 μm，长椭圆形，光滑，褐色。侧生囊状体和缘生囊状体 130 ～ 200 × 17 ～ 22 μm，梭形至近梭形，壁厚。锁状联合阙如。

夏秋季生于亚高山带针叶林中地上。外生菌根菌。分布于云南西北部。可食。

黏铆钉菇
Gomphidius glutinosus (Schaeff.) Fr.

牛肝菌目 Boletales　　铆钉菇科 Gomphidiaceae

菌盖直径 7 ～ 10 cm，扁平至平展；表面湿时非常胶黏，灰紫色、淡褐色至褐色；菌肉白色，受伤后不变色。菌褶较稀，较厚，污白色至淡褐色。菌柄长 4 ～ 12 cm，直径 1 ～ 2 cm，污白色，被灰褐色纤细鳞片，上部有易消失的菌环，基部亮黄色。担子 60 ～ 80 × 10 ～ 12 μm，长棒状，4 孢。担孢子 15 ～ 22 × 6 ～ 7 μm，长椭圆形，光滑，褐色。锁状联合阙如。

夏秋季生于亚高山带针叶林中地上。外生菌根菌。分布于云南西北部。可食。

红铆钉菇
Gomphidius roseus (Fr.) Oudem.

牛肝菌目 Boletales　　铆钉菇科 Gomphidiaceae

　　菌盖直径 2 ～ 6 cm，初期扁半球形至扁平，后期中央稍下陷；表面粉红色至玫红色，老时褐色，胶黏；菌肉白色至近白色，受伤后不变色。菌褶幼时近白色，老后灰色至暗灰色，受伤后不变色，稀，厚。菌柄长 3 ～ 7 cm，直径 0.5 ～ 1 cm，菌环之上白色，菌环之下污白色，被粉红色或灰色绒状至丝状鳞片；基部带黄色色调；菌环上位，窄，易消失。担子 50 ～ 60 × 10 ～ 12 μm，棒状，4 孢。担孢子 15 ～ 18 × 5 ～ 7 μm，近梭形至圆柱形，光滑，褐色。锁状联合阙如。

　　夏秋季生于亚热带至温带松林中。外生菌根菌，多与三针松植物共生，同时其周围往往还长有乳牛肝菌属的真菌。分布于云南中部至西北部。

长囊圆孔牛肝菌
Gyroporus longicystidiatus Nagas. & Hongo

牛肝菌目 Boletales　　圆孔牛肝菌科 Gyroporaceae

　　菌盖直径 5 ～ 8 cm，扁半球形至扁平；表面橘黄色、黄褐色或灰橘黄色，被同色细小鳞片；菌肉白色至淡灰色，伤不变色。子实层体管状，表面幼时奶油色，成熟后污白色至淡黄色，受伤后变淡褐色。菌柄长 4 ～ 8 cm，直径 1.5 ～ 2.5 cm，表面皱曲、不平滑，与菌盖表面同色或稍淡，被硬毛状鳞片，内部海绵状至中空。担子 20 ～ 35 × 9 ～ 14 μm，棒状，4 孢。担孢子 7.5 ～ 9.5 × 4.5 ～ 6 μm，椭圆形，光滑，淡褐色。缘生囊状体 45 ～ 90 × 8 ～ 15 μm，棒状至近梭形。锁状联合常见。

　　夏季生于亚热带针阔混交林中地上。外生菌根菌。分布于云南中部和南部。食性不明。

褐色圆孔牛肝菌
Gyroporus paramjitii K. Das *et al.*

牛肝菌目 Boletales   圆孔牛肝菌科 Gyroporaceae

菌盖直径 3 ~ 6 cm，扁半球形至扁平；表面微绒质，成熟后表皮龟裂，肉桂色、暗肉桂色至褐色；菌肉白色，受伤后不变色。子实层体管状，表面幼时奶油色至淡黄色，成熟后污黄色，受伤后不变色或缓慢变淡褐色。菌柄长 3 ~ 9 cm，直径 0.5 ~ 1.5 cm，近圆柱状，脆，表面皱曲、不平滑，与盖表同色或稍深，被细小鳞片，内部松软至中空；基部菌丝淡粉红色。担子 20 ~ 28 × 8 ~ 12 μm，棒状，4 孢。担孢子 8.5 ~ 11.5 × 5.5 ~ 6.5 μm，椭圆形，光滑，淡黄绿色。侧生囊状体和缘生囊状体 25 ~ 50 × 6 ~ 10 μm，近梭形。锁状联合常见。

夏秋季生于针叶林或针阔混交林中地上。外生菌根菌。分布于云南中部。可食，但对有些人有毒。

金黄拟蜡伞
Hygrophoropsis aurantiaca (Wulfen) Maire

牛肝菌目 Boletales   拟蜡伞科 Hygrophoropsidaceae

菌盖直径 2 ~ 7 cm，扁平、平展或浅漏斗形；表面橘红色至黄褐色，中部色较深，被同色绒状鳞片，边缘波纹状；菌肉淡黄色，受伤后不变色。菌褶延生，密，低矮，有横脉，橘黄色至橘红色。菌柄长 3 ~ 6 cm，直径 0.3 ~ 0.8 cm，褐黄色。担子 30 ~ 40 × 6 ~ 8 μm，棒状，4 孢。担孢子 6 ~ 8 × 4 ~ 5.5 μm，椭圆形至长椭圆形，光滑，类糊精质。锁状联合常见。

夏秋季生于林中地上。腐生菌。分布于云南中部和北部。可食，但对有些人有毒。

东方桩菇
Paxillus orientalis Gelardi *et al.*

牛肝菌目 Boletales　　桩菇科 Paxillaceae

菌盖直径 4 ～ 5.5 cm，浅漏斗形，中央有时有一小凸起；表面污白色至淡灰褐色，被褐色至淡褐色鳞片，边缘内卷；菌肉污白色，受伤后不变色。菌褶延生，密，有网脉，污白色至淡褐色，受伤后变灰褐色。菌柄长 2 ～ 5 cm，直径 0.5 ～ 1.5 cm，淡灰色至淡褐色，无菌环。担子 25 ～ 37 × 5 ～ 7 μm，棒状，4 孢。担孢子 6 ～ 8 × 4 ～ 5 μm，宽椭圆形至卵形，光滑，薄壁，草黄色。侧生囊状体和缘生囊状体近梭形。锁状联合常见。

夏秋季生于亚热带针阔混交林中地上。外生菌根菌。分布于云南中部。有毒，误食导致溶血型中毒。

鸡肾须腹菌　鸡腰子、鸡肾菌
Rhizopogon jiyaozi Lin Li & Shu H. Li

牛肝菌目 Boletales　　须腹菌科 Rhizopogonaceae

担子果 2 ～ 4 × 2 ～ 3 cm，椭圆形、卵形或近球形，柔软至橡胶质；表面（包被外表面）幼时污白色，成熟后污黄色或黄褐色，受伤后粉红色或淡红色；基部有白色或淡黄色菌索。产孢组织幼时白色，成熟后变橄榄褐色；腔室小，迷宫状。包被厚 200 ～ 400 μm，由直径 4 ～ 9 μm 的交织菌丝组成。担子 15 ～ 20 × 4 ～ 5 μm。担孢子 6.5 ～ 9.5 × 2.5 ～ 3.5 μm，圆柱形至近梭形，光滑，褐色。锁状联合阙如。

夏秋季生于亚热带云南松、华山松林中地表或近地表土壤中。外生菌根菌。分布于云南西北部。可食。

中华白须腹菌
Rhizopogon sinoalbidus Shu H. Li & Lin Li

牛肝菌目 Boletales   须腹菌科 Rhizopogonaceae

担子果直径 0.6 ~ 2.5 cm，球形至近球形，柔软至橡胶质；表面（包被外表面）污白色至淡灰色，受伤后不变色；基部具白色的根状菌索。产孢组织幼时污白色，逐渐变为橄榄黄色至橄榄色，最后呈橄榄褐色至灰橄榄色；腔室小，迷宫状。包被厚 500 ~ 700 μm，由直径 5 ~ 10 μm 的交织菌丝组成。担子 15 ~ 20 × 5 ~ 6.5 μm，棒状，4 ~ 6 孢。担孢子 6.5 ~ 7.5 × 2.5 ~ 3 μm，近椭圆形，光滑，褐色。锁状联合阙如。

夏秋季生于云南松林中地上。外生菌根菌。分布于云南西北部。食性不明。

彩色豆马勃

Pisolithus arhizus (Scop.) Rauschert [= *Pisolithus tinctorius* (Pers.) Coker & Couch]

牛肝菌目 Boletales　　硬皮马勃科 Sclerodermataceae

担子果直径 2 ～ 10 cm，不规则球形至扁球形，下部缩成菌柄。包被薄而易碎，表面初期为奶油色，后期变褐色至锈褐色，成熟后成片开裂脱落。内部有多数豆粒状小包，小包直径 1 ～ 5 mm，幼时近白色，后变橙黄色，成熟后变褐色并呈粉末状。菌柄 1 ～ 4 cm，直径 0.5 ～ 1 cm。担子 25 ～ 30 × 6 ～ 8 μm，头状至棒状，6 ～ 8 孢。担孢子直径 5.5 ～ 8 μm（含刺），球形至近球形，表面有小刺，小刺长 0.5 ～ 1.5 μm，褐色至浅褐色。锁状联合常见。

夏秋季生于针叶林和针阔混交林中地上。外生菌根菌。分布于云南大部。文献记载该菌具杀菌作用。

网硬皮马勃

Scleroderma areolatum Ehrenb.

牛肝菌目 Boletales　　硬皮马勃科 Sclerodermataceae

担子果直径 2 ～ 4 cm，球形至扁球形，下部有时缩成柄状基部。包被膜质，表面污黄色至土黄色，被网状龟裂的淡褐色鳞片；包被上部厚 1 mm，基部厚达 3 mm，切面污白色但很快变为淡紫色至紫褐色；孢体初期灰紫色，切开有难闻气味，后期灰色至暗灰色，成熟后粉末状。担子未观察到。担孢子 9 ～ 15 × 9 ～ 13 μm，球形至近球形，表面密被小刺，小刺长达 2.5 μm，褐色至浅褐色。锁状联合稀少。

夏秋季生于针叶林或针阔混交林中地上。外生菌根菌。分布于云南大部。有毒，误食引起呕吐、腹泻、甚至昏迷。

黄硬皮马勃
Scleroderma flavidum Ellis & Everh.

牛肝菌目 Boletales　　硬皮马勃科 Sclerodermataceae

担子果直径 2 ~ 5 cm，球形至近球形，基部无柄但有黄色菌索。包被柔韧，表面金黄色至污黄色，被灰色、灰褐色或近黑色紧贴龟裂小鳞片，厚 2 ~ 4 mm，内部鲜黄色，受伤后不变色，干后较脆；孢体初期白色，后期灰色、灰褐色或近黑色，成熟后粉末状。担子未观察到。担孢子 7 ~ 10 × 7 ~ 10 μm，球形至近球形，表面具刺，褐色。锁状联合稀少。

夏秋季生于针阔混交林中地上。外生菌根菌。有毒，误食导致胃肠炎型中毒。

云南硬皮马勃　马皮泡
Scleroderma yunnanense Y. Wang

牛肝菌目 Boletales　　硬皮马勃科 Sclerodermataceae

担子果直径 2 ~ 6 cm，球形至扁球形，下部有时缩成柄状基部。包被硬木栓质，表面橙黄色至土黄色，初期近平滑，后期表皮逐渐龟裂成鳞片状，厚 2 ~ 5 mm，切面外侧淡黄色、内侧近白色；孢体初期污白色，后期变灰色、灰紫色至暗紫褐色，成熟后粉末状。担子未观察到。担孢子 7.5 ~ 8.5 × 7 ~ 8 μm，球形至近球形，表面密被疣凸或小刺，褐色至浅褐色。锁状联合常见。

夏秋季生于热带和亚热带针阔混交林中地上。外生菌根菌。分布于云南中部和南部。可食。

高山乳牛肝菌
Suillus alpinus X.F. Shi & P.G. Liu

牛肝菌目 Boletales　　乳牛肝菌科 Suillaceae

　　菌盖直径 3 ~ 7 cm，扁平至平展；表面黏滑，黄褐色至暗红褐色，被灰褐色鳞状纤毛；菌肉厚 3 ~ 11 mm，奶油色或黄褐色，受伤后不变色或近柄处和近菌孔处缓慢变蓝色至污蓝色，味柔和。子实层体管状，表面污黄色至金黄色，成熟后污橄榄色，延生至柄上部形成网纹；菌管长 5 ~ 8 mm，受伤后缓慢变污蓝色。菌柄长 3 ~ 8 cm，直径 0.5 ~ 2 cm，上部明黄色，向下渐过渡为红褐色，基部白色；菌环明显，宿存于菌柄中上部。担子 22 ~ 37 × 7 ~ 9 μm，棒状，4 孢。担孢子 10 ~ 12 × 4 ~ 5 μm，长椭圆形，薄壁，光滑，橄榄黄色。侧生囊状体和缘生囊状体棒状，外被褐色不定形物质。盖表皮黏菌丝平伏型。锁状联合阙如。

　　夏秋季生于亚高山带落叶松林中地上。外生菌根菌。分布于云南西北部。模式标本产自香格里拉市小中甸镇。食性不明。

美洲乳牛肝菌
Suillus americanus (Peck) Snell

牛肝菌目 Boletales   乳牛肝菌科 Suillaceae

　　菌盖直径 2 ~ 6(8) cm，扁半球形，中央有时具不明显凸起；表面黏滑，污黄色至奶油黄色，近边缘常被有粉红色或红褐色毡状鳞片，边缘常有菌幕残余，但后期消失；菌肉淡黄色至奶油色，受伤后不变色。子实层体管状，初期黄色，成熟后污黄色至金黄色，受伤后缓慢变淡褐色；菌孔辐射状排列。菌柄长 4 ~ 7 cm，直径 0.3 ~ 1 cm，淡黄色至奶油色，被红褐色至褐色点状鳞片；菌环污白色至黄色，易消失；基部有白色至粉红色菌丝。担子 20 ~ 30 × 6 ~ 7 μm，棒状，4 孢。担孢子 8 ~ 10 × 3.5 ~ 4 μm，近梭形，光滑，橄榄黄色。侧生囊状体和缘生囊状体 45 ~ 80 × 5 ~ 10 μm，窄棒状，有黄褐色至褐色内含物。盖表皮由栅状至不规则排列的有横隔的菌丝（直径 2 ~ 10 μm）组成，末端细胞分化不明显。锁状联合阙如。

　　夏秋季生于华山松林中地上。外生菌根菌。分布于云南中部。幼时可食，老时有毒。

虎皮乳牛肝菌
Suillus phylopictus R. Zhang *et al.*

牛肝菌目 Boletales　　乳牛肝菌科 Suillaceae

菌盖直径 3 ~ 10 cm，半球形至平展；表面粉红色、红色至黄褐色，被浅灰色至粉色的绒状或块状鳞片，边缘常有残余菌幕；菌肉白色或浅黄色，受伤后变淡红色。子实层体管状，表面淡黄色、黄色至黄褐色，受伤后有时变为淡红色或淡褐色；菌孔辐射状排列。菌柄长 2.5 ~ 8.5 cm，直径 0.5 ~ 1.5 cm，表面被有与菌盖表面同色的绒毛状鳞片；菌环上位，膜质。担子 20 ~ 25 × 6 ~ 8 μm，棒状，4孢。担孢子 8 ~ 11 × 3 ~ 5 μm，梭形，光滑，淡黄色。

夏秋季生于五针松（如华山松）林中地上。外生菌根菌。可能有毒，误食引起腹泻。

松林乳牛肝菌
Suillus pinetorum (W.F. Chiu) H. Engel & Klofac

牛肝菌目 Boletales　　乳牛肝菌科 Suillaceae

菌盖直径 3 ~ 8 cm，近半球形至平展；表面光滑，湿时胶黏，红褐色至淡褐色；菌肉淡黄色，受伤后不变色。子实层体管状，表面淡黄色，受伤后不变色，管口较大，辐射状排列。菌柄长 2 ~ 5 cm，直径 0.5 ~ 1 cm，与菌盖表面同色或稍淡，顶端常呈淡黄色，有褐色细小鳞片，无菌环。担子 25 ~ 30 × 8 ~ 10 μm，棒状，4孢。担孢子 7 ~ 9 × 3 ~ 4 μm，长椭圆形，光滑，淡黄色。菌盖表面菌丝直立。锁状联合阙如。

夏秋季生于由三针松组成的针叶林中地上。外生菌根菌。分布于云南中部。有毒，但常有人采食。

黄白乳牛肝菌　滑肚子
Suillus placidus (Bonord.) Singer

牛肝菌目 Boletales　　乳牛肝菌科 Suillaceae

菌盖直径 6 ～ 10 cm，半球形至扁平；表面湿时黏滑，幼时乳白色至淡黄褐色，老后污黄褐色；菌肉白色、奶油色至淡黄色，受伤后不变色。子实层体管状；菌管及孔口奶油色至黄色，受伤后不变色。菌柄长 4 ～ 9 cm，直径 0.5 ～ 1.2 cm，表面被奶油色至淡黄色、老时暗褐色的细点。担子 20 ～ 25 × 5 ～ 6 μm，棒状，4 孢。担孢子 7 ～ 9 × 3 ～ 4 μm，近梭形，光滑，淡黄色。锁状联合阙如。

夏秋季生于五针松林（如华山松）中地上。外生菌根菌。有毒，食后往往引起腹泻。

黏乳牛肝菌
Suillus viscidus (L.) Roussel

牛肝菌目 Boletales　　乳牛肝菌科 Suillaceae

菌盖直径 3 ～ 12 cm，幼时扁半球形，成熟后扁半球形至扁平，中央稍凸起；表面湿时胶黏，灰色、灰绿色或灰褐色；菌肉厚 5 ～ 10 mm，暗黄白色，不变色或近柄处受伤变浅蓝色。子实层体管状，表面灰色，受伤变为淡蓝色；菌管多角形，复孔，放射状。菌柄长 3.5 ～ 10 cm，直径 0.6 ～ 2 cm，中生，菌环之上具网纹，菌环之下具疣状鳞片，受伤时变为蓝色；菌环上位，膜质。担子 30 ～ 40 × 8 ～ 10 μm，棒状，4 孢。担孢子 10 ～ 11.5 × 5 ～ 5.5 μm，长椭圆形，光滑，淡黄色。侧生囊状体和缘生囊状体 30 ～ 70 × 6 ～ 8 μm，棒状，圆柱状。盖表皮黏栅状。锁状联合阙如。

秋季生于亚高山带落叶松林中地上。外生菌根菌。分布于云南西部和西北部。有毒，误食引起腹泻。

黑毛小塔氏菌　黑毛桩菇
Tapinella atrotomentosa (Batsch) Šutara

牛肝菌目 Boletales　　小塔氏菌科 Tapinellaceae

菌盖直径 5 ~ 12 cm，平展至上翘；表面淡褐色至淡灰褐色，受伤后变暗灰色或暗褐色，近光滑，边缘内卷；菌肉奶白色，厚达 8 mm。菌褶延生，淡褐色或淡黄褐色，受伤后先变淡紫色，最后变黑色。菌柄长 3 ~ 9 cm，直径 1 ~ 3 cm，密被暗褐色或暗紫褐色绒毛；菌肉浅黄色至污奶油色，受伤后不变色或变色不明显；基部菌丝淡褐色。担子 25 ~ 30 × 5 ~ 7 μm，棒状，4 孢。担孢子 4.5 ~ 5.5 × 3 ~ 4 μm，椭圆形至宽椭圆形，光滑，类糊精质，淡褐色。锁状联合常见。

夏秋季生于针叶林、针阔混交林中地上或腐木上，有时生于腐竹桩上。腐生菌。分布于云南中部。有毒，误食导致胃肠炎型或肝肾损害型中毒。

平盖鸡油菌
Cantharellus applanatus D. Kumari *et al.*

鸡油菌目 Cantharellales　　齿菌科 Hydnaceae

菌盖直径 3 ~ 6 cm，扁球形至浅漏斗形；表面杏黄色至鲜黄色，部分区域常褪为污白色，近光滑，边缘波状或向下卷；菌肉黄色，受伤后不变色。子实层体棱脊状至近褶片状，延生，低矮，分叉，鲜黄色至淡黄色。菌柄长 2 ~ 5 cm，直径 0.5 ~ 1 cm，淡黄色，实心。担子 55 ~ 75 × 7 ~ 10 μm，细棒状，4 ~ 6 孢。担孢子 5.5 ~ 9 × 4 ~ 6 μm，椭圆形，光滑，非淀粉质，无色。锁状联合常见。

夏秋季生于亚热带针叶林或针阔混交林中地上。外生菌根菌。分布于云南中南部各地。可食。

华南鸡油菌
Cantharellus austrosinensis M. Zhang *et al.*

鸡油菌目 Cantharellales　　齿菌科 Hydnaceae

菌盖直径 1 ～ 3.5 cm，扁半球形至扁平，中心稍凹陷；表面黄色并带褐色色调，中央颜色较深，往往烟褐色，被细小鳞片，边缘波状或撕裂；菌肉厚 1 ～ 1.5 mm，黄色，味柔和，有鸡油菌香味。子实层体棱脊状，高达 2 mm，延生，鸡油黄色。菌柄长 1 ～ 3.5 cm，直径 0.3 ～ 0.7 cm，等粗或向下稍细，黄色稍带褐色色调；菌肉黄色。担子 40 ～ 65 × 9 ～ 12 μm，细棒状，3 ～ 6 孢。担孢子 6 ～ 9 × 4 ～ 6.5 μm，长椭圆形，光滑，非淀粉质，无色。锁状联合常见。

夏秋季生于亚热带针叶林或针阔混交林中地上。外生菌根菌。见于云南中部和东部。可食。

红色鸡油菌
Cantharellus phloginus S.C. Shao & P.G. Liu

鸡油菌目 Cantharellales　　齿菌科 Hydnaceae

菌盖直径 1.5 ～ 5.5 cm，中心凹陷；表面橙红色至红色，边缘波状，常撕裂；菌肉白色至橙色，味柔和，具鸡油菌香味。子实层体棱脊状至近褶片状，延生，橙黄色至橙红色，偶近白色。菌柄长 2 ～ 6 cm，直径 0.3 ～ 1.2 cm，橙色，纤维质。担子 55 ～ 70 × 7 ～ 9 μm，长棒状，4 ～ 6 孢。担孢子 7 ～ 8.5 × 5 ～ 6.5 μm，椭圆形，光滑，非淀粉质，无色。锁状联合常见。

夏秋季生于亚热带、热带阔叶林或针阔混交林中地上。外生菌根菌。分布于云南中部和南部。模式标本产自普洱。可食。

鳞盖鸡油菌
Cantharellus vaginatus S.C. Shao *et al.*

鸡油菌目 Cantharellales　　齿菌科 Hydnaceae

菌盖直径 2 ~ 4 cm，扁平至平展，中心稍凹陷或凸起；表面黄色并常带褐色色调，中央具褐色至黑褐色鳞片，边缘波状或撕裂；菌肉黄色，味柔和，具鸡油菌香味。子实层体棱脊状至近褶片状，延生，淡黄色至黄色。菌柄长 2 ~ 5 cm，直径 0.4 ~ 0.7 cm，黄色，有时带褐色色调，具细纤毛；菌肉黄色。担子 55 ~ 70 × 7 ~ 9 μm，长棒状，4 ~ 8 孢。担孢子 7 ~ 10 × 5 ~ 8 μm，长椭圆形，光滑，无色。盖表皮具厚壁菌丝。锁状联合常见。

夏秋季生于林中地上。外生菌根菌。分布于云南中部、西部和南部。模式标本产自盈江县。可食。

变色鸡油菌
Cantharellus versicolor S.C. Shao & P.G. Liu

鸡油菌目 Cantharellales　　齿菌科 Hydnaceae

菌盖直径 3 ~ 6 cm，初期凸镜形，中心凹陷，边缘波折，后期变为浅漏斗形；表面近干，近黄色至黄色，中心具鳞片，较少无鳞片，鳞片贴生，片状，褐色至褐黄色，伤后易变为褐色。菌肉黄色，受伤后变为浅褐色；菌肉较厚，黄色，味柔和，具典型鸡油菌香味。子实层体棱脊状，低矮，高 1 ~ 1.5 mm，分叉，淡黄色。菌柄长 3 ~ 6 cm，直径 0.5 ~ 1 cm，圆柱状或向下渐细，实心，具纵向纤毛，颜色与子实层接近，伤后变褐色。担子 70 ~ 115 × 11 ~ 13 μm，长棒状，4 ~ 6 孢。担孢子 8.5 ~ 11 × 5.5 ~ 6.5 μm，长椭圆形，光滑，非淀粉质，无色。盖表皮具厚壁菌丝，菌丝壁厚 0.5 ~ 1 μm。锁状联合常见。

夏秋季生于亚高山带暗针叶林或针阔混交林中地上。外生菌根菌。仅分布于滇西北。模式标本采自香格里拉市场。可食。

臧氏鸡油菌
Cantharellus zangii X.F. Tian *et al.*

鸡油菌目 Cantharellales　　齿菌科 Hydnaceae

菌盖直径 1.7 ~ 4 cm，扁平至平展，中央常下陷；表面赭色或黄褐色，常带银灰色或灰色色调，被细小鳞片，边缘波状；菌肉薄，近白色至淡黄色，受伤后不变色。子实层体棱脊状至近褶片状，延生，稀疏，黄色至深黄色，受伤后不变色。菌柄长 5 ~ 8 cm，直径 0.3 ~ 0.4 cm，中空，深黄色至黄褐色，受伤后不变色。担子 75 ~ 85 × 6 ~ 9 μm，长棒状，5 ~ 6 孢。担孢子 8.5 ~ 11 × 5 ~ 6.5 μm，椭圆形，光滑，非淀粉质，无色。锁状联合常见。

夏秋季生于亚高山带针叶林或针阔混交林中地上。外生菌根菌。分布于云南西北部。可食。模式标本产自香格里拉普达措国家公园碧塔海。本种名用于纪念臧穆先生。

冠锁瑚菌
Clavulina cristata (Holmsk.) Schroet

鸡油菌目 Cantharellales　　齿菌科 Hydnaceae

担子果高 3 ～ 6 cm，直径 2 ～ 5 cm，珊瑚状；分枝白色、灰白色至淡粉红色，顶端多次密集分枝而呈鸡冠状；菌肉白色，伤不变色。菌柄不明显。担子 40 ～ 60 × 6 ～ 8 μm，长棒状，2 孢。担孢子 7 ～ 9.5 × 6 ～ 7.5 μm，近球形，表面光滑至近光滑，非淀粉质，无色。锁状联合常见。

夏秋季生于针阔混交林中地上。可能为外生菌根菌。分布于云南各地。可食。

黄锁瑚菌
Clavulina flava P. Zhang

鸡油菌目 Cantharellales　　齿菌科 Hydnaceae

担子果高 2 ～ 5 cm，直径 0.5 ～ 3 cm，珊瑚状；分枝淡黄色至鲜黄色，顶端多次密集分枝而呈鸡冠状。菌柄长 0.5 ～ 2.5 cm，直径 0.2 ～ 0.5 cm，与分枝同色或稍淡。担子 40 ～ 60 × 8 ～ 10 μm，棒状，2 孢。担孢子 8 ～ 9.5 × 7 ～ 9 μm，球形至近球形，光滑，非淀粉质，无色。锁状联合常见。

夏秋季生于亚热带 - 热带阔叶林中落叶层上。可能为外生菌根菌。分布于云南南部。食性不明。

皱锁瑚菌
Clavulina rugosa (Fr.) Schroet

鸡油菌目 Cantharellales　　齿菌科 Hydnaceae

担子果高 4 ~ 7 cm，直径 0.3 ~ 0.5 cm，珊瑚状；分枝较少，表面污白色至灰白色，常凹凸不平；菌肉白色，伤不变色。菌柄不明显。担子 40 ~ 80 × 7 ~ 10 μm，棒状，2 孢。担孢子 8 ~ 14 × 7.5 ~ 12 μm，宽椭圆形至近球形，表面光滑至近光滑，非淀粉质，无色。锁状联合常见。

夏秋季生于针阔混交林中地上。可能为外生菌根菌。分布云南大部。可食。

灰褐喇叭菌
Craterellus atrobrunneolus T. Cao & H.S. Yuan

鸡油菌目 Cantharellales　　齿菌科 Hydnaceae

菌盖直径 2 ~ 6 cm，喇叭状或漏斗形，中央下陷；表面暗褐色或暗灰色，近光滑，边缘淡黄色或淡黄褐色；菌肉薄，暗褐色或暗灰色，受伤后不变色。子实层体脉纹状，常分叉，灰色或灰白色，受伤后不变色。菌柄长 3 ~ 8 cm，直径 0.4 ~ 0.8 cm，基部变细，中空，表面近光滑，暗褐色或近黑色，受伤后不变色。担子 50 ~ 60 × 8 ~ 10 μm，长棒状，4 ~ 6 孢。担孢子 8 ~ 10 × 5 ~ 6.5 μm，椭圆形，光滑，非淀粉质，无色。锁状联合阙如。

夏秋季生于亚热带和温带阔叶林或针阔混交林中地上。外生菌根菌。分布于云南中部和东部。可食。

金黄喇叭菌 金号角、黄喇叭菌
Craterellus aureus Berk. & M.A. Curtis

鸡油菌目 Cantharellales　齿菌科 Hydnaceae

菌盖直径 2 ～ 5.5 cm，喇叭状或漏斗形；表面金黄色或亮橙黄色，近光滑，有蜡质感，边缘常开裂；菌肉薄，与菌盖表面同色，受伤后不变色。子实层体表面近平滑，无褶棱，与菌盖表面同色或稍淡，受伤后不变色。担子 50 ～ 70 × 8 ～ 10 μm，棒状，4 ～ 6 孢。担孢子 7.5 ～ 9 × 6 ～ 7 μm，宽椭圆形，光滑，非淀粉质，无色。锁状联合阙如。

夏秋季生于热带和亚热带阔叶林中地上。外生菌根菌。分布于云南中部和南部。可食。

灰黑喇叭菌 喇叭菌、灰喇叭菌
Craterellus cornucopioides (L.) Pers.

鸡油菌目 Cantharellales　齿菌科 Hydnaceae

菌盖直径 3 ～ 8 cm，喇叭状或漏斗形；表面灰色、灰褐色至灰黑色，密被同色细小鳞片，边缘波状或向下卷；菌肉薄，淡灰色或灰黑色。子实层体平滑至皱曲，淡灰色至灰紫色。菌柄长 2 ～ 5 cm，直径 0.5 ～ 1 cm，向下变细，中空，灰色、灰褐色至灰黑色。担子 50 ～ 75 × 9 ～ 11 μm，长棒状，多 2 孢。担孢子 9 ～ 12 × 7 ～ 9 μm，宽椭圆形，光滑，非淀粉质，无色。锁状联合阙如。

夏秋季生于针叶林或针阔混交林中地上。外生菌根菌。分布于云南各地。可食。

黄柄喇叭菌
Craterellus tubaeformis (Fr.) Quél.

鸡油菌目 Cantharellales   齿菌科 Hydnaceae

　　菌盖直径 3 ～ 6 cm，喇叭状；表面黄褐色，被同色细小鳞片，边缘波状或向下卷；菌肉薄，奶油色至淡黄色，受伤后不变色。子实层体近平滑或微皱，奶油色至淡黄色。菌柄长 4 ～ 7 cm，直径 0.5 ～ 1 cm，中空，光滑至近光滑，黄色、金黄色至橘黄色。担子 60 ～ 80 × 8 ～ 11 μm，长棒状，4 孢。担孢子 7 ～ 9 × 5 ～ 6.5 μm，宽椭圆形至椭圆形，光滑，非淀粉质，无色。锁状联合常见。

　　夏秋季生于针叶林或针阔混交林中地上。外生菌根菌。分布于云南中部和西北部。可食。

贝氏齿菌
Hydnum berkeleyanum K. Das *et al.*

鸡油菌目 Cantharellales   齿菌科 Hydnaceae

　　菌盖直径 4 ～ 8 cm，扁半球形至平展，中部有时稍凹陷；表面黄褐色，边缘常呈波纹状；菌肉白色至奶油色，受伤后不变色。子实层体由菌刺组成；菌刺长 3 ～ 10 mm，污白色至奶油色，成熟后易断落。菌柄长 3 ～ 5 cm，直径 0.7 ～ 1.2 cm，圆柱形，污白色，有时呈淡黄褐色。担子 40 ～ 50 × 7 ～ 9 μm，棒状，4 孢。担孢子 7.5 ～ 9.5 × 7 ～ 9 μm，近球形，光滑，非淀粉质，无色。锁状联合常见。

　　夏秋季生于亚热带至温带林中地上。外生菌根菌。分布于云南中部和西北部。可食。

卷边齿菌
Hydnum repandum L.

鸡油菌目 Cantharellales　　齿菌科 Hydnaceae

菌盖直径 3 ～ 7 cm，扁半球形至平展，中部有时稍凹陷；表面浅橙色或浅橙黄色；菌肉白色或奶油色，受伤后不变色。子实层体由菌刺组成；菌刺长达 1 cm，白色至浅橙色。菌柄长 3 ～ 5 cm，直径 1.5 ～ 3 cm，白色或污白色。担子 40 ～ 50 × 8 ～ 10 μm，棒状，4 孢。担孢子 7 ～ 9 × 6.5 ～ 8 μm，近球形，光滑，非淀粉质，无色。锁状联合常见。

夏秋季生于亚热带和温带阔叶林或针阔混交林中地上。外生菌根菌。分布于云南中部和西北部。可食。文献记载该菌具抗菌、抗肿瘤作用。

袋形地星
Geastrum saccatum Fr.

地星目 Geastrales　　地星科 Geastraceae

担子果高 1 ～ 3 cm，直径 1 ～ 3 cm，洋葱状至卵状。外包被褐色至污白色，成熟后从顶端开裂，形成 5 ～ 8 片裂瓣；裂瓣肉质，较厚，基部相连而呈袋状。内包被近球形，深陷于外包被中，顶部近圆锥形。产孢组织中有囊轴。担子 18 ～ 25 × 4.5 ～ 5.5 μm，葫芦状或花瓶状，多小梗。担孢子直径 2.5 ～ 3.5 μm，球形至近球形，具疣凸或小刺，褐色。锁状联合常见。

夏秋季生于林中地上。腐生菌。分布于云南大部。文献记载该菌具消炎、抗氧化等作用。食性不明。

尖顶地星
Geastrum triplex Jungh.

地星目 Geastrales   地星科 Geastraceae

担子果高 1.5 ～ 3.5 cm，直径 1.5 ～ 3 cm，洋葱状至卵状，顶部乳头状。外包被表面污褐色、淡褐色或污白色，成熟后从顶端开裂，形成 4 ～ 8 片裂瓣，内表面污白色；裂瓣较厚，基部相连而呈袋状，随发育时间后移，其内侧一层（肉质层）不再反卷而独自呈浅杯状或领口状。内包被近球形或卵形，表面灰色至烟灰色，顶部近圆锥形或喙状。产孢组织中有囊轴。担子未观察到。担孢子直径 3 ～ 4 μm，球形至近球形，表面有疣凸，褐色。锁状联合未观察到。

夏秋季生于林中地上。腐生菌。分布于云南大部。可入药，具消毒、止血等作用。

平头棒瑚菌
Clavariadelphus amplus J. Zhao *et al.*

钉菇目 Gomphales   棒瑚菌科 Clavariadelphaceae

担子果高 6 ～ 10 cm，直径 1 ～ 3 cm，棒状，不分枝，顶部平截；表面近光滑或稍有皱曲，橘红色、橙黄色、黄褐色至土褐色。菌柄长 2 ～ 5 cm，直径 0.5 ～ 1 cm，颜色稍淡；菌肉松软，污白色至奶油色，伤不变色。担子 80 ～ 120 × 10 ～ 12 μm，长棒状，4 孢。担孢子 8.5 ～ 10 × 6 ～ 7 μm，椭圆形，光滑，非淀粉质，无色。锁状联合常见。

夏秋季生于亚高山带针阔混交林中地上。外生菌根菌。分布于云南西北部。可食。

喜山棒瑚菌
Clavariadelphus himalayensis Methven

钉菇目 Gomphales　　棒瑚菌科 Clavariadelphaceae

担子果高达 12 cm，直径达 1.5 cm，棒状，不分枝，顶端钝圆；表面肉红色至灰红色，受伤后不变色，平滑或有纵向皱纹；菌肉白色或乳白色，受伤后不变色，松软。菌柄近白色或淡黄色，较短。担子 75 ~ 90 × 8 ~ 11 μm，棒状，4 孢。担孢子 8 ~ 9.5 × 5 ~ 5.5 μm，椭圆形，光滑，非淀粉质，无色。锁状联合常见。

夏秋季生于亚高山带针阔混交林中地上。外生菌根菌。分布于云南西北部。食性不明。

云南棒瑚菌
Clavariadelphus yunnanensis Methven

钉菇目 Gomphales　　棒瑚菌科 Clavariadelphaceae

担子果高 6 ~ 20 cm，直径 1 ~ 2 cm，棒状，不分枝，顶端钝圆；表面微皱，土黄色、黄褐至红褐色。菌柄长 2 ~ 4 cm，直径 0.5 ~ 0.8 cm，近白色或奶油色；基部菌丝白色；菌肉松软，白色至污白色，伤不变色。担子 70 ~ 90 × 8 ~ 10 μm，长棒状，4 孢。担孢子 8.5 ~ 11 × 5 ~ 6 μm，椭圆形至卵形，光滑，非淀粉质，无色。锁状联合常见。

夏秋季生于针阔混交林中地上。外生菌根菌。分布于云南中部和西北部。可能有毒，误食导致胃肠炎型中毒。

紫罗兰钉菇
Gomphus violaceus Xue-Ping Fan & Zhu L. Yang

钉菇目 Gomphales　　钉菇科 Gomphaceae

菌盖直径 2 ~ 8 cm，扇形或近漏斗形，往往向一侧偏斜；表面紫罗兰色至淡紫罗兰色，被红色或橘红色鳞片；菌肉污紫罗兰色，受伤后不变色。子实层体延生，棱脊状至脉纹状，淡紫罗兰色至淡灰色。菌柄长 3 ~ 5 cm，直径 1 ~ 3 cm，偏生，淡紫罗兰色，有时带灰色色调。担子 50 ~ 70 × 8 ~ 11 μm，长棒状，4 孢。担孢子 12 ~ 15 × 6 ~ 8.5 μm，椭圆形至长椭圆形，表面有疣凸，淡黄褐色。锁状联合常见。

夏秋季生于亚热带针叶林或针阔混交林中地上。外生菌根菌。分布于云南大部。有人食用，但对有些人有毒。

四川疣钉菇　喇叭陀螺菌
Turbinellus szechwanensis (R.H. Petersen) Xue-Ping Fan & Zhu L. Yang

钉菇目 Gomphales　　钉菇科 Gomphaceae

菌盖直径 3 ~ 7 cm，喇叭状，中央下陷至菌柄基部；表面黄色至橘红色，被红色或橘红色鳞片；菌肉污白色至奶油色，受伤后不变色。子实层体延生，棱脊状至脉纹状，污白色至淡黄色。菌柄长 3 ~ 6 cm，直径 0.8 ~ 2 cm，污白色或淡黄色，基部常呈粉红色。担子 70 ~ 100 × 10 ~ 13 μm，长棒状，4 孢。担孢子 11 ~ 15 × 6 ~ 7.5 μm，椭圆形至长椭圆形，表面有疣凸，淡黄褐色。锁状联合阙如。

夏秋季生于针叶林中地上。外生菌根菌。分布于云南大部。有人食用，但对有些人有毒，误食导致胃肠炎型中毒。

小孢疣钉菇
Turbinellus parvisporus Xue-Ping Fan & Zhu L. Yang

钉菇目 Gomphales　　钉菇科 Gomphaceae

菌盖直径 3 ~ 7 cm，喇叭状，中央下陷至菌柄基部；表面蛋壳色、浅褐色至淡肉色，被淡褐色反卷鳞片；菌肉污白色至奶油色，受伤后不变色。子实层体延生，棱脊状至皱褶状，污白色至奶油色。菌柄长 1.5 ~ 3.5 cm，直径 0.5 ~ 1.2 cm，污白色或奶油色。担子 50 ~ 80 × 9 ~ 13 μm，长棒状，4 孢。担孢子 10 ~ 13 × 5.5 ~ 7 μm，椭圆形至长椭圆形，表面有疣凸，淡黄褐色。锁状联合阙如。

夏秋季生于针叶林或针阔混交林中地上。外生菌根菌。分布于云南中部和西北部。可食。

亚洲枝瑚菌　刷把菌
Ramaria asiatica (R.H. Petersen & M. Zang) R.H. Petersen

钉菇目 Gomphales　　钉菇科 Gomphaceae

担子果高 6 ~ 11 cm，直径 5 ~ 8 cm，多分枝。主枝 3 ~ 4 个，粗壮，向上伸展，紫褐色，受伤后缓慢变赭色。分枝 3 ~ 5 回，向上伸展，紫褐色；枝顶淡黄色。菌柄长 3 ~ 4 cm，直径 2 ~ 3 cm，结实，肉质，基部钝圆或渐尖；菌肉污白色。担子 50 ~ 58 × 7 ~ 8 μm，棒状，4 孢。担孢子 10.5 ~ 12 × 5 ~ 6 μm，近圆柱形，表面具疣状纹饰，有时有相互网结的脊条状纹饰，纹饰具嗜蓝性反应，黄褐色。锁状联合常见。

夏秋季生于热带和亚热带阔叶林或针阔混交林中地上。外生菌根菌。分布于云南中部和南部。可食。

枝瑚菌
Ramaria botrytis (Pers.) Richen

钉菇目 Gomphales　　钉菇科 Gomphaceae

担子果高 4 ~ 8 cm，直径 4 ~ 8 cm，多分枝。主枝 3 ~ 4 个，污白色。分枝 3 ~ 5 回，向上伸展，白色至污白色；枝顶污紫色至褐紫色。菌柄长 2 ~ 4 cm，直径 1 ~ 3 cm，粗壮，表面光滑，白色至污白色，有时有绿黄色色调；菌肉味柔和，有香气。担子 50 ~ 70 × 7 ~ 9 μm，棒状，4 孢。担孢子 12 ~ 16 × 4 ~ 5 μm，长椭圆形至圆柱状，表面被有明显的斜条纹，纹饰具嗜蓝性反应，淡黄褐色。锁状联合常见。

夏秋季生于亚热带松林地上。外生菌根菌。分布于云南中部和北部。可食。

离生枝瑚菌
Ramaria distinctissima R.H. Petersen & M. Zang

钉菇目 Gomphales   钉菇科 Gomphaceae

担子果高 10 ~ 18 cm，直径 8 ~ 15 cm，多分枝。主枝 3 ~ 5 个，粗壮，向上伸展，黄色至淡黄色。分枝 3 ~ 5 回，亮黄色、金黄色至杏黄色，上部橙色；枝顶二叉分枝或短指状，金黄色至橙黄色；菌肉近子实层处黄色，中心白色。菌柄粗壮，基部常假根状。担子 85 ~ 95 × 10 ~ 12 μm，长棒状，4 孢。担孢子 12.5 ~ 16 × 5 ~ 6 μm，长椭圆形，表面有低矮疣凸，纹饰具嗜蓝性反应，淡黄褐色。锁状联合常见。

夏秋季生于亚高山带针叶林中地上。外生菌根菌。分布于云南西北部。食性不明。

枯皮枝瑚菌
Ramaria ephemeroderma R.H. Petersen & M. Zang

钉菇目 Gomphales   钉菇科 Gomphaceae

担子果高 10 ~ 13 cm，直径 5 ~ 8 cm，多分枝。主枝 3 ~ 5 个，弯曲伸展，淡鲑肉色，局部黄色。分枝 3 ~ 5 回，近圆柱形，伸展，鲑肉色，易褪为粉色或淡鲑肉色至近白色；枝顶纤细，成熟后细指状，亮黄色；菌肉水浸状，胶质，易断，亮橙色。菌柄长 2 ~ 4 cm，直径 1.5 ~ 2.5 cm，表面有白粉或光滑。担子 55 ~ 65 × 7 ~ 9 μm，细棒状，4 孢。担孢子 9 ~ 12 × 4.5 ~ 6.5 μm，长椭圆形，表面被低矮疣凸至短条状纹饰，纹饰具嗜蓝性反应，淡黄褐色。锁状联合阙如。

夏秋季生于针阔混交林中地上。外生菌根菌。分布于云南中部。可食。

淡红枝瑚菌
Ramaria hemirubella R.H. Petersen & M. Zang

钉菇目 Gomphales　　钉菇科 Gomphaceae

担子果高 8 ～ 15 cm，直径 8 ～ 12 cm，多分枝。主枝 2 ～ 3 个，圆柱形或压扁。分枝 3 ～ 6 回，向上渐细，奶油色至浅赭色；枝顶粉红色至玫粉色。菌柄长 3 ～ 6 cm，直径 1.5 ～ 5 cm，粗壮，污白色至奶油色；菌肉紧密，近白色，伤不变色。担子 65 ～ 75 × 8 ～ 10 μm，细棒状，4 孢。担孢子 9.5 ～ 11.5 × 4.5 ～ 5.5 μm，长椭圆形至圆柱形，表面具纵斜条纹，纹饰具嗜蓝性反应，淡黄褐色。锁状联合常见。

夏秋季生亚热带 - 热带林中地上。外生菌根菌。分布于云南中部和南部。可食。

细枝瑚菌
Ramaria linearis R.H. Petersen & M. Zang

钉菇目 Gomphales　　钉菇科 Gomphaceae

担子果高 8 ～ 15 cm，直径 4 ～ 10 cm，多分枝。主枝数个，多少呈圆柱形，向上伸展，奶油色至淡黄色。分枝数回，淡橙色、淡鲑肉色或奶油色；枝顶指状，黄色至淡黄色。菌柄长 2 ～ 4 cm，直径 0.3 ～ 1 cm，肉质，奶油色，受伤后不变色。担子 55 ～ 65 × 9 ～ 11 μm，棒状，4 孢。担孢子 10 ～ 12 × 4.5 ～ 6 μm，长椭圆形，表面具疣状纹饰，纹饰具嗜蓝性反应，淡黄褐色。锁状联合阙如。

夏秋季生于亚高山带针叶林中地上。外生菌根菌。分布于云南西北部。食性不明。

黄绿枝瑚菌

Ramaria luteoaeruginea P. Zhang *et al.*

钉菇目 Gomphales　　钉菇科 Gomphaceae

担子果高 6 ～ 8 cm，直径 4 ～ 5 cm，多分枝。主枝 4 ～ 6 个，多少呈圆柱形，下部白色至黄色，上部黄色。分枝数回，下部黄色，上部黄色至淡绿色；枝顶暗蓝绿色至绿色。菌柄长 3 ～ 4 cm，直径 2 ～ 3 cm，粗壮，污白色，局部铜绿色；菌肉紧密，近白色，伤不变色。担子 55 ～ 70 × 7 ～ 10 μm，长棒状，4 孢。担孢子 10.5 ～ 12.5 × 5 ～ 6 μm，泪滴状至近梭形，顶端钝圆，基部较细，表面被有高达 1 μm 的钝刺或疣凸，纹饰具嗜蓝性反应，淡黄褐色。锁状联合常见。

夏秋季生于亚高山带针叶林中地上。外生菌根菌。分布于云南西北部。可食。

朱细枝瑚菌

Ramaria rubriattenuipes R.H. Petersen & M. Zang

钉菇目 Gomphales　　钉菇科 Gomphaceae

担子果高 7 ～ 15 cm，直径达 10 cm，多分枝。主枝 3 ～ 5 个，弯曲伸展，多少呈圆柱形，污白色或奶油色；分枝 3 ～ 5 回，奶油色或淡黄色，常有红色斑点，老时赭黄色；枝顶黄色至淡黄色。菌柄长 3 ～ 5 cm，直径 1 ～ 2.5 cm，深紫色至紫红色。担子 60 ～ 70 × 10 ～ 12 μm，棒状，4 孢。担孢子 9 ～ 12.5 × 4 ～ 5.5 μm，近圆柱形，表面粗糙，纹饰具嗜蓝性反应，淡黄褐色。锁状联合阙如。

夏秋季生于亚热带至亚高山带针叶林或针阔混交林中地上。外生菌根菌。分布于云南中部和北部。可食。

红柄枝瑚菌　刷把菌
Ramaria sanguinipes R.H. Petersen & M. Zang

钉菇目 Gomphales　　钉菇科 Gomphaceae

担子果高 5 ～ 12 cm，直径 5 ～ 10 cm，多分枝。主枝 3 ～ 5 个，粗壮，向上伸展，污白色或淡紫色。分枝 3 ～ 6 回，短，向上伸展，象牙白色或奶油色；枝顶淡黄色。菌柄长 3 ～ 5 cm，直径 4 ～ 6 cm，结实，肉质，受伤后变紫红色或紫色。担子 40 ～ 50 × 8 ～ 10 μm，棒状，4 孢。担孢子 9 ～ 13.5 × 4 ～ 5.5 μm，圆柱形，表面具疣状纹饰，纹饰具嗜蓝性反应，淡黄褐色。锁状联合常见。

夏秋季生于亚热带针阔混交林中地上。外生菌根菌。分布于云南中部和南部。可食。

斑孢枝瑚菌
Ramaria zebrispora R.H. Petersen

钉菇目 Gomphales　　钉菇科 Gomphaceae

担子果高达 10 cm，直径达 5 cm，多分枝。主枝 2 ～ 5 个，直径达 8 mm，奶油色。分枝奶油色至淡黄色；枝顶呈指状凸起，淡黄色至柠檬黄色。菌柄长 1 ～ 2 cm，直径 1 ～ 1.5 cm，近白色，受伤后有时变浅褐色或有酒红色斑点；菌肉白色。担子 40 ～ 50 × 8 ～ 10 μm，棒状，4 孢。担孢子 8 ～ 10 × 4 ～ 5 μm，近圆柱形至长椭圆形，表面有纵向近平行的条状纹饰，纹饰具嗜蓝性反应，淡黄褐色。锁状联合常见。

夏秋季生于亚热带针阔混交林中地上。外生菌根菌。分布于云南中部。可食。

钩孢木瑚菌

Lentaria uncispora P. Zhang & Zuo H. Chen

钉菇目 Gomphales   木瑚菌科 Lentariaceae

　　担子果高 5～10 cm，直径 3～5 cm，多分枝。主枝 2～4 个，较粗壮，向上伸展，淡褐色，受伤后不变色。分枝 3～5 回，向上伸展，淡黄褐色；枝顶淡灰蓝色或淡蓝绿色；菌肉污白色或灰白色，稍苦。菌柄长 1～2 cm，直径 0.2～0.5 cm，结实，肉质，基部常被污白色菌丝；担子 35～55 × 12～15 μm，棒状，4 孢。担孢子 23～32 × 3.5～4.5 μm，近圆柱形，顶端弯曲，表面平滑，无色，透明，薄壁。锁状联合常见。

　　夏秋季生于亚高山带针叶林下苔藓丛中。腐生菌。分布于云南西北部。食性不明。

冷杉钹孔菌　冷杉集毛菌
Coltricia abieticola Y.C. Dai

锈革孔菌目 Hymenochaetales　　锈革孔菌科 Hymenochaetaceae

菌盖直径 2 ~ 7 cm，漏斗形；表面黄褐色至红褐色，有丝质光泽，具同心环纹和放射状沟纹，光滑，边缘薄；菌肉深褐色，木栓质，厚 0.7 ~ 2 mm。子实层体表面黄褐色至褐色，管口多角形，稍大。菌柄长 3 ~ 5.5 cm，直径 0.3 ~ 0.6 cm，基部稍膨大，褐色。担子 20 ~ 30 × 6 ~ 8 μm，短棒状，4 孢。担孢子 7 ~ 9 × 5.5 ~ 6.5 μm，椭圆形至宽椭圆形，厚壁，光滑，淡黄色。锁状联合阙如。

夏秋季生于亚高山带针叶林中冷杉倒木上或地上。腐生菌。分布于云南西北部。模式标本产自玉龙县九河乡老君山。有毒。

魏氏钹孔菌　魏氏集毛菌
Coltricia weii Y.C. Dai

锈革孔菌目 Hymenochaetales　　锈革孔菌科 Hymenochaetaceae

菌盖直径 1.5 ~ 3 cm，中央下陷而呈浅漏斗形；表面有丝质光泽，肉桂色、褐色至锈褐色，具同心环纹，边缘多撕裂；菌肉褐色，木栓质，较薄。子实层体表面灰褐色至深褐色，管孔圆形至多角形。菌柄长 1 ~ 2.5 cm，直径 0.2 ~ 0.3 cm，近圆柱形或向上逐渐变细，深肉桂色或暗褐色。担子 15 ~ 20 × 6 ~ 7.5 μm，棒状，4 孢。担孢子 5.5 ~ 7 × 4.5 ~ 5 μm，宽椭圆形或卵形，光滑，淡黄色。锁状联合阙如。

夏秋季生于亚热带阔叶林中地上。腐生菌。分布于云南中部。有毒。

鬼笔腹菌
Phallogaster saccatus Morgan

辐片包目 Hysterangiales   鬼笔腹菌科 Phallogastraceae

　　担子果高 3 ～ 5 cm，直径 2 ～ 3 cm，卵状、洋梨形至近球形，幼时实心，成熟后中空。包被单层，表面淡橄榄色，有时带粉红色色调，星散分布有凹陷区域，成熟后上述区域变成穿孔。孢体胶黏，暗绿色至橄榄色，成熟时全部自溶，大量孢子黏附于包被的内壁上，有臭味。菌柄短，无菌托。担子 20 ～ 32 × 4 ～ 6 μm，棒状至窄棒状，6 ～ 8 孢。担孢子 5 ～ 6.5 × 1.8 ～ 2.3 μm，长椭圆形至杆状，光滑，橄榄色。锁状联合常见。

　　夏秋季生于亚高山带针叶林中腐殖质上。腐生菌。分布于云南西北部。食性不明。

中华丽烛衣
Sulzbacheromyces sinensis (R.H. Petersen & M. Zang) D. Liu & Li S. Wang

莲叶衣目 Lepidostromatales　　莲叶衣科 Lepidostromataceae

担子果高达 3.5 cm，窄棒状至近圆柱形，不分枝。可育上部较宽，直径达 2.5 mm，橘红色至橘黄色，平滑，顶端钝圆或稍尖。菌柄长 0.5 ~ 1 cm，直径 1 ~ 2 mm，基部与藻类相连。担子 28 ~ 36 × 4.5 ~ 5.5 μm，棒状，4 孢。担孢子 6.5 ~ 8 × 3 ~ 4 μm，椭圆形，光滑，非淀粉质，无色。髓部由直径 3 ~ 8 μm 的菌丝组成。锁状联合常见。

夏秋季生于热带至南亚热带路边土坡上。与藻类共生。食性不明。

小林块腹菌
Kobayasia nipponica (Kobayasi) S. Imai & A. Kawam.

鬼笔目 Phallales　　鬼笔科 Phallaceae

担子果直径 3 ~ 5 cm，近球形至扁平，基部常有菌索。包被表面污白色，常在发育后期撕裂，厚 1 ~ 2 mm，内部白色，受伤后不变色。孢体胶黏，灰绿色至橄榄色，由多数舌状至条状结构组成，着生于包被内壁上，向中心辐射，中心往往有一个直径 1 ~ 2 cm 的不规则空腔。担子 20 ~ 30 × 5 ~ 6 μm，8 孢。担孢子 4 ~ 5 × 1.8 ~ 2.2 μm，长椭圆形至杆状，光滑，无色。锁状联合常见。

夏秋季生于亚热带针阔混交林中地上。腐生菌。分布于云南中部。食性不明。

五棱散尾鬼笔
Lysurus mokusin (L.) Fr.

鬼笔目 Phallales　　鬼笔科 Phallaceae

担子果幼时高 2 ～ 3 cm，直径 1.5 ～ 2.5 cm，卵形，近白色，随后包被的上部随菌柄和托臂伸展而开裂。托臂 4 ～ 7 条，红色至粉红色，近顶生；顶端不育，粉红色，初期连生，后期分开；孢体橄榄褐色，生于托臂内侧，有臭味。菌柄长 7 ～ 10 cm，直径 1 ～ 2 cm，粉红色至红色，具有 4 ～ 7 条纵向棱脊，海绵状，中空。菌托直径 2 ～ 3 cm，苞状，外表白色至污白色。担子 20 ～ 30 × 4 ～ 6 μm。担孢子 3 ～ 5 × 1.5 ～ 2 μm，长椭圆形至杆状，光滑，淡黄色。锁状联合常见。

夏秋季生于林中地上或草地上。腐生菌。分布于云南各地。文献记载该菌有毒。

冬荪
Phallus dongsun T.H. Li *et al.*

鬼笔目 Phallales　　鬼笔科 Phallaceae

担子果幼时直径 3 ～ 5 cm，球形至近球形，随后包被的上部随菌柄和菌盖伸展而开裂。菌盖高 4 ～ 6 cm，直径 3 ～ 4 cm，钟形或圆锥形；表面白色，具显著网脊和凹坑，顶端近平截；凹坑内含黏稠、有臭味的橄榄色或暗绿色孢体。菌柄长 10 ～ 15 cm，直径 2 ～ 4 cm，白色，海绵质。菌裙阙如。菌托直径 3 ～ 5 cm，苞状，表面污白色或淡灰色。担子 20 ～ 30 × 3.5 ～ 5 μm，花瓶状或近圆柱形，8 孢。担孢子 3.5 ～ 4.5 × 2 ～ 2.5 μm，长椭圆形，光滑，近无色至淡橄榄色。锁状联合常见。

秋冬季生于亚热带林中地上。腐生菌。分布于云南中部和北部。可食，也用于食物防腐。可栽培。

海棠竹荪　黄头竹荪
Phallus haitangensis H.L. Li *et al.*

鬼笔目 Phallales　　**鬼笔科 Phallaceae**

担子果幼时直径 2 ~ 4 cm，球形至近球形，随后包被的上部随菌柄和菌盖伸展而开裂。菌盖高 2 ~ 3 cm，直径 1.5 ~ 2 cm，钟形或圆锥形；表面黄色，具显著网脊和凹坑，顶端近平截；凹坑内的孢体暗绿色，有臭味。菌柄长 8 ~ 10 cm，直径 1 ~ 2 cm，白色，海绵质。菌裙白色或粉橙色，网状，长度几乎接近地面。菌托直径 3 ~ 4 cm，苞状，外表面污白色或淡灰色。担子未观察到。担孢子 3.7 ~ 4.5 × 1.5 ~ 2 μm，圆柱形，光滑，无色。锁状联合常见。

夏秋季生于亚热带常绿阔叶林或针阔混交林中地上。腐生菌。分布于云南中部和西部。可食，也用于食物防腐。可栽培。

红托竹荪
Phallus rubrovolvatus (M. Zang *et al.*) Kreisel

鬼笔目 Phallales　　**鬼笔科 Phallaceae**

担子果幼时直径 3 ~ 6 cm，近球形至卵球形，随后包被的上部随菌柄和菌盖伸展而开裂。菌盖高 3 ~ 5 cm，直径 2 ~ 4 cm，钟形或圆锥形；表面白色，具显著网脊和凹坑，顶端近平截；凹坑内的孢体暗绿色，有臭味。菌柄长 10 ~ 16 cm，直径 2 ~ 4 cm，白色，海绵质。菌裙白色，网状，占菌柄长度的 2/3 或更长。菌托直径 3 ~ 6 cm，苞状，外表面紫色或紫红色。担子未观察到。担孢子 3 ~ 4 × 2 ~ 2.5 μm，长椭圆形至圆柱形，光滑，无色。锁状联合常见。

夏秋季生于亚热带林中地上。腐生菌。分布于云南大部。可食，也用于食物防腐。可栽培。

细皱鬼笔
Phallus rugulosus (E. Fisch.) Lloyd

鬼笔目 Phallales   鬼笔科 Phallaceae

担子果幼时高 1.5 ～ 2 cm，直径 1 ～ 2 cm，卵形，近白色，随后包被的上部随菌柄和菌盖伸展而开裂。菌盖高 1.5 ～ 2 cm，直径 1 ～ 1.5 cm，钟形至近锥形；表面有皱纹和疣凸，红色至橘红色；孢体橄榄褐色，有臭味。菌柄长 8 ～ 12 cm，直径 1.5 ～ 2 cm，近圆柱形，上部红色、粉红色至洋红色，下部颜色较淡。菌托直径 1.5 ～ 2.5 cm，苞状，外表污白色。担子未观察到。担孢子 3.5 ～ 4.5 × 1.5 ～ 2 µm，长椭圆形至圆柱形，光滑，无色。锁状联合常见。

夏秋季生于林中地上或草坪上。腐生菌。分布于云南中部。文献记载该菌有毒。

茯苓   茯苓菌
Pachyma hoelen Fr.

多孔菌目 Polyporales   拟层孔菌科 Fomitopsidaceae

担子果长达 20 cm，宽达 10 cm，中部厚可达 5 mm，平伏，革质；菌肉奶油色。子实层体表面白色，干后奶油色，管口圆形、近圆形至多角形，每毫米 0.5 ～ 2 个；菌管与管口同色或稍浅，长达 1.5 mm。担子 25 ～ 30 × 7 ～ 8 µm，棒状，4 孢。担孢子 7 ～ 9.5 × 3 ～ 4 µm，圆柱形，光滑，非淀粉质，无色。菌核近球形至椭圆形，直径 10 ～ 30 cm 或更大，表面褐色至深褐色，粗糙，内部白色。锁状联合阙如。

秋季于松林腐木上形成菌核。腐生菌。分布于云南中部。著名药用菌，具利尿、抗炎、生津止渴、降血糖、增强免疫力等多重作用。可栽培。

华南空洞孢芝

Foraminispora austrosinensis (J.D. Zhao & L.W. Hsu) Y.F. Sun & B.K. Cui

[*Amauroderma austrosinense* J.D. Zhao & L.W. Hsu]

多孔菌目 Polyporales　　**灵芝科 Ganodermataceae**

菌盖直径 2.5 ～ 8.5 cm，圆盘形；表面黄色至黄褐色或橙褐色，边缘色较浅，具同心环纹和放射状沟纹，边缘全缘；菌肉白色至奶油色。子实层体白色至奶油色，伤不变色；菌管极密。菌柄 3.5 ～ 10 × 0.4 ～ 0.9 cm，与菌盖表面同色或稍浅。担子 18 ～ 25 × 10 ～ 13 μm，棒状，4 孢。担孢子 7 ～ 8.5 × 6 ～ 8.5 μm，球形至近球形，淡黄色，双层壁，外壁光滑，内壁具小刺。锁状联合常见。

夏秋季生于热带林中地上。腐生菌。分布于云南南部。食性不明。

树舌灵芝

Ganoderma applanatum (Pers.) Pat.

多孔菌目 Polyporales   灵芝科 Ganodermataceae

菌盖直径 10 ～ 20 cm，半圆形或近圆形；表面灰褐色、淡褐色至褐色，无光泽，边缘白色至污白色。子实层体表面白色至灰白色，受伤后变锈褐色，成熟后灰白色；菌管淡灰褐色至褐色。菌肉褐色，木栓质至木质，无黑色壳质层。菌柄阙如。担子 18 ～ 25 × 9 ～ 12 μm，短棒状，4 孢。担孢子 9 ～ 11.5 × 5.5 ～ 7 μm（含纹饰），卵圆形，顶端平截，双层壁，内壁具小刺，嗜蓝。锁状联合常见。

夏秋季生于阔叶林中树干基部。腐生菌。分布于云南中部和北部。文献记载该菌具抗氧化、杀菌等作用。

白肉灵芝

Ganoderma leucocontextum T.H. Li *et al.*

多孔菌目 Polyporales   灵芝科 Ganodermataceae

菌盖直径 10 ～ 20 cm，半圆形或近圆形；表面具漆样光泽，成熟时暗红褐色、暗紫红褐色或几乎黑红褐色，有同心环纹，边缘白色至浅黄色，渐变黄色至红褐色；菌肉白色至污白色，木栓质。子实层体表面白色至奶油色，受伤后变淡褐色至褐色；菌管淡灰褐色或灰褐色。菌柄具光泽，暗红褐色至暗紫褐色，有时近无柄。担子 18 ～ 22 × 9 ～ 11 μm，短棒状，4 孢。担孢子 9 ～ 11.5 × 6 ～ 8 μm（含纹饰），椭圆形至卵圆形，顶端平截，双层壁，内壁具小刺，嗜蓝。锁状联合常见。

夏秋季生于亚高山带针叶林中腐木上。腐生菌。分布于云南西北部。可入药，具增强免疫力、抗肿瘤等作用。可栽培。

灵芝
Ganoderma lingzhi Sheng H. Wu *et al.*

多孔菌目 Polyporales　　灵芝科 Ganodermataceae

菌盖直径 7 ～ 10 cm，肾形、半圆形或近圆形，平展；表面具漆样光泽，紫褐色、淡褐色、褐色或红褐色；菌肉淡褐色，木栓质，有 1 ～ 2 黑色壳质层。子实层体表面硫黄色至淡黄色，受伤后变淡褐色至褐色；菌管淡灰褐色或灰褐色。菌柄有光泽，长 10 ～ 20 cm，直径 1.5 ～ 3 cm，红褐色至紫褐色。担子未观察到。担孢子 9 ～ 10 × 6 ～ 7 μm（含纹饰），卵形，顶端平截，双层壁，内壁具小刺，嗜蓝。锁状联合常见。

夏秋季生于阔叶林中地上或腐木上。腐生菌。分布于云南中部。可入药，具增强免疫力、抗肿瘤等作用。可栽培。

亮盖灵芝　赤芝、红芝
Ganoderma lucidum (Curtis) P. Karst.

多孔菌目 Polyporales　　灵芝科 Ganodermataceae

菌盖直径 7 ～ 15 cm，肾形或半圆形；表面浅红褐色、红褐色至红色，具漆样光泽；菌肉白色至淡褐色，木栓质，无黑色壳质层。子实层体表面白色至污白色，受伤后变淡褐色至褐色；菌管淡灰褐色或灰褐色。菌柄长 10 ～ 15 cm，直径 1 ～ 2 cm，红褐色至紫褐色，有光泽。担子 15 ～ 20 × 7 ～ 10 μm，短棒状。担孢子 12 ～ 14 × 8.5 ～ 9.5 μm（含纹饰），卵形，顶端平截，双层壁，内壁具小刺，嗜蓝。锁状联合常见。

夏秋季生于阔叶林中地上或腐木上。腐生菌。分布于云南中部。可入药，具增强免疫力、抗肿瘤等作用。可栽培。

热带灵芝
Ganoderma tropicum (Jungh.) Bres.

多孔菌目 Polyporales   灵芝科 Ganodermataceae

菌盖直径 10 ～ 15 cm，半圆形至圆形；表面具漆样光泽，黄褐色、紫褐色或红褐色，边缘薄，颜色较浅；菌肉白色至淡褐色，木栓质，无黑色壳质层。子实层体表面白色至灰褐色，受伤后变淡褐色至褐色；菌管淡灰褐色或灰褐色。菌柄阙如或长达 3 cm，直径达 2 cm。担子未观察到。担孢子 9 ～ 10.5 × 6 ～ 8 μm（含纹饰），椭圆形，顶端稍平截，双层壁，内壁具刺，嗜蓝。锁状联合常见。

春夏季生于热带和南亚热带林中腐木上。腐生菌。分布于云南南部。文献记载该菌具降血脂作用。

皱盖血乌芝　皱盖乌芝
Sanguinoderma rugosum (Blume & T. Nees) Y.F. Sun *et al.*

多孔菌目 Polyporales   灵芝科 Ganodermataceae

菌盖直径 3 ～ 10 cm，近圆盘形至扇形；表面暗褐色至近黑色，具同心环纹和辐射状皱纹；菌肉肉桂色至暗褐色，木栓质。子实层体表面灰白色，受伤后变血红色，管口近圆形至多角形；菌管与子实层体表面同色。菌柄长 3 ～ 12 cm，直径 0.3 ～ 1 cm，中生至侧生，近圆柱形，与菌盖表面同色。担子 18 ～ 25 × 10 ～ 18 μm，短棒状，4 孢。担孢子 10 ～ 11 × 8 ～ 9 μm，双层壁，电镜下外壁蜂窝状至半网状，内壁具短细的柱状刺。锁状联合常见。

夏秋季生于热带和南亚热带阔叶林中地上。腐生菌。分布于云南南部。文献记载该菌具消炎、利尿等作用。

灰树花菌
Grifola frondosa (Dicks.) Gray

多孔菌目 Polyporales　　　树花孔菌科 Grifolaceae

担子果高达 30 cm，直径达 30 cm，从基部多次分枝，形成众多覆瓦状排列、有时合生的菌盖。菌盖宽 5 ~ 10 cm，厚达 1 cm，扇形、匙形或花瓣状；表面有绒毛，灰色、灰褐色、浅黄灰色或深褐色，有或无同心环纹；菌肉近肉质，白色至奶油色，受伤后不变色。子实层体表面灰白色至奶油色，孔状，管口直径 0.2 ~ 0.5 mm。担子 20 ~ 25 × 6 ~ 8 μm，短棒状，4 孢。担孢子 5 ~ 6 × 3.5 ~ 4.5 μm，椭圆形至卵形，非淀粉质，光滑，无色。锁状联合常见。

夏秋季生于亚热带或温带阔叶林中树木基部或附近地上。腐生菌。分布于云南中部和北部。可食。文献记载该菌具降血压、降血脂等作用。

哀牢山炮孔菌
Laetiporus ailaoshanensis B.K. Cui & J. Song

多孔菌目 Polyporales　　　炮孔菌科 Laetiporaceae

担子果无柄或近侧生而有柄状基部，覆瓦状叠生。菌盖径向长 8 ~ 10 cm，宽 10 ~ 14 cm，扇形；表面近光滑无毛，橘黄色至橘红色，近无环，具深浅不一的放射状沟纹，边缘撕裂、波状；菌肉厚达 1 cm，乳白色至浅黄色。子实层体表面乳白色至浅黄色；孔口多角形，每毫米 3 ~ 5 个；菌管长达 3 mm，与孔口同色。担子 12 ~ 15 × 5 ~ 8 μm，棒状，4 孢。担孢子 5.5 ~ 6 × 3.5 ~ 4.5 μm，卵形至宽椭圆形，光滑，非淀粉质，无色。菌丝具锁状联合。

夏秋季生于亚热带壳斗科植物枯木上。腐生菌。分布于云南中部。本种因模式标本产自景东哀牢山而得名。可能有毒，误食可能会产生幻觉或胃肠炎型中毒。

环纹炲孔菌

Laetiporus zonatus B.K. Cui & J. Song

多孔菌目 Polyporales   炲孔菌科 Laetiporaceae

担子果无柄或近侧生而有柄状基部，覆瓦状叠生。菌盖宽达 20 cm，扇形；表面橘黄色或橘红色，具同心环纹和放射状沟纹；菌肉厚达 2.5 cm，奶油色至浅黄色，无特殊气味，味柔和。子实层体表面奶油色至污黄色；孔口多角形，每毫米 3 ~ 5 个；菌管长达 5 mm，与孔口近同色。菌柄阙如。担子 18 ~ 25 × 6 ~ 8 μm，棒状，4 孢。担孢子 6 ~ 7 × 4.5 ~ 5.5 μm，宽椭圆形、洋梨形或泪滴状，光滑，非淀粉质，无色。锁状联合阙如。

夏秋季生于亚热带或亚高山带针阔混交林中腐木上。腐生菌。可能有毒，误食可能会产生幻觉。

玫瑰色肉齿耳
Climacodon roseomaculatus (Henn. & E. Nyman) Jülich

多孔菌目 Polyporales　　皱孔菌科 Meruliaceae

菌盖径向长 2 ~ 5 cm，扇形或匙状，肉质，柔软，无柄或具短柄；表面光滑或具短毛，猩红色至鲜红色，内侧常褪为黄褐色，边缘锐，波状；菌肉与菌盖表面同色或稍浅，无味。子实层体齿状，与盖表近同色，刺长 2 mm，密集。担子 35 ~ 45 × 8 ~ 12 μm，棒状，4 孢。担孢子 4 ~ 6.5 × 2 ~ 3 μm，长椭圆形，光滑，非淀粉质，无色。锁状联合常见。

夏秋季生于阔叶林中地上，较少见。腐生菌。分布于云南中部和南部。有毒。

多疣波皮革菌
Cymatoderma elegans Jungh.

多孔菌目 Polyporales　　革耳科 Panaceae

菌盖直径 5 ~ 15 cm，漏斗形或扇形，硬木栓质，无柄或具短柄；表面有辐射状皱脊，黄褐色至污黄褐色，被灰白色绒毛，边缘锐，波状；菌肉与菌盖表面同色或稍浅，无味。子实层体白色至奶油色，由辐射状皱脊和疣凸构成。菌柄长达 4 cm，直径达 2 cm，压扁，被淡灰色或淡黄褐色绒毛。担子 25 ~ 30 × 4 ~ 5.5 μm，棒状，4 孢。担孢子 6 ~ 8.5 × 4 ~ 5 μm，椭圆形至宽椭圆形，光滑，无色，非淀粉质，薄壁。锁状联合常见。

夏秋季生于阔叶林中腐木上。腐生菌。分布于云南南部和中南部。不可食。

中华隐孔菌
Cryptoporus sinensis Sheng H. Wu & M. Zang

多孔菌目 Polyporales　　多孔菌科 Polyporaceae

担子果直径 2 ~ 4 cm，厚 1 ~ 2 cm，扁半球形，侧生，木栓质；表面光滑，紫红褐色至黄褐色，边缘钝而厚。菌幕白色至污白色，厚达 2 mm，初期完整覆盖子实层体表面，后期发育出 1 ~ 2 个孔口。子实层体表面淡褐色至木褐色。具芳香气味。担子 18 ~ 25 × 6 ~ 8 μm，棒状，4 孢。担孢子 7.5 ~ 10 × 4 ~ 5 μm，椭圆形至长椭圆形，光滑，非淀粉质，无色。锁状联合常见。

夏秋季生于针叶林或针阔混交林中云南松或思茅松树干上。腐生菌。分布于云南中部和南部。可入药，具消炎、抗菌等作用。

棱孔漏斗韧伞
Lentinus arcularius (Batsch) Zmitr. [*Favolus arcularius* (Batsch) Fr.]

多孔菌目 Polyporales　　多孔菌科 Polyporaceae

菌盖直径 1.5 ~ 3 cm，扁平至平展，中央下陷；表面褐色、黄褐色至淡黄色，被深色鳞片，边缘有睫毛；菌肉白色，受伤后不变色。子实层体延生，污白色；菌孔多为长方形或菱形，辐射状排列。菌柄长 1.5 ~ 3 cm，直径 0.2 ~ 0.5 cm，与菌盖表面同色，被褐色鳞片。担子 20 ~ 30 × 6 ~ 8 μm，短棒状，4 孢。担孢子 7 ~ 9 × 2 ~ 3 μm，长椭圆形，光滑，非淀粉质，无色。锁状联合常见。

夏秋季生于林中腐木上。腐生菌。分布于云南大部。不可食。

环柄韧伞　环柄香菇
Lentinus sajor-caju (Fr.) Fr.

多孔菌目 Polyporales　　多孔菌科 Polyporaceae

菌盖直径 4 ～ 9 cm，浅杯状或漏斗形；表面淡灰褐色或污白色，老后淡黄色、灰黄褐色至灰褐色，光滑至近光滑；菌肉较韧，白色。菌褶延生，薄，密，低矮，污白色。菌柄长 1.5 ～ 5 cm，直径 0.5 ～ 1.5 cm，白色或与菌盖表面同色；菌环较厚，白色、淡黄色或淡褐色，一般宿存。担子 20 ～ 25 × 5 ～ 6 μm，棒状，4 孢。担孢子 5 ～ 8 × 2 ～ 2.5 μm，圆柱形，光滑，常弯曲，非淀粉质，无色。锁状联合常见。

夏秋季生于热带和南亚热带常绿阔叶林中腐木上。腐生菌。分布于云南南部。可食。

细鳞韧伞　细鳞香菇
Lentinus squarrosulus Mont.

多孔菌目 Polyporales　　多孔菌科 Polyporaceae

菌盖直径 4 ～ 13 cm，漏斗形至深漏斗形；表面灰白色、奶油色或浅黄色，初期被同心环状排列的淡灰色至淡褐色小鳞片，后期鳞片脱落；边缘幼时内卷，老后浅裂或撕裂状；菌肉革质，白色。菌褶延生，分叉，白色至奶油色。菌柄长 1 ～ 3.5 cm，直径 0.4 ～ 1 cm，与菌盖表面同色，表面被淡褐色小鳞片。担子 20 ～ 25 × 5 ～ 6 μm，棒状，4 孢。担孢子 5.5 ～ 8 × 1.7 ～ 2.5 μm，长椭圆形至近长方形，光滑，非淀粉质，无色。锁状联合常见。

夏秋季生于热带或南亚热带针阔混交林或阔叶林中腐木上。腐生菌。分布于云南南部。幼时可食。

黄柄小孔菌
Microporus xanthopus (Fr.) Kuntze

多孔菌目 Polyporales　　多孔菌科 Polyporaceae

菌盖直径 4 ~ 8 cm，漏斗形；表面黄褐色，有同心环纹；边缘波纹状，较薄，常撕裂，颜色较淡；菌肉厚达 0.5 cm，革质或木栓质，污白色。子实层体延生，由菌管组成，表面白色至奶油色，受伤后不变色或变为淡褐色；孔口多角形，每毫米 8 ~ 10 个。菌柄长 1 ~ 2 cm，直径 0.3 ~ 0.6 cm，中生，有时稍侧生，黄褐色，光滑，基部呈吸盘状。担子未观察到。担孢子 6 ~ 7.5 × 2 ~ 2.5 μm，近圆柱形，稍弯曲，光滑，非淀粉质，无色。锁状联合阙如。

夏秋季生于热带和南亚热带阔叶林中腐木上。腐生菌。分布于云南南部。不可食。

黄褐黑斑根孔菌
Picipes badius (Pers.) Zmitr. & Kovalenko

多孔菌目 Polyporales　　多孔菌科 Polyporaceae

菌盖直径 4 ~ 8 cm，漏斗形至近扇形；表面橙褐色至红褐色，成熟后变暗红褐色，具细小的放射状沟纹，边缘色浅，较薄，波状或瓣裂；菌肉韧，白色。子实层体厚 <1 mm，表面白色至稍肉色，伤不变色，管口极小。菌柄中生、偏生至近侧生，长 1 ~ 4 cm，直径 0.3 ~ 1.5 cm，硬而韧，基部黑色，与基质接触处变宽。担子 18 ~ 22 × 6 ~ 7 μm，短棒状，4 孢。担孢子 6.5 ~ 8.5 × 3 ~ 4 μm，圆柱形，光滑，无色。锁状联合常见。

夏秋季生于倒木上。腐生菌。分布于云南各地。不可食。

猪苓多孔菌　猪苓

Polyporus umbellatus (Pers.) Fr. [*Grifola umbellata* (Pers.) Pilát]

多孔菌目 Polyporales　　多孔菌科 Polyporaceae

　　担子果由多个菌盖组成。菌盖直径达 4 cm，近漏斗形；表面灰褐色至褐色，具灰褐色细小鳞片，边缘波状；菌肉白色，厚达 0.4 cm。子实层体延生，表面白色至奶油色；菌管长达 1.5 mm，白色。菌柄长 2～7 cm，直径达 0.3～1 cm，多分枝，从菌核上长出，白色至奶油色。菌核生地下，5～10×3～4 cm，不规则块状，外表近黑色，内部白色至污白色。担子 30～35×7～9 μm，棒状，4 孢。担孢子 8～10×3～4 μm，圆柱形至舟形，光滑，非淀粉质，无色。锁状联合常见。

　　夏秋季生于阔叶林中地上。腐生菌。分布于云南中部至北部。可食。菌核可入药，具抗炎、利尿、抗肿瘤等作用。

朱红密孔菌

Pycnoporus cinnabarinus (Jacq.) P. Karst.

多孔菌目 Polyporales   多孔菌科 Polyporaceae

菌盖直径 3 ~ 7 cm，扇形；表面凹凸不平，砖红色至橘红色，干后颜色保持不变，边缘较锐；菌肉较薄，淡色。子实层体砖红色至橘红色，由菌管组成；孔口砖红色或橘红色，干后颜色保持不变。菌柄阙如。担子 12 ~ 15 × 4 ~ 5 μm，短棒状，4 孢。担孢子 4 ~ 6.5 × 2 ~ 3 μm，近圆柱形，稍弯曲，无色，薄壁，非淀粉质，光滑。锁状联合常见。

夏秋季生于温带、亚热带林中腐木上。腐生菌。分布于云南中部至北部。可入药，用于伤口止血。

杂色栓菌

Trametes versicolor (L.) Lloyd

多孔菌目 Polyporales   多孔菌科 Polyporaceae

菌盖宽 2 ~ 8 cm，径向长 1 ~ 4 cm，厚 1 ~ 2 mm，近平展至平展，圆形、半圆形至扇形，有时多个菌盖融合在一起；表面密被柔毛，有白色、褐色、黄褐色或红褐色相间的同色环纹，边缘波状；菌肉木栓质，韧，白色，味柔和。子实层体表面白色至淡褐色，管口细密；菌管长 1.5 mm。担子 18 ~ 20 × 3 ~ 4.5 μm，细棒状，4 孢。担孢子 4.5 ~ 5.5 × 1.5 ~ 2 μm，圆柱形，光滑，非淀粉质，无色。锁状联合常见。

夏秋季生于亚热带至温带林中阔叶树腐木上，较少生于针叶树腐木上。腐生菌。分布于云南各地。可入药，用于治疗肝炎、镇痛、解毒等。

宽叶绣球菌
Sparassis latifolia Y.C. Dai & Zheng Wang

多孔菌目 Polyporales　　绣球菌科 Sparassidaceae

担子果单生，具菌柄；头部高 10 ～ 30 cm，直径 10 ～ 30 cm，由多数扁平的分枝排成绣球状。分枝长达 3 cm，宽达 1.5 cm，厚达 0.5 mm，叶状或扇形，由基部生出，常扭曲，幼时白色或奶油色，成熟后深奶油色或浅褐色，边缘波状；菌肉脆骨质至软革质，受伤后不变色。菌柄长 5 ～ 15 cm，直径 1 ～ 2 cm。担子 55 ～ 68 × 5 ～ 7 μm，长棒状，4 孢。担孢子 4.5 ～ 5.5 × 3.5 ～ 4 μm，宽椭圆形至近球形，光滑，非淀粉质，无色。锁状联合常见。

夏秋季生于亚高山带针阔混交林中地上。腐生菌。分布于云南西北部。可食。可栽培。

亚高山绣球菌
Sparassis subalpina Q. Zhao *et al.*

多孔菌目 Polyporales　　绣球菌科 Sparassidaceae

担子果单生，具菌柄；头部高达 16 cm，直径达 15 cm，由一个共同的白色菌柄生出许多扁平的分枝。分枝叶状至扇形，表面光滑至近光滑，质地柔软，近革质，新鲜时污白色、淡黄色至浅灰色，成熟后颜色稍深；菌肉脆骨质至软革质，受伤后不变色。菌柄长达 7 cm，直径达 3 cm。担子 73 ～ 85 × 5.5 ～ 7.5 μm，窄棒状，4 孢。担孢子 5.5 ～ 6.5 × 4 ～ 5 μm，宽椭圆形至近球形，光滑，非淀粉质，无色。仅担子基部横隔上具锁状联合。

夏秋季生于亚高山带针阔混交林中地上。腐生菌。分布于云南西北部。可食。

橙黄地花孔菌

Albatrellus confluens (Alb. & Schwein.) Kotl. & Pouzar

红菇目 Russulales　　地花孔菌科 Albatrellaceae

　　菌盖直径 5 ～ 15 cm，扇形或不规则形；表面近光滑，初期橙黄色至浅橙色，后期褪为污黄色，边缘波纹状；菌肉黄色或橘黄色，较脆。子实层体白色至淡橙色；菌管较短，白色。菌柄长 3 ～ 5 cm，直径 2 ～ 3 cm，侧生至偏生，与菌盖表面同色或更淡。担子 18 ～ 22 × 6 ～ 8 μm，棒状，4 孢。担孢子 3.5 ～ 4.5 × 3 ～ 3.5 μm，宽椭圆形至近球形，光滑，薄壁、淀粉质、无色。锁状联合常见。

　　夏秋季生于亚高山带针叶林中地上。外生菌根菌。分布于云南西北部。幼时可食。文献记载该菌具抗肿瘤作用。

冠状地花孔菌
Albatrellus cristatus (Schaeff.) Kotl. & Pouzar

红菇目 Russulales　　地花孔菌科 Albatrellaceae

菌盖直径 5 ~ 12 cm，扁平至平展；表面密被细小鳞片，黄色、黄绿色至黄褐色，边缘常呈鸡冠状至波纹状；菌肉白色至黄绿色，较脆。子实层体白色，菌管较短，近白色。菌柄长达 3 cm，直径达 1 cm，中生至侧生，与菌盖表面同色。担子 20 ~ 30 × 8 ~ 10 μm，棒状，4 孢。担孢子 5 ~ 7 × 4 ~ 5.5 μm，宽椭圆形至近球形，光滑，薄壁，非淀粉质，无色。锁状联合阙如。

夏秋季生于亚高山带针叶林中地上。外生菌根菌。分布于云南中部和西北部。

奇丝地花孔菌
Albatrellus dispansus (Lloyd) Canf. & Gilb.

红菇目 Russulales　　地花孔菌科 Albatrellaceae

担子果从一个共同的基部长出许多分枝，各分枝形成菌盖。菌盖直径 2 ~ 5 cm，花瓣状；表面金黄色、黄色或奶油色，有时具淡褐色色调，密被同色细小鳞片，边缘波纹状、常撕裂；菌肉白色至奶油色，较硬。子实层体表面白色或奶油色，菌管白色。菌柄短，往往侧生，污白色。担子 15 ~ 25 × 5 ~ 8 μm，棒状，2 孢或 4 孢。担孢子 3 ~ 4.5 × 2.5 ~ 3.5 μm，宽椭圆形至近球形，光滑，薄壁，非淀粉质，无色。锁状联合阙如。

夏秋季生于亚热带至温带针阔混交林中地上。外生菌根菌。分布于云南中部和北部。可食。

大孢地花孔菌 黄虎掌菌
Albatrellus ellisii (Berk.) Pouzar

红菇目 Russulales　　地花孔菌科 Albatrellaceae

菌盖直径 5 ~ 15 cm，半圆形至扇形；表面黄色至污黄色，密被同色细小鳞片；菌肉奶油色至淡黄色，中心及近柄处韧，边缘稍脆。子实层体表面白色至奶油色，受伤后变绿色；菌管较短，白色至奶油色，受伤后变为草绿色。菌柄长 3 ~ 6 cm，直径 1 ~ 3 cm，侧生至偏生，与菌盖表面同色。担子 40 ~ 50 × 8 ~ 10 μm，棒状，4 孢。担孢子 6 ~ 10 × 5 ~ 7 μm，宽椭圆形，光滑，薄壁，非淀粉质，无色。锁状联合常见。

夏秋季生于亚热带至温带针阔混交林中地上。外生菌根菌。分布于云南中部和北部。可食。

西藏地花孔菌
Albatrellus tibetanus H.D. Zheng & P.G. Liu

红菇目 Russulales　　地花孔菌科 Albatrellaceae

菌盖直径 5 ~ 9 cm，扁平至平展；表面白色至奶油色，密被深褐色至近黑色细小鳞片；菌肉白色至奶油色，较脆。子实层体表面白色，菌管较短。菌柄长 2 ~ 3 cm，直径 2 ~ 3 cm，近圆柱形或向下逐渐变细，污白色至淡褐色。担子 17 ~ 20 × 6 ~ 7 μm，棒状，4 孢。担孢子 4 ~ 5 × 3 ~ 4 μm，宽椭圆形，光滑，薄壁，淀粉质，无色。锁状联合阙如。

夏秋季生于亚高山带针叶林中地上。外生菌根菌。分布于云南西北部。

云南地花孔菌　虎掌菌
Albatrellus yunnanensis H.D. Zheng & P.G. Liu

红菇目 Russulales　　地花孔菌科 Albatrellaceae

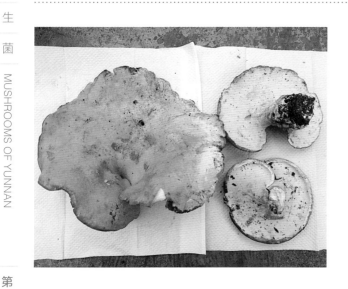

菌盖直径 5 ～ 20 cm，近圆形、扇形或肾形；表面近光滑或龟裂为小的斑块状鳞片，浅黄褐色，带绿色、橄榄色或橙色色调；菌肉较脆，奶油色或白色，味柔和。子实层体表面白色至奶油色，受伤后变为粉黄色或肉粉色。菌柄长 3 ～ 7 cm，直径 2 ～ 4 cm，中生至侧生，与菌盖表面同色或稍深。担子 25 ～ 48 × 10 ～ 15 μm，宽棒状，4 孢。担孢子 8 ～ 10 × 6 ～ 7.5 μm，宽椭圆形至椭圆形，光滑、非淀粉质，无色。锁状联合常见。

夏秋季生于林中地上。外生菌根菌。分布于云南中部。本种因模式标本产自云南而得名。可食。

小孢耳匙菌
Auriscalpium microsporum P.M. Wang & Zhu L. Yang

红菇目 Russulales　　耳匙菌科 Auriscalpiaceae

菌盖直径 1 ～ 2.5 cm，半球形至肾形；表面淡褐色至褐色，被硬毛；菌肉较韧，污白色，伤不变色。子实层体由小刺组成，小刺污白色至淡褐色。菌柄长 2 ～ 4 cm，直径 0.2 ～ 0.6 cm，侧生，被硬毛。担子 15 ～ 18 × 5 ～ 7 μm，棒状，4 孢。担孢子 3.5 ～ 4.5 × 3 ～ 4 μm，近球形至椭圆形，表面被淀粉质小疣凸。锁状联合常见。

夏秋季生于五针松（如华山松）球果上。球果腐生菌。分布于云南中部和北部。不可食。

东方耳匙菌

Auriscalpium orientale P.M. Wang & Zhu L. Yang

红菇目 Russulales　　耳匙菌科 Auriscalpiaceae

菌盖直径 1 ~ 2 cm，半球形至肾形；表面淡褐色至褐色，被硬毛；菌肉较韧，污白色，伤不变色。子实层体由小刺组成，小刺污白色至淡褐色。菌柄长 3.5 ~ 8 cm，直径 0.1 ~ 0.3 cm，侧生，被硬毛。担子 15 ~ 25 × 5 ~ 7 μm，棒状，4 孢。担孢子 4.5 ~ 5.5 × 4 ~ 4.5 μm，近球形至宽椭圆形，表面被淀粉质条状至翅状纹饰。锁状联合常见。

夏秋季生于云南松、思茅松等三针松球果上。球果腐生菌。分布于云南大部。不可食。

近圆瘤孢孔菌

Bondarzewia submesenterica Jia J. Chen *et al.*

红菇目 Russulales　　瘤孢孔菌科 Bondarzewiaceae

菌盖直径 10 ~ 20 cm，扇形至匙状，莲座状叠生；表面黄褐色，同心环纹不明显；边缘较薄，色较淡；菌肉厚达 1 cm，肉质或软革质，老时木栓质，白色或污白色。子实层体由菌管组成，表面白色至奶油色，受伤后不变色或变淡褐色，管口多角形，每毫米 1 ~ 3 个。菌柄长 2 ~ 10 cm，直径 1 ~ 2 cm，侧生至中生，白色。担子 25 ~ 40 × 8 ~ 10 μm，棒状，4 孢。担孢子 5 ~ 7 × 5 ~ 6 μm，近球形，有淀粉质脊状纹饰，纹饰高达 1 μm。锁状联合阙如。

夏秋季生于亚热带地区阔叶树根部。腐生菌。幼时可食。

喜山猴头菌
Hericium yumthangense K. Das *et al.*

....

红菇目 Russulales   猴头菌科 Hericiaceae

....

担子果高 8～12 cm，近头状，肉质，无柄；表面密被肉质软刺。刺长 0.6～1 cm，直径 0.1～0.2 cm，幼时白色至乳白色，成熟后浅黄色或淡褐色。菌肉黄白色，受伤后不变色。担子 28～35×5～6 μm，棒状，4孢。担孢子 5～6.5×4～5.5 μm，近球形至宽椭圆形，淀粉质，光镜下近光滑或稍粗糙，电镜下具有不规则的脊和疣凸。锁状联合常见。

夏秋季生于亚高山冷杉林中腐木上。腐生菌。分布于云南西北部。可食。可入药，用于治疗胃病等。

冷杉乳菇
Lactarius abieticola X.H. Wang

红菇目 Russulales   红菇科 Russulaceae

菌盖直径 2.5～5 cm，平展中凹；表面杏黄色或橙黄色，黏，水浸状，具不清晰的环纹，边缘有白色刺毛；菌肉近白色至浅橙色，具深橙色斑点。菌褶宽 2～4 mm，密，橙色，受伤后变浅绿色。菌柄长 2～5 cm，直径 0.5～1 cm，近圆柱形，橙色，有时具深色窝斑，受伤后变浅绿色。乳汁少，橙红色。担子 45～60×9～15 μm，棒状，4 孢。担孢子 7.5～10×6～8 μm，椭圆形，具部分相连的长短不一的条脊，纹饰高 0.3～1.2 μm。侧生囊状体少见至丰富，25～80×5～10 μm，纺锤形至近披针形。锁状联合阙如。

夏秋季生于亚高山冷杉林中地上。外生菌根菌。分布于云南西北部。可食。

橙红乳菇   铜绿菌
Lactarius akahatsu Nobuj. Tanaka

红菇目 Russulales   红菇科 Russulaceae

菌盖直径 4～8.5 cm，平展中凹；表面淡黄褐色或橙色，水浸状，不具环纹或具微弱环纹；菌肉厚 4～5 mm，浅黄褐色，具深橙色斑点，受伤后变浅绿色。菌褶宽 4～5 mm，近密至稍稀，深橙色，受伤后变浅绿色。菌柄长 2～4 cm，直径 0.9～2 cm，近圆柱形，橙色，无深色窝斑，受伤后变浅绿色。乳汁少，橙红色。担子 45～55×9～11 μm，4 孢。担孢子 7.5～9×6～7 μm，椭圆形，具部分相连的长短不一的条脊，形成不规则网纹，纹饰高 0.3～1 μm。侧生囊状体丰富，20～50×5～9 μm，纺锤形。锁状联合阙如。

夏秋季生于亚热带松林中地上。外生菌根菌。分布于云南中部和西部。可食。

高山毛脚乳菇
Lactarius alpinihirtipes X.H. Wang

红菇目 Russulales　　红菇科 Russulaceae

　　菌盖直径 2 ~ 5.5 cm，平展中凹，中心具棘凸，常皱，褐橙色；菌肉厚 1 ~ 2 mm，具谷粉味，较菌褶色淡。菌褶宽 2 ~ 3 mm，较密，幼时淡橙色，成熟后灰橙色。菌柄长 6 ~ 9 cm，直径 0.4 ~ 0.7 cm，顶端近红橙色，下部褐橙色，基部具糙伏毛。乳汁白色或水样液，不变色。担子 35 ~ 60 × 10 ~ 14 μm，棒状，4 孢。担孢子 7 ~ 10.5 × 6 ~ 8.5 μm，宽椭圆形至椭圆形，由脊和疣凸连成不完整或近完整的网纹，偶杂有孤立的疣凸，纹饰高 0.5 ~ 0.7(1) μm。大囊体常见至丰富，40 ~ 90 × 6 ~ 11 μm，细纺锤形至近棒状。盖表皮具连续的膨大细胞层。菌肉菌髓无莲座细胞群。锁状联合阙如。

　　夏秋季生于阔叶林或针阔混交林中地上。外生菌根菌。分布于云南西北部。有毒，误食引起胃肠炎型中毒。

水环乳菇
Lactarius aquizonatus Kytöv.

红菇目 Russulales　　红菇科 Russulaceae

　　菌盖直径 6 ~ 11 cm，幼时边缘强烈内卷，成熟后浅漏斗形；表面黏，浅黄色至黄白色，具微弱环纹或几不具环纹，边缘具明显淡色长毛；菌肉厚达 9 mm，黄白色。菌褶宽 3 ~ 5 mm，延生，密，奶油色。菌柄长 3 ~ 4 cm，直径 2 ~ 3.5 cm，近光滑，具窝斑，黄白色，成熟时稍具褐色色调，基部较细。乳汁较少，白色，很快变黄色，苦涩。担子 35 ~ 47 × 7 ~ 11 μm，棒状，4 孢。担孢子 6 ~ 7.5 × 4.5 ~ 6 μm，椭圆形，由脊构成不完整至完整网纹，封闭的网眼常见，游离的脊的末端常见，纹饰高 0.3 ~ 0.6 μm。侧生囊状体和缘生囊状体阙如。盖表皮黏菌丝平伏型，厚 200 ~ 250 μm。锁状联合阙如。

　　夏秋季生于亚高山带针阔混交林中地上，偶见于亚热带林中地上。外生菌根菌。分布于云南西北部。有毒。

短囊体乳菇

Lactarius brachycystidiatus X.H. Wang

红菇目 Russulales　　红菇科 Russulaceae

　　菌盖直径 4 ~ 9 cm，中心下陷，成熟时浅漏斗形，有时中心具稍钝的棘凸；表面干，被鳞片，红褐色、褐色至暗褐色，常具明显环纹，水浸状；菌肉厚 2 ~ 3 mm，肉红色至淡黄褐色。菌褶宽 1 ~ 2 mm，短延生，极密，幼时淡橙色，成熟时橙褐色、红褐色至灰橙色，常具褐色斑点，有时伤后变铁锈色。菌柄长 3 ~ 7 cm，直径 0.5 ~ 1.2 cm，表面红褐色，基部具淡色糙伏毛。乳汁丰富，初期水样液或白色，后期变水样液，不变色，初期柔和后期稍苦。担子 30 ~ 45 × 10 ~ 13 μm，棒状，4 孢。担孢子 5.5 ~ 7.5 × 5.5 ~ 7 μm，球形至近球形，由脊相连为完整或不完整网纹，游离的脊的末端和孤立的疣凸存在但不常见，纹饰高 0.6 ~ 1.3 μm。侧生大囊体常见至丰富，30 ~ 45 × 5 ~ 8 μm，近披针形或近纺锤形，缘生大囊体缺。盖表皮不规则菌丝平伏型。锁状联合阙如。

　　夏秋季生于亚热带阔叶林或针阔混交林中地上。外生菌根菌。分布于云南中部和南部。模式标本产自昆明西山筇竹寺。食性不明，市场偶见出售。

栗褐乳菇
Lactarius castaneus W.F. Chiu

红菇目 Russulales　　红菇科 Russulaceae

　　菌盖直径 4 ~ 9 cm，扁半球形至平展，表面黄褐色、淡褐色至褐橙色，胶黏，无环纹；菌肉苦涩。菌褶直生至延生，较密，白色至淡黄色。菌柄长 4 ~ 10 cm，直径 0.5 ~ 2 cm，圆柱形或向上渐细，表面光滑，胶黏，淡黄色。乳汁白色，干后变淡黄绿色至灰绿色，有苦味。担子 38 ~ 45 × 9 ~ 10 μm，棒状，4 孢。担孢子 8.5 ~ 10.5 × 7 ~ 8.5 μm，宽椭圆形，由淀粉质的脊排列成不完整的网纹。锁状联合阙如。

　　夏秋季生于亚高山带针阔混交林中地上。外生菌根菌。分布于云南西北部。模式标本产自大理苍山。

鸡足山乳菇

Lactarius chichuensis W.F. Chiu

红菇目 Russulales 红菇科 Russulaceae

菌盖直径 2～9 cm，平展中凹，中心常具棘凸，边缘有时瓣裂；表面皱，干，光滑，红褐色，常具白霜质感；菌肉厚 1.5～2 mm，与菌盖表面同色或稍淡，稍苦涩至苦涩。菌褶宽 2～4 mm，直生至短延生，较密至密，与菌盖表面同色或稍深，常具较深的斑点。菌柄长 2～5.5 cm，直径 0.4～1.3 cm，中生或偏生，光滑，干，与菌盖表面同色或稍淡，基部具糙伏毛或近无毛。乳汁丰富，白色，后变水样液，不变色，干时在菌褶表面形成白色颗粒，起初柔和，后期苦涩，或初始即苦。担子 35～55×8～14 μm，棒状，4 孢。担孢子 5.5～8.5×5～8 μm，近球形至宽椭圆形，由平行的脊和离散的疣排列为典型的斑马纹，纹饰高 0.6～1 μm。侧生大囊体少见至丰富，47～90×6～12 μm，近圆柱状、细纺锤形至纺锤形。缘生囊状体阙如。盖表皮具连续的膨大细胞层。锁状联合阙如。

夏秋季生于热带、亚热带和亚高山阔叶林或针阔混交林中地上。外生菌根菌。分布于云南各地。本种因模式标本产自宾川鸡足山而得名。有毒。

黄褐乳菇
Lactarius cinnamomeus W.F. Chiu

红菇目 Russulales　　红菇科 Russulaceae

菌盖直径 3～6 cm，扁半球形至平展，中央下凹；表面湿时胶黏，灰黄色、橄榄褐色至淡黄色，稀肉桂褐色，无环纹，有放射状皱纹；菌肉污白色，稍苦辣。菌褶直生至延生，密，白色至奶油色并带灰色至橙色色调。菌柄长 2～5 cm，直径 0.5～1 cm，圆柱形，表面光滑，稍黏，淡橙色或淡褐色。乳汁白色，不变色，有苦辣味。担子 35～45 × 10～13 μm，棒状，4 孢。担孢子 6.5～8 × 5.5～6.5 μm，宽椭圆形，由淀粉质的脊和疣连为不完整的网纹。锁状联合阙如。

夏秋季生于亚热带针阔混交林中地上。外生菌根菌。分布于云南中部。可食。

松乳菇　铜绿菌、谷熟菌、金瓜花、南瓜花
Lactarius deliciosus (L.) Gray

红菇目 Russulales　　红菇科 Russulaceae

菌盖直径 5～15 cm，扁半球形至平展，中央下凹；表面湿时稍黏，黄褐色至橘黄色，有同心环纹，边缘内卷；菌肉近白色至淡黄色，味柔和。菌褶直生，橘黄色，受伤后或老后缓慢变绿色。菌柄长 3～6 cm，直径 1～2 cm，圆柱形或向上渐细，与菌盖表面同色，表面具有深色窝斑。乳汁量少，橙色至胡萝卜色，不变色，味柔和。担子 40～60 × 8～11 μm，近棒状，4 孢。担孢子 7～9 × 5.5～7 μm，宽椭圆形至卵形，具淀粉质的不完整网纹和离散短脊。锁状联合阙如。

夏秋季生于松林中地上。外生菌根菌。分布于云南中部和北部。可食，著名食用菌。

云杉乳菇
Lactarius deterrimus Gröger

红菇目 Russulales　　红菇科 Russulaceae

菌盖直径 5 ～ 10 cm，扁半球形至平展，中央下凹；表面湿时稍黏，橘红色至橘黄色，局部带绿色色调，具不明显同心环纹，边缘内卷；菌肉近白色，味柔和。菌褶直生，鲜橘黄色，受伤后缓慢变绿色。菌柄长 3 ～ 6 cm，直径 1 ～ 3 cm，圆柱形，较菌盖色淡，近平滑。乳汁橘黄色至橘红色，受伤后缓慢变绿色，味柔和。担子 45 ～ 60 × 9 ～ 12 μm，近棒状或近圆柱形，4 孢。担孢子 8 ～ 10 × 6 ～ 7 μm，宽椭圆形至卵形，具淀粉质的不完整网纹和离散短脊。锁状联合阙如。

夏秋季生于亚高山带云杉林中地上。外生菌根菌。分布于云南西北部。可食。

纤细乳菇
Lactarius gracilis Hongo

红菇目 Russulales　　红菇科 Russulaceae

菌盖直径 1 ～ 3 cm，扁半球形至平展，中央有一棘凸；表面褐色、红褐色至肉桂色，边缘具明显流苏状毛；菌肉淡褐色，不辣。菌褶直生至延生。菌柄长 4 ～ 5 cm，直径 0.2 ～ 0.4 cm，圆柱形或向下渐粗，与菌盖表面同色或稍浅，基部有硬毛。乳汁少，白色，不变色，不辣。担子 35 ～ 45 × 8 ～ 12 μm，棒状，4 孢。担孢子 7.5 ～ 8.5 × 6.5 ～ 7.5 μm，宽椭圆形，具淀粉质的完整至不完整的网纹。侧生囊状体不常见，纺锤形，70 ～ 100 × 11 ～ 15 μm。缘生囊状体阙如。锁状联合阙如。

夏秋季生于阔叶林或针阔混交林中地上。外生菌根菌。分布于云南大部。不可食。

红汁乳菇　谷熟菌、铜绿菌
Lactarius hatsudake Nobuj. Tanaka

红菇目 Russulales　　红菇科 Russulaceae

菌盖直径 3 ～ 6 cm，扁半球形至平展，中央下凹；表面湿时稍黏，灰红色至淡红色，有不清晰的同心环纹或无环纹，边缘内卷；菌肉淡红色，味柔和。菌褶直生至延生，中密，酒红色，受伤后或老后缓慢变蓝绿色。菌柄长 2 ～ 6 cm，直径 0.5 ～ 1 cm，圆柱形或向下渐细，与菌盖表面同色，受伤后缓慢变蓝绿色，无窝斑。乳汁少，酒红色，不变色，味柔和。担子 50 ～ 60 × 9 ～ 12 μm，棒状，4 孢。担孢子 7.5 ～ 9 × 6.5 ～ 7.5 μm，宽椭圆形，具淀粉质的完整至不完整的网纹。锁状联合阙如。

夏秋季生于针叶林中地上。外生菌根菌。分布于云南大部。可食，著名食用菌。

横断山乳菇
Lactarius hengduanensis X.H. Wang

红菇目 Russulales　　红菇科 Russulaceae

菌盖直径 5 ～ 7 cm，初期半球形中凹，后期浅漏斗形；表面稍黏，橙色、黄褐色或酒红色并带橙色色调，水浸状，具微弱同心环纹；菌肉厚 3 ～ 5 mm，淡灰红色或橙色，具橙色小点，受伤后变铜绿色。菌褶宽 2 ～ 4 mm，短延生，密，橙色。菌柄长 3 ～ 5 cm，直径 1.2 ～ 1.5 cm，近圆柱形，艳橙色，无窝斑，受伤变铜绿色。乳汁少，深橙色，味柔和。担子 50 ～ 60 × 9 ～ 13 μm，棒状，4 孢。担孢子 8 ～ 9.5 × 6.5 ～ 8 μm，具不完整网纹，纹饰高 0.3 ～ 1 μm。侧生囊状体缺至常见，近褶缘处丰富，30 ～ 70 × 5 ～ 8 μm，近纺锤形至披针形。缘生囊状体阙如。锁状联合阙如。

夏秋季生于亚高山云杉林中地上。外生菌根菌。分布于云南西北部。本种因模式标本产自横断山区而得名。可食。在香格里拉市场，本种常与假红汁乳菇混杂在一起出售。

毛脚乳菇
Lactarius hirtipes J.Z. Ying

红菇目 Russulales   红菇科 Russulaceae

菌盖直径 2 ～ 6 cm，平展中凹，中央常有一小凸起；表面干，光滑，有时有皱缩，红褐色至橙褐色，菌肉厚 1 ～ 2 mm，淡红褐色，味柔和或稍苦涩。菌褶宽 2 ～ 3 mm，短延生，密，淡黄色或淡红褐色。菌柄长 3 ～ 8 cm，直径 0.3 ～ 0.5 cm，光滑，红褐色，基部具同色刺毛。乳汁白色或水样液，苦涩后柔和。担子 30 ～ 45 × 11 ～ 15 μm，棒状，4 孢。担孢子 6.5 ～ 8 × 6 ～ 7.5 μm，近球形，具近完整网纹，纹饰高 0.6 ～ 1 μm。侧生大囊体不常见至常见，40 ～ 75 × 6 ～ 10 μm，细纺锤形。缘生囊状体阙如。菌肉菌髓无莲座细胞群。盖表皮具连续的球形细胞层。锁状联合阙如。

夏秋季生于亚热带阔叶林或针阔混交林中地上或枯枝落叶层上。外生菌根菌。分布于云南中部和西部。本种因菌柄基部具刺毛而得名，模式标本产自宾川鸡足山。有毒，误食引起胃肠炎型中毒。

蜡蘑状乳菇
Lactarius laccarioides Wisitr. & Verbeken

红菇目 Russulales   红菇科 Russulaceae

菌盖直径 3 ～ 7 cm，初期平展凸镜形，后期浅漏斗形，中心具棘凸；表面近光滑，橙褐色、黄褐色至红褐色，水浸状，具明显放射状沟纹；菌肉极薄，约 1 mm，与菌盖表面同色，具香味。菌褶宽 4 ～ 6 mm，短延生，稀疏，浅橙色至近橙褐色，表面有霜质感。菌柄长 3 ～ 6 cm，直径 0.4 ～ 0.6 cm，光滑，干，与菌盖表面同色，中下部具长刺毛，与菌盖近同色。乳汁水样液，丰富，柔和。担子 40 ～ 55 × 9 ～ 14 μm，棒状，4 孢。担孢子 6.5 ～ 8.5 × 6 ～ 7.5 μm，近球形或宽椭圆形，纹饰高达 1 μm，条脊部分相连。囊状体阙如。盖表皮具膨大细胞。锁状联合阙如。

夏秋季生于热带和南亚热带阔叶林中地上。外生菌根菌。分布于云南南部。可能有毒，误食可能会引起胃肠炎型中毒。

木生乳菇
Lactarius lignicola W.F. Chiu

红菇目 Russulales　　　红菇科 Russulaceae

菌盖直径 3 ~ 7 cm，初期平展，后期浅漏斗形；表面褐色至灰褐色，中部色较深，边缘色较淡，黄褐色，具不明显或明显的同心环纹；菌肉白色，辣。菌褶延生，密，淡黄色至黄褐色。菌柄长 2 ~ 5 cm，直径 0.5 ~ 1.2 cm，常偏生，圆柱形，褐色或淡褐色，光滑，基部具毛。乳汁白色，干后在菌褶上变为淡灰黄色，苦而辣。担子 35 ~ 40 × 10 ~ 13 μm，棒状，4 孢。担孢子 7 ~ 8.5 × 6 ~ 7.5 μm，宽椭圆形，有由细线相连的淀粉质疣凸。锁状联合阙如。

夏秋季生于阔叶林或针阔混交林中腐木上。外生菌根菌。分布于云南大部，但高山亚高山地区除外。食性不明。

褐黄乳菇
Lactarius luridus (Pers.) Gray

红菇目 Russulales　　　红菇科 Russulaceae

菌盖直径 3 ~ 8 cm，平展，中心稍凹陷；表面幼时暗灰堇紫色，成熟后中心淡灰褐色或暗黄褐色，有时有堇紫色色调，边缘色浅，具微弱同心环纹，湿时胶黏；菌肉厚 3 ~ 5 mm，近白色，受伤后变紫色，极苦涩。菌褶宽 3 ~ 6 mm，密至近密，延生，近白色，受伤后被乳汁染为紫色。菌柄长 3 ~ 11 cm，直径 0.8 ~ 1.8 cm，胶黏，近白色。乳汁多，近白色，不变色，缓慢将菌盖、菌肉、菌褶、菌柄染成堇紫色。担子 35 ~ 50 × 11 ~ 14 μm，近棒状，4 孢。担孢子 8 ~ 11 × 6.5 ~ 8 μm，椭圆形，条脊形成近完整网纹，纹饰高 0.5 ~ 1 μm。侧生囊状体 60 ~ 90 × 10 ~ 15 μm，近披针形或纺锤形，常见。缘生囊状体 25 ~ 40 × 3.5 ~ 8 μm，近纺锤形或近圆柱状，常见。盖表皮不规则黏栅状。

夏秋季生于亚高山带针阔混交林中地上。外生菌根菌。分布于云南西北部。菌肉极苦涩，不可食。

东方油味乳菇
Lactarius orientiliquietus X.H. Wang

红菇目 Russulales　　红菇科 Russulaceae

菌盖直径 1.5 ~ 3 cm，初期半球形，后期中央下凹；表面稍黏，幼时红褐色，成熟后暗黄褐色，水浸状，具微弱或清晰同心环纹；菌肉厚 1 mm，近与盖表同色。菌褶宽 1.5 ~ 3 mm，弯生或短延生，密，奶油色，后期灰橙色。菌柄长 2 ~ 4.5 cm，直径 0.4 ~ 0.7 cm，表面干，上部黄褐色，下部褐色，水浸状。乳汁奶油白色或水样液，不变色。担子 30 ~ 50 × 10 ~ 14 μm，棒状，4 孢。担孢子 6.5 ~ 8.5 × 5.5 ~ 7 μm，宽椭圆形，由较粗的条脊和细线连成网纹，纹饰高 0.7 ~ 1.5。囊状体 20 ~ 80 × 4 ~ 12 μm，纺锤形、圆柱形或近棒状，常见。盖表皮菌丝平伏型。锁状联合阙如。

夏秋季生于亚热带和热带阔叶林中地上。外生菌根菌。分布于云南东南部。不可食。

淡环乳菇
Lactarius pallidizonatus X.H. Wang

红菇目 Russulales   红菇科 Russulaceae

菌盖直径 5 ～ 12 cm，平展中凹，成熟时浅漏斗形；表面光滑，黏滑，中心褐橙色，其余部位橙黄色，水浸状，具微弱同心环纹或不具环纹，边缘具放射状细条纹；菌肉厚达 4 mm，奶油白色。菌褶宽 4 ～ 5 mm，直生或短延生，近密至密，淡黄色或奶油色。菌柄长 5 ～ 7 cm，直径 1.1 ～ 1.2 cm，光滑，近基部具窝斑；基部具黄褐色糙伏毛，淡橙色。乳汁白色，不变色，苦涩。担子 40 ～ 55 × 10 ～ 15 μm，棒状，4 孢。担孢子 7 ～ 9.5 × 5.5 ～ 7.5 μm，椭圆形，具完整或近完整网纹，孤立的疣凸存在，纹饰高 0.4 ～ 0.6 μm。侧生大囊体 80 ～ 120 × 11 ～ 15 μm，不常见，纺锤形至披针形，顶端尖。缘生大囊体阙如。盖表皮黏菌丝平伏型。锁状联合阙如。

夏秋季生于亚高山带针阔叶林中地上。外生菌根菌。分布于云南西北部。模式标本产自香格里拉市格咱乡。乳汁苦涩，不可食。

拟脆乳菇

Lactarius pseudofragilis X.H. Wang

红菇目 Russulales   红菇科 Russulaceae

菌盖直径 1.5 ～ 5 cm，平展中凹，中心具棘凸；表面具明显皱纹，褐色至暗褐色，成熟时黄褐色，水浸状；菌肉厚 0.5 ～ 1 mm，黄褐色至淡褐色。菌褶宽 2 ～ 4 mm，短延生，密，褐色至黄褐色，边缘褐色。菌柄长 3 ～ 6 cm，直径 0.2 ～ 0.8 cm，污褐色至暗褐色，基部具刺毛。乳汁水样液，不变色。担子 35 ～ 60 × 9 ～ 15 μm，棒状，4 孢。担孢子 6.5 ～ 8.5 × 6 ～ 8 μm，球形或近球形，纹饰高 0.5 ～ 1.3 μm，由条脊相连形成网纹。侧生囊状体 25 ～ 45 × 5 ～ 8 μm，纺锤形，埋生于子实层中，常见。盖表皮具连续的膨大细胞层。锁状联合阙如。

夏秋季生于亚高山阔叶林中地上。外生菌根菌。分布于云南西北部。模式标本产自香格里拉普达措国家公园碧塔海。不可食。

假红汁乳菇

Lactarius pseudohatsudake X.H. Wang

红菇目 Russulales   红菇科 Russulaceae

菌盖直径 5 ～ 10 cm，浅漏斗形；表面灰红色或暗红色，常混有蓝绿色色调，黏，水浸状，具微弱或清晰同心环纹；菌肉厚 3 ～ 4 mm，淡灰红色，具紫红色小点。菌褶宽 2 ～ 4 mm，短延生，密，暗红色或紫红色。菌柄长 3 ～ 9 cm，直径 0.7 ～ 2 cm，淡红色。乳汁少，酒红色，受伤或老后变铜绿色。担子 45 ～ 65 × 9 ～ 14 μm，近棒状，4 孢。担孢子 7.5 ～ 9.5 × 6 ～ 7.5 μm，由部分相连的长短不一的条脊和孤立的疣凸构成，纹饰高 0.3 ～ 0.7 μm。大囊体少见至常见，40 ～ 70 × 6 ～ 10 μm，近纺锤形。锁状联合阙如。

夏秋季生于亚高山云杉林中地上。外生菌根菌。分布于云南西北部，模式标本产自香格里拉市小中甸镇。可食。

窝柄黄乳菇

Lactarius scrobiculatus (Scop.) Fr.

红菇目 Russulales   红菇科 Russulaceae

　　菌盖直径 10 ~ 15 cm，漏斗形至深漏斗形，边缘幼时强烈内卷，成熟后平展；表面黄褐色、赤褐色或谷黄色，具水浸状同心环纹，黏，边缘具明显胶黏长毛；菌肉厚 5 ~ 6 mm，黄白色。菌褶宽 3 ~ 4 mm，延生，近密至密，奶油黄色。菌柄长 5 ~ 12 cm，直径 2 ~ 4 cm，中生，表面光滑，赤褐色或淡黄色，具明显窝斑。乳汁水样液或白色，少，很快变硫黄色，辣。担子 50 ~ 65 × 11 ~ 14 μm，棒状，4 孢。担孢子 6.5 ~ 9 × 5.5 ~ 7.5 μm，椭圆形，纹饰高 0.8 μm，部分脊间相连，孤立的疣凸常见，不形成封闭的网眼及网纹。大囊体阙如。盖表皮黏 0.3 ~ 菌丝平伏型。锁状联合阙如。

　　夏秋季生于亚高山云杉林中地上。外生菌根菌。分布于云南西北部。有毒，误食导致胃肠炎型中毒。

中华环纹乳菇

Lactarius sinozonarius X.H. Wang

红菇目 Russulales   红菇科 Russulaceae

　　菌盖直径 6 ~ 16 cm，幼时边缘强烈内卷，成熟后浅漏斗形；表面湿时黏，淡黄色、橙色、浅橙色或橙褐色，具明显同心环纹，边缘具白色菌丝但无毛，常具半透明放射状条纹；菌肉厚 4 ~ 5 mm，白色、浅橙色或橙色。菌褶宽 2 ~ 3 mm，延生，密，近柄处具分叉，奶油色至橙黄色。菌柄长 4 ~ 8 cm，直径 0.8 ~ 2 cm，橙黄色，表面常具窝斑。乳汁奶油白色，不变色，极苦辣。担子 40 ~ 55 × 10 ~ 13 μm，棒状，4 孢。担孢子 7 ~ 9 × 5.5 ~ 7.5 μm，椭圆形，纹饰高 0.5 ~ 1 μm，由不规则排列的脊和疣构成，偶形成封闭的网眼。侧生大囊体常见，40 ~ 60 × 5 ~ 7 μm，细弱，不显著，细纺锤形或细圆柱形。缘生大囊体阙如。盖表皮黏菌丝平伏型。锁状联合阙如。

　　夏秋季生于亚热带阔叶林或针阔混交林中地上。外生菌根菌。分布于云南中部和西北部。模式标本产自玉龙雪山。乳汁苦涩，不可食。

亚靛蓝乳菇
Lactarius subindigo Verbeken & E. Horak

红菇目 Russulales 红菇科 Russulaceae

　　菌盖直径 5 ~ 10 cm，幼时边缘强烈内卷，成熟后平展中凹至浅漏斗形；表面黏，靛蓝色或灰蓝色，中心常黄褐色，具清晰同心环纹，水浸状；菌肉厚 3 ~ 5 mm，靛蓝色。菌褶宽 3 ~ 6 mm，近密，靛蓝色。菌柄长 3 ~ 6 cm，直径 1 ~ 2 cm，靛蓝色，具深色窝斑。乳汁少，靛蓝色。担子 55 ~ 65 × 11 ~ 13 μm，棒状，4 孢。担孢子 7 ~ 8.5 × 5.5 ~ 6.5 μm，由条脊形成近完整网纹或不为网纹，纹饰高 0.6 ~ 0.8 μm。侧生大囊体极少，40 ~ 65 × 5 ~ 7 μm，近纺锤形，顶端串珠状。缘生大囊体少，20 ~ 35 × 4 ~ 7 μm，近纺锤形，顶端串珠状。盖表皮黏菌丝平伏型。锁状联合阙如。

　　夏秋季生于亚热带阔叶林中地上。外生菌根菌。分布于云南中部和东南部。可食。

毛头乳菇
Lactarius torminosus (L.) Fr.

红菇目 Russulales 红菇科 Russulaceae

　　菌盖直径 4 ~ 10 cm，平展中凹；表面湿时黏，肉粉色至深粉色，老后偏黄褐色，具同心环纹，边缘内卷，具明显刺毛，毛不胶黏；菌肉厚 3 ~ 5 mm，近白色。菌褶宽 4 ~ 6 mm，短延生，极密，淡肉粉色。菌柄长 3 ~ 7.5 cm，直径 1 ~ 2 cm，淡粉色，偶有窝斑。乳汁白色，不变色，极辣。担子 45 ~ 55 × 9 ~ 12 μm，棒状，4 孢。担孢子 8 ~ 9.5 × 6 ~ 7 μm，由不规则条脊形成不完整网纹，纹饰高 0.3 ~ 0.7 μm。侧生大囊体不常见至常见，60 ~ 70 × 7 ~ 10 μm，近圆柱状或细纺锤形。缘生大囊体常见，40 ~ 60 × 5 ~ 8 μm，近圆柱形、细纺锤形或棒状。盖表皮黏菌丝平伏型。锁状联合阙如。

　　夏秋季生于亚高山桦木林中地上。外生菌根菌。分布于云南西北部。有毒，误食导致胃肠炎型中毒或四肢发炎疼痛。

常见乳菇
Lactarius trivialis (Fr.) Fr.

红菇目 Russulales   红菇科 Russulaceae

菌盖直径 4～10 cm，平展下凹；表面强烈胶黏，褐色杂暗肉紫色色调，个别部位色稍浅，幼时常具深浅不一的色斑，成熟后呈黄褐色杂肉紫色，边缘光滑无毛；菌肉厚 3～4 mm，近白色。菌褶宽 3～7 mm，直生至短延生，密至近密，幼时黄白色，成熟时浅黄色。菌柄长 4～7 cm，直径 1～1.5 cm，表面胶黏，具窝斑或否，与菌褶近同色，基部具糙伏毛。乳汁丰富，白色，不变色或缓慢变灰色，苦涩。担子 50～60 × 12～15 μm，棒状，4 孢。担孢子 7～10.5 × 5.5～8.5 μm，椭圆形，脊和疣凸间很少相连，有时排列为斑马纹式样，纹饰高 0.8～1 (1.5) μm。侧生囊状体 60～90 × 10～13 μm，显著，纺锤形或近棒状，常见。缘生囊状体 30～50 × 7～12 μm，近圆柱状或近棒状，常见。盖表皮黏栅状。锁状联合阙如。

夏秋季生于亚高山带针叶林或针阔混交林中地上。外生菌根菌。分布于云南西北部。不可食。

迷惑多汁乳菇
Lactifluus deceptivus (Peck) Kuntze

红菇目 Russulales 　红菇科 Russulaceae

　　菌盖直径 7 ~ 13 cm，平展中凹；表面纤毛质感，中心淡橙色或稍褐色，边缘黄白色或白色，老时黄褐色，幼时边缘内卷具由白色绵毛形成的领圈，成熟时绵毛宿存，常呈同心放射状开裂；菌肉厚 4 ~ 5 mm，白色。菌褶宽 3 ~ 5 mm，直生，短延生，近密至密，幼时黄白色，成熟时淡橙色至橙白色。菌柄长 4 ~ 8 cm，直径 1.5 ~ 3.5 cm，表面密被长绒毛，白色。乳汁白色，染菌褶初期为粉红色后期稍褐色，极辣。担子 55 ~ 60 × 9 ~ 12 μm，棒状，4 孢。担孢子 7 ~ 10.5 × 5.5 ~ 9 μm，宽椭圆形至椭圆形，纹饰高达 2 μm，由孤立的刺疣构成；刺疣不规则，稀疏。侧生大囊体 60 ~ 80 × 5 ~ 8 μm，近圆柱状或长棒状，丰富。缘生大囊休丰富，近圆柱形。盖表皮菌丝平伏型。菌柄表皮具厚壁菌丝。锁状联合阙如。

　　夏秋季生于亚热带和热带针叶林中地上。外生菌根菌。分布于云南中部和西部。不可食。

306

达哇里多汁乳菇
Lactifluus dwaliensis (K. Das *et al.*) K. Das

红菇目 Russulales   红菇科 Russulaceae

菌盖直径 6 ~ 7 cm, 平展中凹至浅漏斗形; 表面干, 光滑, 白色或污白色, 中心具放射状皱纹, 有时表皮皱缩为小网格状; 菌肉厚 3 ~ 4 mm, 白色。菌褶宽 3 ~ 4 mm, 延生, 稀或近稀, 奶油色。菌柄长 5 ~ 6 cm, 直径 1.5 ~ 2 cm, 表面霜质感, 白色。乳汁丰富, 起初白色或奶油色, 染菌褶为褐色, 不变色或缓慢变黄色, 不辣。担子 38 ~ 50 × 8 ~ 12 μm, 棒状, 4 孢。担孢子 7 ~ 8.5 × 6 ~ 7.5 μm, 宽椭圆形至椭圆形, 纹饰由较稀疏的条脊和疣构成, 各成分间不同程度相连, 高 0.1 ~ 0.3 μm。侧生大囊体丰富, 50 ~ 70 × 6 ~ 10 μm, 近圆柱状或棒状, 顶端钝圆, 具浓稠内含物。盖表皮具膨大细胞层。锁状联合阙如。

夏秋季生于亚热带和热带针叶林中地上。外生菌根菌。分布于云南南部。可食。

绒毛多汁乳菇   奶浆菌
Lactifluus echinatus (Thiers) De Crop

红菇目 Russulales   红菇科 Russulaceae

菌盖直径 2 ~ 8 cm, 平展中凹; 表面微皱, 具绒质感, 淡黄褐色、土黄色至浅褐色, 局部近白色; 菌肉厚 3 ~ 5 mm, 白色, 伤染褐色, 具鱼腥味。菌褶宽 2 ~ 5 mm, 延生, 中等稀疏至近密, 分叉, 奶油白色, 伤染褐色。菌柄长 2 ~ 4 cm, 直径 0.6 ~ 1.4 cm, 中生至偏生, 表面具绒质感, 与菌盖表面同色或稍浅, 受伤后变褐色。乳汁丰富, 白色, 有时变水样液, 苦涩而辣, 染菌褶为褐色。担子 55 ~ 60 × 9 ~ 12 μm, 棒状, 4 孢。担孢子 6.5 ~ 9.5 × 5.5 ~ 8 μm, 椭圆形, 纹饰为孤立的锥状疣凸, 高 0.6 ~ 1 μm。侧生大囊体缺。褶缘具明显伸长顶端膨大为头状的细胞。盖表皮具厚壁菌丝和球状细胞。

夏秋季生于亚热带和热带针叶林或针阔混交林中地下。外生菌根菌。分布于云南中部和南部。可食。

稀褶茸多汁乳菇　奶浆菌
Lactifluus gerardii (Peck) Kuntze

红菇目 Russulales　　红菇科 Russulaceae

　　菌盖直径 2 ~ 10 cm，平展，中央常稍凹陷具一小凸起；表面具绒质感，干，灰黄色或黄褐色，偶黑褐色，具放射状皱纹；菌肉厚 2 ~ 4 mm，白色，不变色。菌褶宽 7 ~ 12 mm，延生，厚，极稀，白色、污白色或奶油白色。菌柄长 3 ~ 8 cm，直径 0.5 ~ 1.7 cm，与菌盖表面同色。乳汁白色，不变色或变为水样液，味柔和。担子 40 ~ 80 × 9 ~ 13 μm，棒状，4 孢。担孢子 8 ~ 11.5 × 7.5 ~ 10 μm，由较为规则的条脊形成完整网纹，纹饰高 0.5 ~ 0.8 μm。囊状体阙如。盖表皮具膨大细胞层和直立的菌丝，直立菌丝褐色。

　　夏秋季生于亚热带和热带阔叶林或针阔混交林中地上。外生菌根菌。分布于云南各地。本种实为一个物种复合群，包含多个用 DNA 序列可以区分开的物种，但这些物种在形态上没有清晰的界限。可食。

赭汁多汁乳菇
Lactifluus ochrogalactus (M. Hashiya) X.H. Wang

红菇目 Russulales　　红菇科 Russulaceae

　　菌盖直径 3 ~ 8 cm，扁半球形至平展，有时中央下凹；表面干，具绒质感，有皱纹，污褐色，表皮常龟裂；菌肉污白色，受伤后先变淡紫色，最后变污褐色，味柔和。菌褶延生，稀疏，污褐色，受伤后缓慢变淡红色至红褐色。菌柄长 4 ~ 7 cm，直径 0.5 ~ 1.5 cm，圆柱形或向上渐细，与菌盖表面同色或稍淡。乳汁菜油色，不变色，不辣。担子 50 ~ 65 × 13 ~ 15 μm，棒状，4 孢。担孢子 8 ~ 10 × 6.5 ~ 8 μm，宽椭圆形，具淀粉质的疣凸，疣凸间由细线相连形成近完整的网纹。大囊体细长。盖表皮具膨大细胞层和厚壁菌丝。锁状联合阙如。

　　夏秋季生于亚热带阔叶林中地上。外生菌根菌。分布于云南中部。食性不明。

长绒多汁乳菇　白奶浆菌
Lactifluus pilosus (Verbeken *et al.*) Verbeken

红菇目 Russulales　　红菇科 Russulaceae

菌盖直径 5 ～ 10 cm，扁半球形至平展，中央下凹；表面具密集长毛，白色至奶油色；菌肉白色，辣。菌褶延生，稀，白色至奶油色，受伤变黄褐色。菌柄长 2 ～ 5 cm，直径 2 ～ 3 cm，表面具密集长毛，白色。乳汁白色，染菌褶为褐色至黄褐色，辣。担子 35 ～ 50 × 7 ～ 10 μm，棒状，4 孢。担孢子 7.5 ～ 9.5 × 6.5 ～ 8 μm，宽椭圆形至近球形，有低而细弱的淀粉质纹饰。大囊体丰富。锁状联合阙如。

夏秋季生于针叶林中地上。外生菌根菌。分布于云南中部和北部。常有人采食。

宽囊多汁乳菇　奶浆菌
Lactifluus pinguis (Van de Putte & Verbeken) Van de Putte

红菇目 Russulales　　红菇科 Russulaceae

菌盖直径 3 ～ 10 cm，平展中凹；表面干，具绒质感和皱纹，奶油色、浅黄褐色或橙褐色；菌肉厚 2 ～ 4 mm，近奶油色至淡黄色，受伤后变褐色，具鱼腥味。菌褶宽 2 ～ 4 mm，短延生，密，奶油黄色，伤处被乳汁染为褐色。菌柄长 3 ～ 10 cm，直径 0.7 ～ 1.5 cm，表面干，近绒质，奶油色至浅橙黄色或浅橙褐色。乳汁丰富，白色，染菌褶为褐色。担子 40 ～ 65 × 11 ～ 14 μm，棒状，4 孢。担孢子 8 ～ 10 × 7.5 ～ 9.5 μm，球形，具完整网纹，纹饰高达 2 μm。侧生囊状体 50 ～ 120 × 7 ～ 17 μm，丰富，厚壁。盖表皮具厚壁菌丝和球形细胞。锁状联合阙如。

夏秋季生于亚热带和热带阔叶林或针阔混交林中地上。外生菌根菌。分布于云南中部和南部。可食。

辣味多汁乳菇　白辣菌
Lactifluus piperatus (L.) Roussel

红菇目 Russulales　　红菇科 Russulaceae

菌盖直径 6 ~ 10 cm，扁半球形至平展，中央下凹；表面干，有细皱纹，白色至奶油色；菌肉白色，辣。菌褶直生至近延生，密，低矮，白色至奶油色，分叉。菌柄长 4 ~ 7 cm，直径 1 ~ 2 cm，白色。乳汁白色，不变色，辣。担子 32 ~ 45 × 8 ~ 10 μm，棒状，4 孢。担孢子 7 ~ 9.5 × 6 ~ 8 μm，宽椭圆形至椭圆形，有淀粉质的不完整网纹，纹饰低。大囊体丰富。盖表皮具膨大细胞，其上生菌丝层。锁状联合阙如。

夏秋季生于针叶林中地上。外生菌根菌。分布于云南大部。误食导致胃肠炎型中毒。

假稀褶多汁乳菇　奶浆菌
Lactifluus pseudohygrophoroides H. Lee & Y.W. Lim

红菇目 Russulales　　红菇科 Russulaceae

菌盖直径 3 ~ 10 cm，平展中凹，有时呈浅漏斗形；表面具干，皱纹，具粉绒质感，红褐色至橙褐色，干，常龟裂；菌肉厚 3 ~ 5 mm，近白色，味柔和。菌褶宽 2 ~ 10 mm，稀，奶油黄色至金黄色。菌柄长 1 ~ 4 cm，直径 0.6 ~ 1.5 cm，圆柱形或向下渐细，与菌柄同色或稍浅。乳汁丰富，白色，不变色，味柔和。担子 45 ~ 63 × 9 ~ 13 μm，棒状，4 孢。担孢子 8 ~ 9.5 × 6.5 ~ 7.5 μm，具条脊形成的不完整至完整网纹，纹饰高 0.2 ~ 0.6 μm。囊状体阙如。盖表皮具厚壁菌丝和膨大细胞。

夏秋季生于亚热带针叶林或针阔混交林中地上。外生菌根菌。分布于云南中部和南部山地。可食。

薄囊体多汁乳菇　奶浆菌
Lactifluus tenuicystidiatus (X.H. Wang & Verbeken) X.H. Wang

红菇目 Russulales　　红菇科 Russulaceae

　　菌盖直径 6 ～ 13 cm，幼时边缘内卷，成熟后平展中凹，中央有或无棘凸；表面干，稍具绒质感，有皱纹，橙色、灰橙色或灰红色；菌肉厚 0.7 ～ 1 cm，白色，味柔和，受伤后变褐色。菌褶宽 4 ～ 10 mm，直生至短延生，稀至近稀，淡橙色至淡黄色，受伤后变褐色。菌柄长 3 ～ 9 cm，直径 1 ～ 3 cm，粗壮，实心，坚硬，表面常具不规则隆起，干，稍具粉绒质感，淡橙色至白色，基部具白色毛绒。乳汁多，白色，不变色，染菌褶为褐色，柔和或稍涩。担子 55 ～ 80 × 9 ～ 10 μm，棒状，4 孢。担孢子 6.5 ～ 8 × 5.5 ～ 7 μm，椭圆形，纹饰为以细线相连的微弱的疣凸，形成不完整或近完整网纹，高约 0.2 μm。侧生大囊体少见至丰富，常在近褶缘处丰富，65 ～ 90 × 6 ～ 9 μm，纺锤形或近棒状。盖表皮具球形细胞层和厚壁菌丝。锁状联合阙如。

　　夏秋季生于亚热带和热带针叶林或针阔混交林中地上。外生菌根菌。分布于云南中部和南部。可食。

热带中华多汁乳菇　奶浆菌
Lactifluus tropicosinicus X.H. Wang

红菇目 Russulales　　红菇科 Russulaceae

　　菌盖直径 6 ~ 11 cm，平展中凹；表面干，常具皱纹，具粉绒质感，奶油色或淡黄色，有时近白色；菌肉厚 4 ~ 8 mm，白色或淡黄色，受伤后变褐色，具鱼腥味。菌褶宽 4 ~ 8 mm，直生至短延生，较密，白色或黄白色。菌柄长 4 ~ 7 cm，直径 1 ~ 2 cm，表面稍粉绒质，白色至黄白色。乳汁丰富，白色，染菌褶为褐色，味柔和。担子 55 ~ 73 × 7 ~ 10 μm，棒状，4 孢。担孢子 6.5 ~ 8 × 5.5 ~ 6.5 μm，椭圆形，具部分相连的细条脊，纹饰高约 0.2 μm。大囊体 55 ~ 90 × 5 ~ 9 μm，细弱，薄壁，圆柱形，少。盖表皮具稍厚壁的菌丝和球形细胞层。锁状联合阙如。

　　夏秋季生于亚热带和热带阔叶林或针阔混交林中地上。外生菌根菌。分布于云南中部和南部。可食。

多型多汁乳菇　奶浆菌
Lactifluus versiformis Van de Putte *et al.*

红菇目 Russulales　　红菇科 Russulaceae

　　菌盖直径 5 ~ 10 cm，平展，有时中部凹陷呈浅漏斗形；表面干，具粉绒质感，橙褐色、红褐色至褐色，常龟裂；菌肉厚 3 ~ 5 mm，近奶油色或淡黄色，暴露受伤后变褐色。菌褶宽 2 ~ 4 mm，密，奶油黄色或橙褐色。菌柄长 3 ~ 10 cm，直径 0.7 ~ 1.5 cm，表面具绒质感，浅橙褐色。乳汁丰富，白色，染菌褶为褐色，具鱼腥味。担子 45 ~ 65 × 10 ~ 15 μm，棒状，4 孢。担孢子 9 ~ 11 × 8 ~ 10 μm，具完整细密网纹，纹饰高约 0.5 μm。囊状体 40 ~ 120 × 6 ~ 12 μm，近纺锤形，厚壁，丰富。盖表皮具厚壁菌丝和球形细胞层。锁状联合阙如。

　　夏秋季生于亚高山栎林、松栎混交林或五针松林中地上。外生菌根菌。分布于云南西北部。可食。

假多叉叉褶菇
Multifurca pseudofurcata X.H. Wang

红菇目 Russulales　　红菇科 Russulaceae

　　菌盖直径 4～7 cm，平展中凹；表面光滑，稍黏，亮黄褐色，成熟后变暗黄褐色，边缘色浅，具微弱或清晰同心环纹，有时具水浸状窝斑，边缘幼时强烈内卷，成熟后内卷或稍内卷，瓣裂，波状；菌肉近白色，味苦辣。菌褶宽 1～5 mm，短延生，近密至密，多次分叉，奶油黄色，成熟后较暗。菌柄长 1～4 cm，直径 1.2～1.5 cm，偏生，初期白色，后期黄色或稍具绿色色调，具窝斑，基部菌丝白色。乳汁白色，受伤后不变色或干后变黄绿色，味苦辣。担子 30～50×6～9 μm，棒状，4 孢。担孢子 4～6×3～5 μm，椭圆形，纹饰弱，高仅约 0.2 μm，由孤立的疣凸构成，疣间少有连线。囊状体阙如。盖表皮黏菌丝平伏型。锁状联合阙如。

　　夏秋季生于亚热带和热带针阔混交林中地上。外生菌根菌。分布于云南中部、西部和南部。模式标本产自维西县塔城镇其宗村。不可食。

喜山叉褶菇
Multifurca roxburghii Buyck & V. Hofst.

红菇目 Russulales　　红菇科 Russulaceae

　　菌盖直径 5 ～ 7 cm，中间凹陷稍呈浅漏斗形；表面光滑，白色，具水浸状同心环纹，边缘锐而薄；菌肉厚 4 ～ 5 mm，致密，白色，水浸状，具环纹，有水果芳香气味。菌褶宽 1 ～ 2 mm，延生，多次分叉，浅黄色。菌柄长 3 ～ 4 cm，直径 1.2 ～ 1.5 cm，中生至偏生，表面白色，偶具淡黄色色调。担子 35 ～ 50 × 7 ～ 9 μm，棒状，4 孢。担孢子 5.5 ～ 6.5 × 4 ～ 5 μm，椭圆形，纹饰由不规则的疣凸和条脊相连构成，各成分间部分相连，不形成网状或形成破碎的网状，高达 0.3 μm。侧生大囊体丰富，分两种类型：第一种弱而短，35 ～ 55 × 5 ～ 10 μm；第二种粗壮且大，80 ～ 120 × 10 ～ 20 μm，纺锤形至烧瓶形。菌褶边缘可育，具散生的囊状体。盖表皮菌丝交织型。锁状联合阙如。

　　夏秋季生于松林或针阔混交林中地上。外生菌根菌。分布于云南中部和西部。食性不明。

环纹叉褶菇
Multifurca zonaria (Buyck & Desjardin) Buyck & V. Hofst.

红菇目 Russulales   红菇科 Russulaceae

　　菌盖直径 2 ～ 5 cm，中心凹陷；表面近无毛，淡黄色或淡橙色，边缘近白色，有或无同心环纹，边缘内卷；菌肉厚 3 ～ 4 mm，白色，具环纹，气味令人不悦。菌褶宽约 1 mm，延生，近密，分叉，初期奶油色或淡黄色，后期颜色较深。菌柄长 1.2 ～ 1.5 cm，直径 1 ～ 2 cm，表面近绒质，污白色，局部具窝斑。担子 30 ～ 45 × 8 ～ 10 μm，棒状，4 孢。担孢子 5 ～ 6.5 × 4 ～ 5.5 μm，近球形或椭圆形，纹饰为部分相连的疣凸和条脊，形成不完整的网状，高达 0.5 μm。囊状体 40 ～ 60 × 7 ～ 10 μm，近圆柱形或稍腹鼓形，少见。盖表皮菌丝交织型。锁状联合阙如。

　　夏秋季生于热带阔叶林中地上。外生菌根菌。分布于云南南部。不可食。

紫罗兰红菇

Russula amethystina Quél.

红菇目 Russulales　　红菇科 Russulaceae

　　菌盖直径 3 ~ 5 cm，初期扁半球形，成熟后中部稍凹陷，边缘平展；表面近光滑，湿时黏，干时常具霜质感，中部紫红色或紫黑色，边缘紫红色或桃红色，边缘钝圆，老后有短条纹；菌肉厚 1 ~ 2 mm，易碎，白色，成熟后稍黄色，味柔和。菌褶宽 2 ~ 5 mm，深奶油黄色，等长，褶间具横脉。菌柄长 3 ~ 5 cm，直径 1 ~ 2 cm，中生，初期实心，后期变絮状松软，白色。担子 30 ~ 40 × 11 ~ 15 μm，棒状，4 孢。担孢子 7 ~ 9 × 6 ~ 7 μm，宽椭圆形，具锥状小刺疣，疣间相连成完整的网纹，高达 0.8 μm。侧生囊状体 55 ~ 80 × 12 ~ 16 μm，棒状至近梭形，上端表面有微弱的纹饰。盖表皮具囊状体。锁状联合阙如。

　　夏秋季生于亚热带和亚高山带针叶林或针阔混交林中地上。外生菌根菌。分布于云南中部、西部和西北部。可食。

暗绿红菇

Russula atroaeruginea G.J. Li *et al.*

红菇目 Russulales　　红菇科 Russulaceae

　　菌盖直径 3 ~ 7 cm，半球形至平展，绿色至暗绿色并带黄色色调，中部色较深，边缘色较浅；菌肉白色，不变色，不辣。菌褶分叉，奶油色至淡黄色，有短菌褶。菌柄长 4 ~ 6 cm，直径 1 ~ 2 cm，白色，有时带绿色色调。担子 40 ~ 50 × 9 ~ 11 μm，棒状，4 孢。担孢子 6.5 ~ 8.5 × 6 ~ 7.5 μm，近球形至宽椭圆形，表面被淀粉质的网脊和疣凸，上脐部淀粉质不明显。锁状联合阙如。

　　夏秋季生于亚高山带针叶林中地上。外生菌根菌。分布于云南西北部。食性不明。

金红红菇

Russula aureorubra K. Das *et al.*

红菇目 Russulales   红菇科 Russulaceae

菌盖直径 3.5 ～ 5.5 cm，初期半球形，成熟后中心稍凹陷；表面金黄色、橙红色或黄红色，边缘黄色，湿时黏，成熟后边缘具明显短条纹，盖表皮从边缘向中心可剥离至半径 1/3 ～ 1/2 处；菌肉厚 2 ～ 3.5 mm，淡黄色，受伤后不变色，柔和。菌褶宽 3 ～ 7 mm，等长，稍稀，有横脉，黄色，味略苦。菌柄长 3.5 ～ 5 cm，直径 1 ～ 1.2 cm，黄色，表面具纵纹。担子 25 ～ 40 × 10 ～ 12 μm，棒状，4 孢。担孢子 7 ～ 10 × 6 ～ 8.5 μm，宽椭圆形，表面刺疣间多连线，形成近完整的网纹，刺疣高达 1.2 μm。侧生囊状体 45 ～ 80 × 8 ～ 11 μm，圆柱形至近纺锤形，丰富。缘生囊状体 25 ～ 60 × 5 ～ 11 μm，圆柱形至近纺锤形，丰富。盖表皮具囊状体。锁状联合阙如。

夏秋季生于亚热带阔叶林中地上。外生菌根菌。分布于云南中部和南部。食性不明。

百丽红菇

Russula bella Hongo

红菇目 Russulales   红菇科 Russulaceae

菌盖直径 2 ～ 5 cm，初期半球形，后期扁半球形至平展；表面具粉绒质感，粉红色、浅玫红色或胭脂红色，干时常细龟裂，表皮不易剥离，边缘无条纹；菌肉厚 1.5 ～ 2 mm，白色，味柔和，具水果香味。菌褶宽 2 ～ 3 mm，直生，密至稍稀，等长，近白色至奶油色。菌柄长 2 ～ 6 cm，直径 0.5 ～ 1 cm，白色带粉红色色调。担子 25 ～ 37 × 9 ～ 10 μm，棒状，4 孢。担孢子 6.5 ～ 7.5 × 5.5 ～ 6 μm，宽椭圆形，由疣凸和条脊相连成近网状，纹饰高达 1.5 μm。侧生囊状体 45 ～ 55 × 5 ～ 7 μm，棒状至梭形，多。缘生囊状体 35 ～ 65 × 5 ～ 7 μm。盖表皮具囊状体。锁状联合阙如。

夏秋季生于阔叶林或针阔混交林中地上。外生菌根菌。分布于云南中部。食性不明。

短柄红菇 背土菌、石灰菌
Russula brevipes Peck

红菇目 Russulales 红菇科 Russulaceae

菌盖直径 5 ～ 15 cm，初期扁半球形，成熟后中心下陷至浅漏斗形；表面白色至污白色，中部有时为黄褐色，边缘无条纹，表皮不易剥离；菌肉厚 3 ～ 7 mm，白色，致密，近无味，老时带鱼腥味。菌褶宽 2 ～ 4 mm，极密，不等长，短菌褶多，常具暗绿色或暗蓝褐色色调。菌柄长 3 ～ 5 cm，直径 1 ～ 2.5 cm，白色，常具暗绿色或暗蓝褐色色调。担子 20 ～ 45 × 5 ～ 12 μm，棒状，4 孢。担孢子 7 ～ 10 × 5 ～ 7 μm，宽椭圆形，表面小刺疣高 0.7 ～ 1.2 μm，疣间具细连线，连成近网状。侧生囊状体 35 ～ 60 × 7 ～ 10 μm，棒状至近梭形，常见。盖面囊状体阙如。锁状联合阙如。

夏秋季生于针叶林中地上。外生菌根菌。分布于云南中部。可食，口味较差，且易与有毒的日本红菇相混淆，不建议采食。

栲裂皮红菇
Russula castanopsidis Hongo

红菇目 Russulales   红菇科 Russulaceae

　　菌盖直径 4.5 ～ 7 cm，初期扁半球形，中心下陷，成熟后平展凹镜形；表面干，具绒质感，灰褐色至灰色，中心色深，常龟裂，表皮剥离至半径 2/3 处，老时边缘具条纹，条纹近颗粒状；菌肉厚 1 ～ 2 mm，白色，无味。菌褶宽 5 ～ 8 mm，近密，直生，等长，近白色。菌柄长 5 ～ 8 cm，直径 0.5 ～ 0.8 cm，中生，圆柱形，实心，灰白色或灰褐色，与菌盖表面近同色，表皮常具微细开裂形成的小鳞片，内部菌肉粉红色。担子 30 ～ 40 × 11 ～ 14 μm，棒状，4 孢。担孢子 7.5 ～ 9.5 × 5.5 ～ 8 μm，宽椭圆形，表面具近于孤立的高 0.7 ～ 1.2 μm 的小刺疣，部分疣间具细连线。侧生囊状体 60 ～ 75 × 11 ～ 20 μm，腹鼓形至梭形，少。缘生囊状体 50 ～ 65 × 7 ～ 13 μm，腹鼓形至梭形，多。盖表皮具直立的菌丝。锁状联合阙如。

　　夏秋季生于阔叶林中地上。外生菌根菌。分布于云南南部。不可食。

裘氏红菇
Russula chiui G.J. Li & H.A. Wen

红菇目 Russulales   红菇科 Russulaceae

菌盖直径 5 ～ 9 cm，初期半球形，后期扁半球形，中央下凹；表面湿时稍黏，鲜红色、鲑肉色、粉红色、血红色等多种红色混合，边缘有棱纹，表皮从边缘向中心可剥离至半径 1/3 ～ 1/2 处；菌肉厚 2 ～ 4 mm，白色，受伤后不变色，极辛辣。菌褶宽 3 ～ 6 mm，等长，白色，伤不变色，老后微橙黄色。菌柄长 4.5 ～ 9 cm，直径 1 ～ 1.7 cm，表面光滑，白色，受伤后变浅黄色，老后有微细的纵条纹。担子 35 ～ 50 × 10 ～ 13 μm，棒状，4 孢。担孢子 7 ～ 10 × 6 ～ 8.5 μm，近球形至宽椭圆形，具近圆锥形的刺疣，高达 1.7 μm，刺疣间多连线，形成近于完整的网纹。侧生囊状体 40 ～ 105 × 7 ～ 12 μm，近梭形至近圆柱形，具颗粒状至晶体状内含物，丰富。盖面囊状体 30 ～ 65 × 7 ～ 10 μm。锁状联合阙如。

夏秋季生于亚热带阔叶林或针阔混交林中地上。外生菌根菌。分布于云南中北部。菌肉辛辣，不可食。

致密红菇

Russula compacta Frost

红菇目 Russulales   红菇科 Russulaceae

菌盖直径 4 ~ 10 cm，平展，中央稍凹陷；表面湿时黏，粗糙，黄褐色至褐色，有平伏小鳞片或表皮细密开裂呈皮屑状，边缘无条纹，表皮不易剥离；菌肉厚 2 ~ 4 mm，污白色，味苦涩，具鱼腥味。菌褶宽 2 ~ 3 mm，白色或奶油色，极密，不等长，常分叉，受伤后变浅褐色。菌柄长 3 ~ 5 cm，直径 1 ~ 1.5 cm，污白色，受伤后变褐色。担子 30 ~ 48 × 8 ~ 12 μm，棒状，4 孢。担孢子 7 ~ 9 × 6.5 ~ 8 μm，表面具部分相连的条脊，纹饰高约 1 μm。侧生囊状体 40 ~ 90 × 6 ~ 11 μm，棒状至近纺锤形，丰富。缘生囊状体 35 ~ 60 × 6 ~ 10 μm，圆柱形至近纺锤形。盖表皮无囊状体。

夏秋季生于亚热带阔叶林或针阔混交林中地上。外生菌根菌。分布于云南各地。本种实为一个物种复合群，包括北美的致密红菇（*R. compacta*）、印度及东亚的假致密红菇（*R. pseudocompacta*）和拟致密红菇（*R. compactoides*）在内的多个形态上不易区分但在 DNA 序列上有差异的物种。滇中市场常有出售。可食。

蓝黄红菇　栎树青、麻栎菌
Russula cyanoxantha (Schaeff.) Fr.

红菇目 Russulales　　红菇科 Russulaceae

　　菌盖直径 3～8 cm，平展中凹；表面干，有霜质感，浅紫色、浅蓝色、灰绿色夹杂葡紫或黄褐色色斑，或上述颜色的混合，表皮不易剥离；菌肉厚 2～4 mm，白色，柔和。菌褶宽 2～5 mm，白色或奶油色，密，常分叉，手反复摩擦褶缘后有油脂感，受伤后不变色或变浅黄褐色。菌柄长 3～7 cm，直径 1～2 cm，白色，有时带紫灰色。担子 25～40×7～11 μm，棒状，4 孢。担孢子 7～10×6～9 μm，表面具孤立的疣凸，疣凸间偶相连。侧生囊状体 60～80×6～8 μm，细圆柱形或长梭形。盖表皮具囊状体。

　　夏秋季生于阔叶林或针阔混交林中地上。外生菌根菌。分布于云南各地。可食，市场常见出售。

密褶红菇　火炭菌
Russula densifolia Gillet

红菇目 Russulales　　红菇科 Russulaceae

　　菌盖直径 4 ~ 8 cm，初期半球形，后期平展中凹至浅漏斗形；表面湿时稍黏，粗糙，灰褐色至暗灰褐色，有平伏小鳞片或表皮细密开裂呈皮屑状，边缘无条纹，表皮不易撕裂；菌肉白色，受伤后先变砖红色后变黑色，味柔和。菌褶宽 1 ~ 2 mm，极密，不等长，常分叉，污白色或淡灰色，受伤后变黑色。菌柄长 1 ~ 3 cm，直径 1 ~ 1.5 cm，白色。全体受伤后初期变红褐色后期迅速变煤黑色。担子 30 ~ 55 × 7 ~ 12 μm，棒状，4 孢。担孢子 6.5 ~ 8.5 × 5.5 ~ 7 μm，表面具不甚清晰的网纹，纹饰高约 0.5 μm。侧生囊状体 40 ~ 75 × 5 ~ 7 μm，棒状，有黄褐色内含物。盖表皮无囊状体。锁状联合阙如。

　　夏秋季生于亚热带针阔混交林中地上。外生菌根菌。分布于云南中部和南部。可食，市场频见，但有人食后引起胃肠炎型中毒。

诱吐红菇 毒红菇
Russula emetica (Schaeff.) Pers.

红菇目 Russulales 红菇科 Russulaceae

菌盖直径 3 ~ 6 cm，平展中凹；表面湿时黏，樱桃红色，中部深红色，边缘有颗粒状条纹，表皮易撕裂；菌肉厚 1 mm，白色，受伤后不变色，味苦辣，易碎。菌褶宽 2 ~ 4 mm，稍稀，等长，易碎，白色，受伤后不变色。菌柄长 3 ~ 5 cm，直径 1 ~ 1.5 cm，白色至带粉红色色调。担子 25 ~ 40 × 8 ~ 15 μm，棒状，4 孢。担孢子 7 ~ 10 × 6 ~ 9 μm，表面具刺疣，疣间有细连线，但不形成网纹，纹饰高达 1 μm。侧生囊状体 35 ~ 90 × 8 ~ 13 μm，梭形。盖表皮具囊状体。锁状联合阙如。

夏秋季生于亚热带和亚高山阔叶林或针阔混交林中地上。外生菌根菌。分布于云南中部、西部和西北部。有毒，误食导致胃肠炎型、溶血型或神经精神型中毒。

灰肉红菇　大红菌
Russula griseocarnosa X.H. Wang *et al.*

红菇目 Russulales　　红菇科 Russulaceae

菌盖直径 9～16 cm，半球形至平展；表面深红色、紫红色至紫红褐色，表皮易撕离；菌肉初期淡灰色，后期灰色至深灰色，味柔和。菌褶白色至奶油色，成熟后带灰色色调，边缘常红色。菌柄长 6～10 cm，直径 1.5～3 cm，白色至灰白色，常带淡红色至粉红色色调；菌肉灰色至暗灰色。担子 40～50 × 10～13 μm，棒状，4 孢。担孢子 8～10 × 6.5～8 μm，近球形至椭圆形，表面被淀粉质锥状小刺（刺长 1.5～2 μm），上脐部淀粉质。侧生囊状体 100～150 × 13～20 μm，梭形，顶端细尖，中部厚壁，丰富。缘生囊状体与侧生囊状体相似。盖面囊状体阙如。锁状联合阙如。

夏秋季生于南亚热带常绿阔叶林中地上。外生菌根菌。分布于云南南亚热带至热带。可食，著名食用菌。文献记载该菌具抗菌、抗氧化等作用，也被认为具补血作用。

日本红菇
Russula japonica Hongo

红菇目 Russulales   红菇科 Russulaceae

菌盖直径 5 ～ 10 cm，初期半球形，后期平展中凹至浅漏斗形；表面干，近白色或奶油黄色，表皮不易剥离；菌肉厚 3 ～ 10 mm，致密，白色，受伤后不变色，味柔和。菌褶宽 2 ～ 3 mm，不等长，常分叉，密，污白色或奶油色，受伤后稍黄褐色。菌柄长 3 ～ 5 cm，直径 1.5 ～ 2.5 cm，硬而致密，白色。担子 35 ～ 50 × 9 ～ 13 μm，棒状，4 孢。担孢子 6 ～ 8 × 6 ～ 7 μm，表面具细小疣凸，疣间具细连线，不形成网纹，纹饰低于 0.5 μm。侧生囊状体 35 ～ 60 × 7 ～ 12 μm。盖表皮无囊状体。

夏秋季生于亚热带阔叶林或针阔混交林中地上。外生菌根菌。分布于云南中部和西部。有毒，误食导致胃肠炎型中毒。

桂樱红菇
Russula laurocerasi Melzer

红菇目 Russulales   红菇科 Russulaceae

菌盖直径 5 ～ 10 cm，初期半球形，成熟后平展中凹；表面黏，浅黄色至黄褐色，表皮常呈放射状开裂，露出浅色的菌肉，边缘具放射状长沟纹，沟纹颗粒状，表皮不易剥离；菌肉厚 3 ～ 5 mm，淡黄色，受伤后稍黄褐色，辛辣带苦杏仁味，易碎，具鱼腥味。菌褶宽 3 ～ 5 mm，等长，较密，奶油色，受伤后稍黄褐色。菌柄长 5 ～ 10 cm，直径 1.5 ～ 2.5 cm，硬，内部常形成几个大的腔室，上部白色，下部浅奶油色，内部黄白色。担子 50 ～ 65 × 13 ～ 15 μm。担孢子 10 ～ 11.5 × 9 ～ 11 μm，球形，表面具明显疣凸和翼状条脊，纹饰高达 1.5 μm。侧生囊状体 60 ～ 80 × 7 ～ 19 μm，棒状至纺锤形。盖表皮无囊状体。锁状联合阙如。

夏秋季生于亚热带阔叶林或针阔混交林中地上。外生菌根菌。分布于云南中部和南部。有毒，误食导致胃肠炎型中毒。

马关红菇

Russula maguanensis J. Wang *et al.*

红菇目 Russulales　　红菇科 Russulaceae

　　菌盖直径 2.7 ~ 4.5 cm，平展，中心稍凹；表面淡紫色至紫红色，边缘颜色较浅，被龟裂的鳞片，湿时稍黏，表皮几乎不可剥离，边缘有放射状长条纹，条纹瘤状；菌肉厚 1 mm，白色，辛辣，无特殊气味。菌褶宽 3 ~ 4 mm，直生，奶油白色，近等长，偶有短菌褶，略苦，无特殊气味。菌柄长 3 ~ 4.5 cm，直径 0.7 ~ 0.8 cm，白色，内海绵状。担子 30 ~ 60 × 9 ~ 15 μm，棒状，4 孢。担孢子 7 ~ 9.5 × 6.5 ~ 8.5 μm，近球形至宽椭圆形，表面具孤立的刺疣，疣凸尖锥形或钝，高 0.5 ~ 1.5 μm。侧生囊状体 45 ~ 80 × 9 ~ 14 μm，缘生囊状体 32 ~ 52 × 7 ~ 12 μm，纺锤形，少披针形，常见。盖表皮分为两层，下皮层菌丝疏松交织，厚 500 ~ 800 μm，上皮层栅状，厚 50 ~ 70 μm，具有丰富的盖表囊状体。锁状联合阙如。

　　秋季散生于针阔混交林中地上。外生菌根菌。分布于云南东南部。本种因模式标本产自马关县而得名。食性不明。

稀褶红菇　猪嘴菌
Russula nigricans Fr.

红菇目 Russulales　红菇科 Russulaceae

　　菌盖直径 5 ～ 13 cm，初期半球形，中央凹陷，后期浅漏斗形；表面湿时稍黏，稍粗糙，灰褐色至灰黑褐色，边缘无条纹，表皮不易剥离；菌肉厚 3 ～ 10 mm，污白色至污灰色，受伤后初期变砖粉红色后期变灰黑色，味柔和。菌褶宽 5 ～ 12 mm，稀而厚，不等长，污白色或奶油色，受伤后初期变砖粉红色后期变灰黑色。菌柄长 3 ～ 8 cm，直径 1.5 ～ 3 cm，污白色或灰褐色，受伤后先变砖红褐色后变黑色。担子 25 ～ 45 × 7 ～ 11 μm，棒状，4 孢。担孢子 7 ～ 8 × 6 ～ 7.5 μm，表面具不规则疣凸，疣间具细连线。侧生囊状体 45 ～ 55 × 7 ～ 11 μm，细梭形，顶部缢缩。盖表皮无囊状体。锁状联合阙如。

　　夏秋季生于亚热带和热带阔叶林或针阔混交林中地上。外生菌根菌。分布于云南中部和南部。可食，但极易与有毒的亚稀褶红菇相混！

黑绿红菇
Russula nigrovirens Q. Zhao *et al.*

红菇目 Russulales　　红菇科 Russulaceae

菌盖直径 6 ~ 15 cm，初期半球形，后期平展中凹至浅漏斗形；表面湿时稍黏，灰绿色至深绿色，密被深绿色至黑绿色斑块状鳞片，表皮易剥离；菌肉厚 5 ~ 8 mm，白色，柔和。菌褶直生，密，近等长，短菌褶少，初期白色，后期奶油黄色，受伤后不变色；菌柄长 6 ~ 10 cm，直径 1 ~ 2.6 cm，内部松软，有时有数个空穴，表面近光滑，干，白色。担子 45 ~ 75 × 9 ~ 14 μm，棒状，4 孢。担孢子 6 ~ 9.5 × 5.5 ~ 8.5 μm，近球形至椭圆形，纹饰低于 0.6 μm，疣凸由细连线部分相连，不形成网纹。侧生囊状体 47 ~ 72 × 7 ~ 10 μm，棒状至近纺锤形，丰富。缘生囊状体 46 ~ 55 × 6.5 ~ 8.5 μm，近棒状，少。盖表皮具囊状体。锁状联合阙如。

夏秋季生于亚高山带针叶林中地上。外生菌根菌。分布于云南西北部。可食。

假篦形红菇
Russula pseudopectinatoides G.J. Li & H.A. Wen

红菇目 Russulales　　红菇科 Russulaceae

菌盖直径 2 ~ 5 cm，初期半球形，后期平展中凹；表面湿时黏，灰黄褐色至黄褐色，中部深褐色，边缘具放射状长条纹，条纹瘤状，表皮不剥离或剥离至半径 1/3 处；菌肉厚 2 ~ 4 mm，白色，苦辣，具鱼腥味。菌褶宽 4 ~ 6 mm，密，等长，易碎，初期白色，老后带深黄褐色。菌柄长 3 ~ 5 cm，直径 1 ~ 1.7 cm，上部污白色，下部浅灰褐色，内部具数个空穴，老后近中空。担子 45 ~ 60 × 9 ~ 11 μm，棒状，4 孢。担孢子 6 ~ 9.5 × 5 ~ 8 μm，宽椭圆形，无色，纹饰为细连线相连的锥状疣凸，局部形成网纹。侧生囊状体 40 ~ 95 × 8 ~ 10 μm，纺锤形。缘生囊状体阙如。盖表皮无囊状体。锁状联合阙如。

夏秋季生于亚高山带以高山栎或铁杉为主的林中地上。外生菌根菌。分布于云南西北部。不可食。

斑柄红菇

Russula punctipes Singer [*Russula senecis* S. Imai]

红菇目 Russulales　　红菇科 Russulaceae

　　菌盖直径 4 ~ 8 cm，初期半球形，后期平展中凹；表面黄褐色至暗黄褐色，湿时黏，表皮强烈开裂，边缘具放射状长条纹，条纹近瘤状；菌肉厚 1 ~ 2 mm，浅黄褐色，具鱼腥味。菌褶宽 3 ~ 10 mm，等长，密，暗黄色，边缘具暗黄褐色疣点。菌柄长 4 ~ 7 cm，直径 0.6 ~ 1.5 cm，淡黄褐色，被明显褐色疣点。担子 25 ~ 50 × 11 ~ 16 μm，棒状，4 孢。担孢子 8 ~ 10 × 7 ~ 8.5 μm，宽椭圆形，无色，表面具强烈凸起的翼状条脊，条脊高达 1.5 μm。侧生囊状体 50 ~ 75 × 8 ~ 12 μm，纺锤形。盖表皮无囊状体。锁状联合阙如。

　　夏秋季生于阔叶林或针阔混交林中地上。外生菌根菌。分布于云南中部、东南部和西部。有毒，误食可能会引起胃肠炎型中毒。

紫细红菇

Russula purpureogracilis F. Hampe *et al.*

红菇目 Russulales　　红菇科 Russulaceae

菌盖直径 3.5 ～ 5 cm，初期扁半球形，成熟后平展中凹；表面干，具绒质感，紫红色至玫红色，中部色深，表皮龟裂成斑块状，可剥离至半径 1/2 处，边缘几无条纹；菌肉厚 1 ～ 2 mm，白色，无味。菌褶宽 3 ～ 5 mm，近密，等长，近白色至奶油色。菌柄长 5 ～ 8，直径 0.5 ～ 0.8 cm，紫红色至淡紫红色，常裂开形成小鳞片；菌肉白色。担子 25 ～ 40 × 9 ～ 13 μm，棒状，4 孢。担孢子 7 ～ 8 × 6 ～ 7.5 μm，宽椭圆形，表面具高 0.7 ～ 1.2 μm 的刺疣，部分疣间具细连线。侧生囊状体少，35 ～ 80 × 11 ～ 17 μm，腹鼓形或梭形。缘生囊状体 30 ～ 55 × 5 ～ 10 μm，腹鼓形或梭形，多。盖表皮具直立的菌丝。锁状联合阙如。

夏秋季生于热带和南亚热带阔叶林中地上。外生菌根菌。分布于云南南部。不可食。

玫瑰红菇　鳞盖红菇

Russula rosea Pers. [*Russula lepida* Fr.]

红菇目 Russulales　　红菇科 Russulaceae

菌盖直径 4 ～ 9 cm，扁平至平展；表面光滑，具粉绒质感，玫红色至粉红色，表皮可剥离至半径 1/3 ～ 2/5 处，边缘近无条纹；菌肉厚 3 ～ 4 mm，致密，白色，稍苦，无特殊气味。菌褶宽 3 ～ 5 mm，等长，白色，受伤后不变色，边缘常红色。菌柄长 4 ～ 6 cm，直径 1 ～ 1.5 cm，坚硬，内菌肉稍松软，常形成数个腔室，表面白色，常泛红色色调。担子 25 ～ 35 × 7 ～ 10 μm，棒状，4 孢。担孢子 7 ～ 9 × 6.5 ～ 7.5 μm，宽椭圆形，表面具刺疣及条脊，条脊形成近完整或完整的网纹，纹饰高达 0.5 μm。侧生囊状体 30 ～ 65 × 6 ～ 9 μm，纺锤形或近棒状，常见。盖表囊状体阙如。锁状联合阙如。

夏秋季生于亚热带混交林中地上。外生菌根菌。分布于云南中部和北部。可食。

辛巴红菇

Russula shingbaensis K. Das & S.L. Mill.

红菇目 Russulales　　红菇科 Russulaceae

　　菌盖直径 3 ~ 5.5 cm，扁半球形至平展，成熟后中央下凹；表面湿时黏，灰绿色、紫绿色或铅紫色，具明显黄褐色斑块，具明显放射状条纹，条纹瘤状，表皮可剥离至半径 4/5 处；菌肉厚 1 ~ 2 mm，白色，苦涩而辣。菌褶宽 3 ~ 6 mm，不等长，具少数短菌褶，白色，受伤后不变色，反复触摸有油脂感。菌柄长 2.5 ~ 7 cm，直径 0.5 ~ 1.7 cm，光滑，有时具细纵纹，黄白色，具铅紫色色调，受伤后不变色，基部具刺毛。担子 32 ~ 50 × 8.5 ~ 12 μm，棒状，4 孢。担孢子 7.5 ~ 9 × 7 ~ 8 μm，近球形，宽椭圆形，纹饰高达 1 μm，由孤立的刺突构成，刺突锥状，顶尖或钝圆。侧生囊状体 52 ~ 68 × 6 ~ 11 μm，纺锤形，丰富。缘生囊状体 42 ~ 76 × 6 ~ 11 μm，纺锤形，丰富。盖面囊状体丰富。锁状联合阙如。

　　夏秋季生于亚高山带针阔混交林中地上。外生菌根菌。分布于云南西北部。菌肉辛辣，不可食。

四川红菇
Russula sichuanensis G.J. Li & H.A. Wen

红菇目 Russulales 红菇科 Russulaceae

菌盖直径 2 ～ 5 cm，近球形、半球形至钟形，稀平展；表面污白色、白色至淡粉红色，边缘白色，湿时黏，表皮易剥离；菌肉白色，不变色，不辣。菌褶黄色至玉米黄色，有短菌褶，常皱曲形成小腔。菌柄长 3 ～ 8 cm，直径 0.7 ～ 1.5 cm，中生，白色，近光滑，内部松软。担子 25 ～ 35 × 11 ～ 15 μm，2 孢或 4 孢。担孢子 9.5 ～ 14 × 8 ～ 13 μm，近球形至球形，表面密被淀粉质疣凸并连成网状。锁状联合阙如。

夏秋季生于亚高山带针叶林中地上。外生菌根菌。分布于云南西北部。食性不明。

亚稀褶红菇 火炭菌
Russula subnigricans Hongo

红菇目 Russulales 红菇科 Russulaceae

菌盖直径 5 ～ 11 cm，初期扁半球形，后期平展中凹或呈浅漏斗形；表面灰黑褐色，有时带黄褐色色调，湿时稍黏，具细小裂纹，边缘无条纹，表皮不易剥离；菌肉厚 3 ～ 7 mm，污白色或灰色，受伤后变砖粉红色，不变黑色，味初期温和，后期略辛辣，无明显气味。菌褶宽 5 ～ 11 mm，直生至近延生，不等长，较稀至稀，厚，污白色或奶油色，受伤后变砖粉红色，不变黑色。菌柄长 2 ～ 5 cm，直径 1.5 ～ 2 cm，中生至偏生，近圆柱形，铅灰色至灰褐色，内部松软。担子 20 ～ 60 × 6 ～ 11 μm，棒状，4 孢。担孢子 6 ～ 9 × 5 ～ 7.5 μm，近球形至宽椭圆形，表面具不规则疣凸，疣间具细连线，形成近完整的网纹，纹饰高达 1.7 μm。侧生囊状体 40 ～ 80 × 6 ～ 10 μm，棒状至近圆柱状，较少。盖表皮菌丝栅状排列，无盖表囊状体。

夏秋季生于亚热带和热带阔叶林中地上。外生菌根菌。分布于云南中部和东南部。有毒，误食引起横纹肌溶解症。极易与稀褶红菇相混淆！

亚条纹红菇

Russula substriata J. Wang *et al.*

红菇目 Russulales   红菇科 Russulaceae

菌盖直径 3 ~ 5 cm，初期半球形，后期平展中凹；表面湿时黏，灰玫红色，中部颜色较深，边缘奶油白色至粉白色，具细小龟裂，边缘具明显放射状条纹，条纹瘤状，表皮从边缘可完全剥离到中心；菌肉厚 1 ~ 2 mm，白色，味柔和，具鱼腥气味。菌褶宽 2 ~ 6 mm，直生，乳白色，密，短菌褶少至常见，来回触摸有油脂感。菌柄长 3.5 ~ 6.5 cm，直径 0.6 ~ 1.2 cm，上端奶油白色，下端紫粉色或粉红色，内部形成多个腔室，基部具小鳞片。担子 28 ~ 63 × 11 ~ 16 μm，近棒状，4 孢。担孢子 8 ~ 11 × 6.5 ~ 9 μm，表面具锥形、球形或顶部平截的孤立刺疣，刺疣高 0.5 ~ 1.8 μm。侧生囊状体 38 ~ 80 × 9 ~ 15 μm，纺锤形。缘生囊状体 23 ~ 45 × 6 ~ 11 μm，纺锤形。盖表皮两层，具稀薄的黏液，上皮层具盖表囊状体，13 ~ 53 × 4 ~ 8 μm，常见到丰富，聚合为锥状，纺锤形至近披针形，下皮层厚 200 ~ 400 μm，菌丝稀疏交织。锁状联合阙如。

夏秋季生于亚热带针阔混交林中地上。外生菌根菌。分布于云南东南部。食性不明。

辛迪红菇
Russula thindii K. Das & S.L. Mill.

红菇目 Russulales　　红菇科 Russulaceae

　　菌盖直径 4.5 ～ 7 cm，初期扁半球形，后期平展中凹；表面湿时黏，深红色至樱桃红色，中部颜色较深，边缘具不明显放射状条纹，表皮可剥离至半径 1/2 处；菌肉厚 2 ～ 4 mm，白色至奶油色，略苦辣。菌褶宽 4 ～ 5 mm，近等长，奶油色，老后带黄绿色色调。菌柄长 5.5 ～ 7 cm，直径 0.8 ～ 1.3 cm，表面浅红色，顶端近白色，湿时黏，具纵向脉纹，初期内实，后期内部松软呈海绵状。担子 32 ～ 50 × 9 ～ 15 μm，棒状，4 孢，无色透明。担孢子 7 ～ 9 × 6 ～ 7.5 μm，近球形至宽椭圆形，表面具孤立的刺疣，刺疣高达 1.4 μm，罕有连线。侧生囊状体 63 ～ 124 × 8 ～ 13 μm，棒状至纺锤形，丰富。缘生囊状体 47 ～ 68 × 8 ～ 10 μm，圆柱形至近纺锤形。盖表皮菌丝栅状，具盖面囊状体。

　　夏秋季生于亚高山带针叶林中地上。外生菌根菌。分布于云南西北部。食性不明。

菱红菇
Russula vesca Fr.

红菇目 Russulales   红菇科 Russulaceae

菌盖直径 5 ～ 13 cm，初期扁半球形，后期平展中凹；表面颜色多变，浅褐色、浅红褐色、绿色、橙黄色等各色混杂，边缘具短条纹，表皮可从边缘向中央剥离至半径 1/2 处；菌肉厚 3 ～ 6 mm，初期白色，后期变灰白色，较坚实，味柔和。菌褶宽 6 ～ 12 mm，等长，白色至奶油色，褶缘常带锈褐色斑点。菌柄长 3 ～ 7 cm，直径 1 ～ 3 cm，白色，老后变暗褐色，表面有纵向脉纹，初期实心，后期絮状松软。担子 30 ～ 50 × 8 ～ 12 μm，棒状，4 孢。担孢子 5 ～ 7 × 4 ～ 6 μm，宽椭圆形至椭圆形，表面具半球形至近圆锥形小刺疣，高达 0.8 μm，刺疣间少有连线，不形成网纹。侧生囊状体 40 ～ 90 × 6 ～ 19 μm，棒状至近梭形。盖表皮无囊状体。锁状联合阙如。

夏秋季生于阔叶林和针阔混交林中地上。外生菌根菌。分布于云南各地。可食。

酒褐红菇
Russula vinosobrunneola G.J. Li & R.L. Zhao

红菇目 Russulales   红菇科 Russulaceae

菌盖直径 3～5 cm，初期扁半球形，后期平展中凹；表面酒褐色至淡酒褐色，湿时黏，边缘具不明显短条纹，表皮不剥离或可剥离至半径 2/5 处；菌肉厚 1 mm，白色，柔和。菌褶宽 4～5 mm，深奶油黄色，等长，中密。菌柄长 3～5 cm，直径 0.6～0.8 cm，内部实心或松软海绵质，表面近光滑，具纵向细条纹，白色。担子 40～48 × 11～14 μm，棒状，4 孢。担孢子 7～9 × 6.5～8 μm，球形至近球形，表面具孤立的疣凸，个别疣间具细连线或疣与疣融合，疣凸钝，密集，高 1～1.5 μm。侧生囊状体 47～72 × 6～7 μm，近纺锤形。缘生囊状体阙如。盖面囊状体 35～55 × 3～5 μm，圆柱形，丰富。锁状联合阙如。

夏秋季生于亚高山带阔叶林或针阔混交林中地上。外生菌根菌。分布于云南西北部。食性不明。

绿红菇   变绿红菇、青头菌
Russula virescens (Schaeff.) Fr.

红菇目 Russulales   红菇科 Russulaceae

菌盖直径 3～10 cm，扁半球形至平展，中央常稍下凹；表面湿时黏，浅绿色、绿色至灰绿色，表皮常斑块状龟裂，边缘老时有辐射状条纹；菌肉白色，不变色，味柔和。菌褶较密，等长，白色。菌柄长 2～8 cm，直径 1～2.5 cm，白色，近光滑。担子 35～50 × 6～9 μm，棒状，4 孢。担孢子 6～8 × 5.5～6.5 μm，宽椭圆形，有淀粉质的离散小疣，疣间偶有细连线。囊状体 60～90 × 8～12 μm，纺锤形至披针形，顶端常缢缩。锁状联合阙如。

夏秋季生于林中地上。外生菌根菌。分布于云南大部。可食，著名食用菌。

红边绿红菇　青头菌
Russula viridirubrolimbata J.Z. Ying

红菇目 Russulales　　红菇科 Russulaceae

菌盖直径 5 ~ 10 cm，初期扁半球形，后期平展中凹；表面湿时黏，干后霜质感，中部绿色至灰绿色，边缘珊瑚红色至玫红色，具斑块状鳞片，边缘有瘤凸状条纹和放射状开裂，表皮可剥离至半径 1/3 处；菌肉白色，柔和。菌褶宽 3 ~ 7 mm，白色，密，等长。菌柄长 3 ~ 6 cm，直径 1 ~ 1.7 cm，白色，肉质，内部松软。担子 30 ~ 50 × 7 ~ 11 μm，棒状，4 孢。担孢子 6 ~ 9 × 5 ~ 7.5 μm，椭圆形，表面具离散小疣，部分疣间有细连线，连成近网状。侧生囊状体 50 ~ 120 × 7 ~ 13 μm，纺锤形，顶端常缢缩。盖表皮具排列为串状的膨大细胞。锁状联合阙如。

夏秋季生于亚热带阔叶林或针阔混交林中地上。外生菌根菌。分布于云南中部和东南部。可食。

白黑拟牛肝菌　虎掌菌
Boletopsis leucomelaena (Pers.) Fayod

糙孢革菌目 Thelephorales　　坂氏齿菌科 Bankeraceae

菌盖直径达 20 cm，扁平至平展；表面光滑，湿时黏，灰黑色、黑褐色至灰褐色，有深浅不一的斑点；菌肉灰白色，水浸状，味柔和。子实层体延生，初期白色，成熟后灰褐色，由菌管组成。菌柄长 3 ~ 5 cm，直径 2.5 ~ 3 cm，短粗，实心，白色至淡灰褐色。担子 20 ~ 35 × 5 ~ 6.5 μm，棒状，4 孢。担孢子 5 ~ 6 × 3.5 ~ 4.5 μm，多角形，具瘤凸，无色或淡黄色。锁状联合常见。

夏秋季生于海拔较高的针阔混交林或亚高山带针叶林中地上。外生菌根菌。分布于云南西北部。可食。

金黄亚齿菌
Hydnellum aurantiacum (Batsch) P. Karst.

糙孢革菌目 Thelephorales　　坂氏齿菌科 Bankeraceae

菌盖直径 3 ~ 5 cm，平展，中心稍凹陷；表面锈红色，具陷窝及放射状条脊等不规则凸起，边缘近白色；菌肉厚 3 ~ 4 mm，双层，上层软、暗橙色，下层稍硬而韧、橙褐色，具芳香气味。子实层体刺状，刺长 3 ~ 4 mm，幼时白色，成熟后变暗。菌柄长 3 ~ 4 cm，直径 1 ~ 1.5 cm，不规则圆柱形，表面具不规则凸起和微细绒毛。担子 33 ~ 55 × 7 ~ 9 μm，棒状，4 孢。担孢子 6 ~ 8 × 5 ~ 6.5 μm，不规则多角形，具瘤凸，浅褐色。锁状联合阙如。

夏秋季生于亚高山带针阔混交林中地上。外生菌根菌。分布于云南西北部。不建议采食。

翘鳞肉齿菌
Sarcodon imbricatus (L.) P. Karst.

糙孢革菌目 Thelephorales　　坂氏齿菌科 Bankeraceae

菌盖直径 5 ~ 15 cm，扁平至平展，中部常凹陷；表面淡褐色至褐色，被深色反卷鳞片，边缘波状、内卷；菌肉幼时近白色，成熟后污白色、淡灰色至浅褐色，厚达 1 cm，无特殊香味。子实层体由密集的菌刺组成；菌刺长达 1 cm，幼时灰白色，成熟后淡褐色至褐灰色。菌柄长 3 ~ 7 cm，直径 2 ~ 4 cm，淡褐色至褐色。担子 30 ~ 45 × 7 ~ 8.5 μm，棒状，4 孢。担孢子 6.5 ~ 8 × 5.5 ~ 6.5 μm，宽椭圆形至近球形，表面具疣凸和小刺，非淀粉质，褐黄色。锁状联合常见。

夏秋季生于亚高山带针阔混交林中地上。外生菌根菌。分布于云南西北部。可食。文献记载该菌具降胆固醇作用。

苦肉齿菌

Sarcodon lidongensis Y.H. Mu & H.S. Yuan

糙孢革菌目 Thelephorales　　坂氏齿菌科 Bankeraceae

菌盖直径 7.5 ~ 10 cm，平展；表面具毡状绒毛，干，褐色，无环纹；菌肉厚 6 ~ 12 mm，黄褐色至浅褐色，味极苦，具谷粉气味。子实层体延生，由密集的菌刺组成；菌刺长 1 ~ 4 mm，灰橙色至褐色。菌柄长 3.5 ~ 4.5 cm，直径 1 ~ 2 cm，褐色至灰褐色，实心；菌肉深黄褐色。担子 30 ~ 40 × 5 ~ 7 μm，棒状，4 孢。担孢子 4 ~ 6 × 4 ~ 5 μm，不规则球形，具角状瘤凸，瘤凸高约 1 μm，褐色。锁状联合阙如。

夏秋季生于亚热带针阔混交林中地上。外生菌根菌。分布于云南西北部。味极苦，不建议采食。

本种在发表时，以 "Lidong" 县作为种加词，但云南并无该县名。模式标本实际上采自玉龙县九河乡老君山下部河源村附近。

粗糙肉齿菌

Sarcodon scabrosus (Fr.) P. Karst.

糙孢革菌目 Thelephorales   坂氏齿菌科 Bankeraceae

菌盖直径 3.5 ~ 9 cm，扁平至平展，有时中央下凹；表面褐色至淡褐色，中央颜色较深，粗糙，被深色反卷鳞片；菌肉污白色、浅褐色稍带紫灰色，较硬，极苦，具谷粉气味。子实层体由密集的菌刺组成；菌刺长约 3 mm，污白色至浅紫褐色。菌柄与菌盖表面同色或稍淡，偏生或侧生，实心。担子 35 ~ 50 × 6.5 ~ 8 μm，棒状，4 孢。担孢子 6 ~ 7 × 5 ~ 6 μm，具角状瘤凸，褐色。锁状联合阙如。

夏秋季生于亚热带针阔混交林中地上。外生菌根菌。味苦，不建议采食。文献记载该菌具降胆固醇作用。

簇扇菌

Polyozellus multiplex (Underw.) Murrill

糙孢革菌目 Thelephorales   糙孢革菌科 Thelephoraceae

担子果多个密集簇生，总体高达 15 cm，直径约 10 cm，从基部生出多个分枝。分枝（菌盖）扇形、匙形或漏斗形，宽 2 ~ 5 cm；表面光滑，深褐色或近黑色；菌肉鲜时柔软，干后脆骨质。子实层体平滑至稍呈皱脊状至脉纹状，深灰色。菌柄长 3 ~ 5 cm，直径 0.5 ~ 2 cm，与菌盖表面同色，有时带紫色色调。担子 50 ~ 70 × 7 ~ 10 μm，细棒状，4 孢。担孢子 4 ~ 6 × 4 ~ 5 μm，近球形至宽椭圆形，表面有结节状纹饰。锁状联合常见。

夏秋季生于亚热带和温带针阔混交林中地上。外生菌根菌。分布于云南西北部。可食。

橙黄糙孢革菌
Thelephora aurantiotincta Corner

糙孢革菌目 Thelephorales　　糙孢革菌科 Thelephoraceae

担子果簇生，总体高达 10 cm，直径 5 ~ 15 cm，革质。分枝扁平，扇形至花瓣状，有时联合或叠生成莲座状或漏斗形；表面粗糙，有辐射状皱纹和不规则同心环纹，橙黄色、淡黄色或橙褐色，边缘较厚，近白色；菌肉污白色至淡黄色，受伤后不变色。子实层体表面黄褐色至褐色，有疣凸。菌柄较短或近无。担子 40 ~ 50 × 6.5 ~ 7.5 μm，棒状，4 孢。担孢子 6.5 ~ 7.5 × 6 ~ 6.5 μm，宽椭圆形至近球形，褐色至浅褐色，表面有小瘤。锁状联合常见。

夏秋季生于热带和亚热带林中地上。外生菌根菌。分布于云南中部和南部。可食。

干巴菌　干巴糙孢革菌
Thelephora ganbajun M. Zang

糙孢革菌目 Thelephorales　　糙孢革菌科 Thelephoraceae

担子果高 2 ~ 5 cm，直径 4 ~ 10 cm，革质，从基部生出多个分枝。分枝扁平，平截，匙状至花瓣状；表面粗糙，具不规则棱纹，黑色至灰黑色，有时带橄榄色或紫色色调，顶端浅褐色至灰白色。子实层体表面黑色至灰黑色，有时带紫色色调，平滑至稍皱，有时有瘤状凸起；菌肉灰色至浅灰色，受伤后不变色。菌柄短或阙如。担子 40 ~ 50 × 7 ~ 8.5 μm，棒状，4 孢。担孢子 5 ~ 8 × 4.5 ~ 7 μm，近椭圆形，多角，表面具刺状纹饰，黄褐色。锁状联合常见。

夏秋季生于亚热带针叶林或针阔混交林中地上。外生菌根菌。分布于云南中部和南部。可食，著名食用菌。文献记载该菌具抗氧化作用。

糙孢革菌　疣革菌
Thelephora terrestris Ehrh. ex Fr.

糙孢革菌目 Thelephorales　　糙孢革菌科 Thelephoraceae

担子果叠生或簇生，形成莲座状，柔韧。菌盖宽 2 ～ 4 cm，扇形或半圆形；表面被粗毛，具放射状皱纹、沟纹和不清晰的环纹，褐色至深褐色。子实层体表面灰褐色，皱曲，具近放射状排列的小疣凸；菌肉韧，厚 1.5 ～ 2 mm，褐色，无特殊气味。担子 30 ～ 50 × 8 ～ 10 μm，棒状，4 孢。担孢子 7.5 ～ 9 × 6 ～ 7 μm，多角形，具长 0.5 ～ 1 μm 的小刺疣，褐色。锁状联合丰富。

夏秋季生于亚热带松林或针阔混交林中地上。外生菌根菌。分布于云南西南部、中部和西北部。食性不明，不建议采食。文献记载该菌具抗氧化作用。

金耳　金黄耳包革
Naematelia aurantialba (Bandoni & M. Zang) Millanes & Wedin

银耳目 Tremellales　　耳包革科 Naemateliaceae

担子果直径 3.5 ～ 6 cm，高达 4.5 cm，近球形至不规则形；表面褶皱状或脑状，橙色、金黄色或橙红色；菌肉幼时浅黄色，成熟后黄色至橙色，外层胶质，内部肉质。担子 18 ～ 22 × 15 ～ 20 μm，球形至近球形，十字纵隔。担孢子 9.5 ～ 2.5 × 9 ～ 11.5 μm，近球形至宽椭圆形，光滑，产生次生担孢子和分生孢子。锁状联合常见。吸器附着在宿主菌丝上，宿主菌丝的锁状联合阙如。

夏秋季生于亚高山带针叶林中腐木上，寄生在韧革菌属真菌上。寄生菌。可食。文献记载该菌具降血压、降血脂、增强免疫力等作用。可栽培。

云南茶耳

Phaeotremella yunnanensis L.F. Fan *et al.*

银耳目 Tremellales　　银耳科 Tremellaceae

担子果直径 4 ~ 12 cm，由多数扁平分枝组成。分枝叶状或花瓣状，浅褐色至茶褐色，胶质，干后变暗和变硬。担子 12 ~ 16 × 10 ~ 15 μm，卵形至近球形，十字纵隔。担孢子 6.5 ~ 8.5 × 6 ~ 7.5 μm，近球形至宽椭圆形，光滑。锁状联合常见。

夏秋季生于亚热带阔叶林中腐木上。腐生菌。可食。

脑状黄银耳
Tremella cerebriformis Chee J. Chen

银耳目 Tremellales　　银耳科 Tremellaceae

担子果直径 2 ～ 4 cm，不规则扁半球形，凹凸不平，呈脑状，厚达 1.5 cm；表面淡黄色至橘红色，内部淡黄色至近白色。担子 15 ～ 30 × 14 ～ 25 μm，卵形至近球形，成熟后为十字纵隔。担孢子 15 ～ 20 × 15 ～ 19 μm，球形至近球形，光滑。锁状联合常见。

夏秋季生于亚热带壳斗科植物腐木上。寄生菌，但其宿主真菌肉眼不易见到。

杏黄银耳
Tremella flava Chee J. Chen

银耳目 Tremellales　　银耳科 Tremellaceae

担子果直径 4 ～ 10 cm，由多数扁平分枝组成；分枝叶状、花瓣状或珊瑚状，黄色或淡黄色，有时局部近白色，胶质，干后变硬。担子 12 ～ 18 × 8 ～ 13 μm，卵形至近球形，成熟后为十字纵隔。担孢子 6.5 ～ 9 × 5.5 ～ 6.5 μm，卵形至宽椭圆形，光滑，产生次生担孢子，无色。锁状联合常见。

夏秋季生于亚热带阔叶林中腐木上。寄生菌，宿主为炭团菌科真菌（本图右侧腐木上）。可食。

银耳
Tremella fuciformis Berk.

银耳目 Tremellales　　银耳科 Tremellaceae

担子果直径5～10 cm，由多数扁平分枝组成；分枝叶状至花瓣状，白色或乳白色，成熟后乳白色至浅黄色。担子10～13×9～10 μm，卵形或近球形，十字纵隔。担孢子6～8.5×5～6 μm，宽椭圆形至椭圆形，光滑。锁状联合常见。

夏秋季生于热带至亚热带林中腐木上。寄生菌，宿主为炭团菌科真菌，如暗色环纹炭团菌（*Annulohypoxylon stygium*）。可食。文献记载该菌具提高免疫力、抗氧化、提高免疫力等作用。可栽培。

拟胶瑚菌

Tremellodendropsis tuberosa (Grev.) D.A. Crawford

拟胶瑚菌目 Tremellodendropsidales　　拟胶瑚菌科 Tremellodendropsidaceae

担子果高 3 ~ 7 cm，直径 2 ~ 5 mm，珊瑚状；分枝扁平，白色、奶油色至淡黄色，顶端钝；菌肉质地较硬，非胶质，白色。菌柄近革质，白色至淡灰色，基部有白色菌丝。担子 70 ~ 110 × 12 ~ 16 μm，仅顶部十字纵裂。担孢子 14 ~ 20 × 6 ~ 8 μm，近杏仁形至瓜子形，光滑，无色。锁状联合常见。

夏秋季生于林中地上或腐殖质上。腐生菌。分布于云南中部。食性不明。

菰黑粉菌

Ustilago esculenta Henn.

黑粉菌目 Ustilaginales　　黑粉菌科 Ustilaginaceae

孢子堆近圆形、椭圆形至杆状，1 ~ 15 × 0.5 ~ 3 mm，褐色、暗褐色至近黑色，埋生于菰（茭白）（*Zizania caduciflora*）的秆中。黑粉孢子 6 ~ 12 × 6 ~ 8 μm，球形至近球形，有时纺锤形至不规则形，表面有疣凸，疣凸间有连线，橄榄褐色至淡褐色。

生于菰秆基上。寄生菌，引起菰秆基部膨大。分布于云南大部。可食。

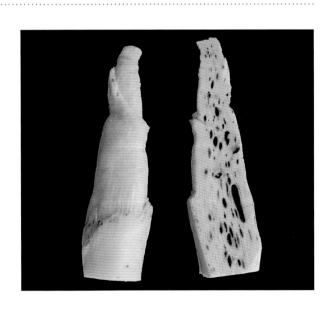

参考文献
REFERENCES

陈作红，杨祝良，图力古尔，等 . 2016. 毒蘑菇识别与中毒预防 . 北京 : 科学出版社 .

戴芳澜 . 1979. 中国真菌总汇 . 北京 : 科学出版社 .

戴贤才，李泰辉 . 1994. 四川省甘孜州菌类志 . 成都 : 四川科学技术出版社 .

戴玉成，周丽伟，杨祝良，等 . 2010. 中国食用菌名录 . 菌物学报，29: 1-21.

邓叔群 . 1963. 中国的真菌 . 北京 : 科学出版社 .

高正文，孙航 . 2017. 云南省生物物种名录 . 昆明 : 云南出版集团公司，云南科技出版社 .

高正文，孙航 . 2021. 云南省生物物种红色名录 . 昆明 : 云南出版集团公司，云南科技出版社 .

顾建新 . 2015. 中国云南野生菌 . 昆明 : 云南出版集团公司，云南科技出版社 .

桂明英，马绍宾，郭相 . 2016. 西南大型真菌 Ⅰ . 上海 : 上海科学技术文献出版社 .

李玉，李泰辉，杨祝良，等 . 2015. 中国大型菌物资源图鉴 . 郑州 : 中原农民出版社 .

梁宇，郭良栋，马克平 . 2002. 根真菌在生态系统中的作用 . 植物生态学，26: 739-745.

刘培贵 . 2016. 中国的块菌 (松露). 北京 : 科学出版社 .

卯晓岚 . 1989. 中国的食用和药用大型真菌 . 微生物学通报，16: 290-297.

卯晓岚 . 1998. 中国经济真菌 . 北京 : 科学出版社 .

卯晓岚 . 2000. 中国大型真菌 . 郑州 : 河南科学技术出版社 .

卯晓岚 . 2009. 中国蕈菌 . 北京 : 科学出版社 .

卯晓岚，蒋长坪，欧珠次旺 . 1993. 西藏大型经济真菌 . 北京 : 北京科学技术出版社 .

苏开美，赵永昌 . 2007. 楚雄地区大型真菌及保育促繁技术 . 昆明 : 云南科技出版社 .

孙达峰，华蓉，顾建新 . 2021. 画说云南野生菌 . 昆明 : 云南出版集团公司，云南科技出版社 .

图力古尔，娜琴，刘丽娜 . 2021. 中国小菇科真菌图志 . 北京 : 科学出版社 .

王向华，刘培贵，于富强 . 2004. 云南野生商品蘑菇图鉴 . 昆明 : 云南科技出版社 .

王云章，臧穆，马启明，等 . 1983. 西藏真菌 . 北京 : 科学出版社 .

魏玉莲 . 2021. 森林生态系统中木腐真菌群落形成机理及生态功能 . 生态学杂志，40: 534-543.

吴兴亮，卯晓岚，图力古尔，等 . 2013. 中国药用真菌 . 北京 : 科学出版社 .

严东辉，姚一建 . 2003. 菌物在森林生态系统中的功能和作用研究进展 . 植物生态学报，27: 143-
150.

杨祝良 . 2002. 浅论云南野生蕈菌资源及其利用 . 自然资源学报 , 17: 463-469.

杨祝良 . 2005. 中国真菌志 第 27 卷 鹅膏科 . 北京 : 科学出版社 .

杨祝良 . 2010. 横断山区高等真菌物种多样性研究进展 . 生命科学 , 22: 1086-1091.

杨祝良 . 2013. 基因组学时代的真菌分类学 : 机遇与挑战 . 菌物学报 , 32: 931-946.

杨祝良 . 2015. 中国鹅膏科真菌图志 . 北京 : 科学出版社 .

杨祝良 . 2020. 真菌系统学大趋势 : 越来越多的分类单元 . 菌物学报 , 39: 1611-1616.

杨祝良 , 葛再伟 , 李艳春 , 等 . 2017. 大型真菌 . 见 : 高正文 , 孙航 . 云南省生物物种名录 . 昆明 : 云南出版集团公司 , 云南科技出版社 .

杨祝良 , 葛再伟 , 梁俊峰 . 2019. 中国真菌志 第五十二卷 环柄菇类 (蘑菇科). 北京 : 科学出版社 .

杨祝良 , 吴刚 , 李艳春 , 等 . 2021. 中国西南地区常见食用菌和毒菌 . 北京 : 科学出版社 .

杨祝良 , 臧穆 . 2003. 中国南部高等真菌的热带亲缘 . 云南植物研究 , 25: 129-144.

应建浙 . 1994. 川西地区大型经济真菌 . 北京 : 科学出版社 .

应建浙 , 臧穆 . 1994. 西南地区大型经济真菌 . 北京 : 科学出版社 .

应建浙 , 赵继鼎 , 卯晓岚 , 等 . 1982. 食用蘑菇 . 北京 : 科学出版社 .

袁明生 , 孙佩琼 . 1995. 四川蕈菌 . 成都 : 四川科学技术出版社 .

袁明生 , 孙佩琼 . 2013. 中国大型真菌彩色图谱 . 成都 : 四川出版集团 , 四川科学技术出版社 .

臧穆 . 2006. 中国真菌志 第二十二卷 牛肝菌科 (I). 北京 : 科学出版社 .

臧穆 . 2013. 中国真菌志 第四十四卷 牛肝菌科 (II). 北京 : 科学出版社 .

臧穆 , 李滨 , 郗建勋 . 1996. 横断山区真菌 . 北京 : 科学出版社 .

张光亚 . 1984. 云南食用菌 . 昆明 : 云南人民出版社 .

张光亚 . 1999. 中国常见食用菌图鉴 . 昆明 : 云南科学技术出版社 .

张颖 , 欧晓昆 . 2013. 滇中地区常见大型真菌 . 昆明 : 云南出版集团公司 , 云南科技出版社 .

郑文康 . 1988. 云南食用菌与毒菌图鉴 . 昆明 : 云南科学技术出版社 .

Bau T, Bao HY, Li Y. 2014. A revised checklist of poisonous mushrooms in China. Mycosystema, 33: 517-548.

Binder M, Hibbett DS. 2006. Molecular systematics and biological diversification of Boletales. Mycologia, 98: 971-981.

Cai Q, Cui YY, Yang ZL. 2016. Lethal *Amanita* species in China. Mycologia, 108: 993-1009.

Clapham AR, Tutin TG, Moore DM. 1987. Flora of the British Isles. 3rd ed. Cambridge: Cambridge University Press.

Cui YY, Cai Q, Tang LP, *et al*. 2018. The family Amanitaceae: molecular phylogeny, higher-rank taxonomy and the species in China. Fungal Divers, 91: 5-230.

Cui YY, Feng B, Wu G, *et al*. 2016. Porcini mushrooms (*Boletus* sect. *Boletus*) from China. Fungal Divers, 81: 189-212.

Dai YC. 2010. Hymenochaetaceae (Basidiomycota) in China. Fungal Divers, 45: 131-343.

Dai YC, Yang ZL, Cui BK, *et al*. 2009. Species diversity and utilization of medicinal mushrooms and fungi in China (review). Intern Journ Medic Mushrooms, 11: 287-302.

Dai YC, Zhou LW, Yang ZL, *et al*. 2010. A revised checklist of edible fungi in China. Mycosystema, 29: 1-21.

Du XH, Zhao Q, O'Donnell K, *et al*. 2012. Multigene molecular phylogenetics reveals true morels (*Morchella*) are especially species-rich in China. Fungal Genetics and Biology 49(6): 455-469.

Genre A, Lanfranco L, Perotto S, *et al*. 2020. Unique and common traits in mycorrhizal symbioses. Nature Rev Microbiol, 18: 649-660.

Han LH, Feng B, Wu G, *et al*. 2018. African origin and global distribution patterns: evidence inferred from phylogenetic and biogeographical analyses of ectomycorrhizal fungal genus *Strobilomyces*. J Biogeog, 45: 201-212.

Han LH, Wu G, Horak E, *et al*. 2020. Phylogeny and species delimitation of *Strobilomyces* (Boletaceae), with an emphasis on the Asian species. Persoonia, 44: 113-139.

Hawksworth DL. 1991. The fungal dimension of biodiversity: magnitude, significance, and conservation. Mycol Res, 95: 641-655.

Huang HY, Zhao J, Zhang P, *et al*. 2020. The genus *Clavariadelphus* (Clavariadelphaceae, Gomphales) in China. MycoKeys, 70: 89-121.

He ZM, Yang ZL. 2021. A new clitocyboid genus *Spodocybe* and a new subfamily Cuphophylloideae in the family Hygrophoraceae (Agaricales). MycoKeys, 79: 129-148.

Jian SP, Bau T, Zhu XT, *et al*. 2020. *Clitopilus*, *Clitocella*, and *Clitopilopsis* in China. Mycologia, 112: 371-399.

Kirk PM, Cannon PF, Minter DW, *et al*. 2008. Dictionary of the Fungi. 10th ed. Wallingford: CAB International.

Li H, Tian Y, Menolli N, *et al*. 2021. Reviewing the world's edible mushroom species: a new evidence-based classification system. Compr Rev Food Sci Food Saf, 20: 1982-2014.

Li J, Han LH, Liu XB, *et al*. 2020. The saprotrophic *Pleurotus ostreatus* species complex: late Eocene origin in East Asia, multiple dispersal, and complex speciation. IMA Fungus, 11: 10.

Li YC, Yang ZL. 2021. The Boletes of China: *Tylopilus* s.l. Singapore: Springer.

Li ZY, Guo L. 2009. Two new species and a new Chinese record of *Exobasidium* (Exobasidiales). Mycotaxon, 108: 479-484.

McGuire KL, Bent E, Borneman J, *et al*. 2010. Functional diversity in resource use by fungi. Ecology, 91: 2324-2332.

Mu YH, Yu JR, Cao T, *et al*. 2021. Multigene phylogeny and taxonomy of *Hydnellum* (Bankeraceae, Basidiomycota) from China. Journal of Fungi, 7: 818.

Qin J, Horak E, Popa F, *et al*. 2018. Species diversity, distribution patterns, and substrate specificity of *Strobilurus*. Mycologia, 110: 584-604.

Rambold G, Stadler M, Begerow D. 2013. Mycology should be recognized as a field in biology at eye level with other major disciplines – a memorandum. Mycol Prog, 12: 455-463.

Reschke K, Popa F, Yang ZL, *et al*. 2018. Diversity and taxonomy of *Tricholoma* species from Yunnan, China and notes on species from Europe and North America. Mycologia, 110: 1081-1109.

Smith ME, Read DJ. 2008. Mycorrhizal Symbiosis. 3rd ed. New York: Elsevier.

Sun YF, Costa-Rezende DH, Xing JH, *et al*. 2020. Multi-gene phylogeny and taxonomy of *Amauroderma* s.lat. (Ganodermataceae). Persoonia, 44: 206-239.

Tai FL. 1932. Collections of fungi in China by foreign explorers. Nanking Journal, 1: 537-548.

Tai FL. 1936-1937. A list of fungi hitherto known from China. Sci Rept Nat Tsing Hua Univ Sers B, 2: 137-165, 191-639.

van der Heijden MGA, Klironomos JN, Ursic M, *et al*. 1998. Mycorrhizal fungal diversity determines plant biodiversity, ecosystem variability and productivity. Nature, 396: 69-72.

Wang CQ, Li TH, Wang XH, *et al*. 2021. *Hygrophorus annulatus*, a new edible member of *H. olivaceoalbus*-complex from southwestern China. Mycoscience, 62: 137-142.

Wang QB, Yao YJ. 2005. *Boletus reticuloceps*, a new combination for *Aureoboletus reticuloceps*. Sydowia, 57: 131-136.

Wang YB, Wang Y, Fan Q, *et al*. 2020. Multigene phylogeny of the family Cordycipitaceae (Hypocreales): new taxa and the new systematic position of the Chinese cordycipitoid fungus *Paecilomyces hepiali*. Fungal Divers, 103: 1-46.

Wu F, Yuan Y, He SH, *et al*. 2015. Global diversity and taxonomy of the *Auricularia auricula-judae* complex (Auriculariales, Basidiomycota). Mycol Prog, 14: 42.

Wu F, Zhou LW, Yang ZL, *et al*. 2019. Resource diversity of Chinese macrofungi: edible, medicinal and poisonous species. Fungal Divers, 98: 1-76.

Wu G, Li YC, Zhu XT, *et al*. 2016. One hundred noteworthy boletes from China. Fungal Divers, 81: 25-188.

Yang ZL. 2005. Diversity and biogeography of higher fungi in China. *In*: Xu J. Evolutionary Genetics of Fungi. Norfolk: Horizon Bioscience.

Zhang Y, Mo MZ, Yang L, *et al*. 2021. Exploring the species diversity of edible mushrooms in Yunnan, southwestern China, by DNA barcoding. J Fungi, 7: 310.

Zhuang WY. 2001. Higher Fungi of Tropical China. Ithaca: Mycotaxon Ltd.

Zhuang WY, Yang ZL. 2008. Some pezizalean fungi from alpine areas of southwestern China. Mycol Monten, 10: 235-249.

附 录

APPENDIX

真菌照片提供人员名单

List of photographers of fungal images

多位同行或研究团队成员为本书提供了野生菌的照片，现按照片在书中出现的先后顺序列出如下，以便查找。

叶状耳盘菌 *Cordierites frondosus* (Kobayasi) Korf 由杨祝良提供

竹生亚肉座菌 *Hypocrella bambusae* (Berk. & Broome) Sacc. 由刘建伟提供

蛹虫草菌 *Cordyceps militaris* (L.) Fr. 由刘建伟提供

高山线虫草菌 *Ophiocordyceps highlandensis* Zhu L. Yang & J. Qin 由杨祝良提供

老君山线虫草菌 *Ophiocordyceps laojunshanensis* Ji Y. Chen *et al.* 由赵琪提供

冬虫夏草菌 *Ophiocordyceps sinensis* (Berk.) G.H. Sung *et al.* 由赵琪提供

润滑锤舌菌 *Leotia lubrica* (Scop.) Pers. 由王向华提供

赭色鹿花菌 *Gyromitra infula* (Schaeff.) Quél. 由赵琪提供

四川鹿花菌 *Gyromitra sichuanensis* Korf & W.Y. Zhuang 由杨祝良提供

老君山腔块菌 *Hydnotrya laojunshanensis* Lin Li *et al.* 由王向华提供

碟状马鞍菌 *Helvella acetabulum* (L.) Quél. 由杨祝良提供

卷边马鞍菌 *Helvella involuta* Q. Zhao *et al.* 由王向华提供

矩孢马鞍菌 *Helvella oblongispora* Harmaja 由杨祝良提供

东方皱马鞍菌 *Helvella orienticrispa* Q. Zhao *et al.* 由杨祝良提供

假卷盖马鞍菌 *Helvella pseudoreflexa* Q. Zhao *et al.* 由杨祝良提供

皱面马鞍菌 *Helvella rugosa* Q. Zhao & K.D. Hyde 由王向华提供

近乳白马鞍菌 *Helvella sublactea* Q. Zhao *et al.* 由赵琪提供

中条山马鞍菌 *Helvella zhongtiaoensis* J.Z. Cao & B. Liu 由杨祝良提供

秋生羊肚菌 *Morchella galilaea* Masaphy & Clowez 由杨祝良提供

梯棱羊肚菌 *Morchella importuna* M. Kuo *et al.* 由杨祝良提供

疣孢褐盘菌 *Peziza badia* Pers. 由王向华提供

青萍盘菌 *Peziza limnaea* Maas Geest. 由王向华提供

变异盘菌 *Peziza varia* (Hedw.) Alb. & Schwein. 由王向华提供

紫星裂盘菌 *Sarcosphaera coronaria* (Jacq.) J. Schröt. 由杨祝良提供

橙黄网孢盘菌 *Aleuria aurantia* (Pers.) Fuckel 由杨祝良提供

半球土盘菌 *Humaria hemisphaerica* (F.H. Wigg.) Fuckel 由杨祝良提供

紫灰侧盘菌 *Otidea purpureogrisea* Pfister *et al.* 由王向华提供

具柄侧盘菌 *Otidea stipitata* Ekanayaka *et al.* 由王向华提供

近紫侧盘菌 *Otidea subpurpurea* W.Y. Zhuang 由杨祝良提供

云南侧盘菌 *Otidea yunnanensis* (B. Liu & J.Z. Cao) W.Y. Zhuang & C.Y. Liu 由杨祝良提供

窄孢胶陀盘菌 *Trichaleurina tenuispora* M. Carbone *et al.* 由杨祝良提供

波状根盘菌 *Rhizina undulata* Fr. 由杨祝良提供

睫毛毛杯菌 *Cookeina garethjonesii* Ekanayaka *et al.* 由杨祝良提供

印度毛杯菌 *Cookeina indica* Pfister & Kaushal 由王庚申提供

大孢毛杯菌 *Cookeina insititia* (Berk. & M.A. Curtis) Kuntze 由简四鹏提供

中国毛杯菌 *Cookeina sinensis* Zheng Wang 由贾留坤提供

毛缘毛杯菌 *Cookeina tricholoma* (Mont.) Kuntze 由杨祝良提供

白毛小口盘菌 *Microstoma floccosum* (Sacc.) Raitv. 由杨祝良提供

中华歪盘菌 *Phillipsia chinensis* W.Y. Zhuang 由杨祝良提供

多地歪盘菌 *Phillipsia domingensis* (Berk.) Berk. 由杨祝良提供

平盘肉杯菌 *Sarcoscypha mesocyatha* F.A. Harr. 由杨祝良提供

神农架肉杯菌 *Sarcoscypha shennongjiana* W.Y. Zhuang 由杨祝良提供

皱暗盘菌 *Plectania rhytidia* (Berk.) Nannf. & Korf 由杨祝良提供

云南暗盘菌 *Plectania yunnanensis* W.Y. Zhuang 由赵琪提供

杯状疣杯菌 *Tarzetta catinus* (Holmsk.) Korf & J.K. Rogers 由杨祝良提供

脑状猪块菌 *Choiromyces cerebriformis* T. J. Yuan *et al.* 由王向华提供

印度块菌 *Tuber indicum* Cooke & Massee 由杨祝良提供

丽江块菌 *Tuber lijiangense* L. Fan & J.Z. Cao 由王向华提供

大丛耳 *Wynnea gigantea* Berk. & M.A. Curtis 由吴刚提供

胶陀螺菌 *Bulgaria inquinans* (Pers.) Fr. 由王向华提供

竹黄 *Shiraia bambusicola* Henn. 由杨祝良提供

四川地锤菌 *Cudonia sichuanensis* Zheng Wang 由刘菲菲提供

黄地勺菌 *Spathularia flavida* Pers. 由杨祝良提供

黑轮层炭壳 *Daldinia concentrica* (Bolton) Ces. & De Not. 由杨祝良提供

中华肉球菌 *Engleromyces sinensis* M.A. Whalley *et al.* 由赵琪提供

黑柄粪壳 *Podosordaria nigripes* (Klotzsch) P.M.D. Martin 由林文飞提供

双孢蘑菇 *Agaricus bisporus* (J.E. Lange) Imbach 由杨祝良提供

大理蘑菇 *Agaricus daliensis* H.Y. Su & R.L. Zhao 由王向华提供

裂皮黄脚蘑菇 *Agaricus endoxanthus* Berk. & Broome 由杨祝良提供

卷毛蘑菇 *Agaricus flocculosipes* R.L. Zhao *et al.* 由杨祝良提供

锈绒蘑菇 *Agaricus hanthanaensis* Karun. & K.D. Hyde 由杨祝良提供

喀斯特蘑菇 *Agaricus karstomyces* R.L. Zhao 由杨祝良提供

细柄青褶伞 *Chlorophyllum demangei* (Pat.) Z.W. Ge & Zhu L. Yang 由赵宽提供

大青褶伞 *Chlorophyllum molybdites* (G. Mey.) Massee 由葛再伟提供

绿褶托菇 *Clarkeinda trachodes* (Berk.) Singer 由杨祝良提供

毛头鬼伞 *Coprinus comatus* (O.F. Müll.) Pers. 由刘建伟提供

刺皮菇 *Echinoderma asperum* (Pers.) Bon 由杨祝良提供

紫褐鳞柄菇 *Lepiota brunneolilacea* Bon & Boiffard 由杨祝良提供

细环柄菇 *Lepiota clypeolaria* (Bull.) P. Kumm. 由杨祝良提供

光盖环柄菇 *Lepiota coloratipes* Vizzini *et al.* 由杨祝良提供

冠状环柄菇 *Lepiota cristata* (Bolton) P. Kumm. 由杨祝良提供

拟冠状环柄菇 *Lepiota cristatanea* J.F. Liang & Zhu L. Yang 由杨祝良提供

鳞柄环柄菇 *Lepiota furfuraceipes* H. C. Wang & Zhu L. Yang 由赵宽提供

珠鸡白环蘑 *Leucoagaricus meleagris* (Sowerby) Singer 由杨祝良提供

雪白白环蘑 *Leucoagaricus nivalis* (W.F. Chiu) Z.W. Ge & Zhu L. Yang 由杨祝良提供

近丁香紫白环蘑 *Leucoagaricus subpurpureolilacinus* Z.W. Ge & Zhu L. Yang 由杨祝良提供

纯黄白鬼伞 *Leucocoprinus birnbaumii* (Corda) Singer 由杨祝良提供

浅鳞白鬼伞 *Leucocoprinus cretaceus* (Bull.) Locq. 由杨祝良提供

黄褶大环柄菇 *Macrolepiota subcitrophylla* Z.W. Ge 由杨祝良提供

具托大环柄菇 *Macrolepiota velosa* Vellinga & Zhu L. Yang 由杨祝良提供

红褶小伞 *Melanophyllum haematospermum* (Bull.) Kreisel. 由杨祝良提供

草鸡枞 *Amanita caojizong* Zhu L. Yang *et al.* 由杨祝良提供

黄环变红鹅膏 *Amanita citrinoannulata* Yang-Yang Cui *et al.* 由杨祝良提供

小托柄鹅膏 *Amanita farinosa* Schwein. 由杨祝良提供

黄柄鹅膏 *Amanita flavipes* S. Imai 由杨祝良提供

糠鳞杵柄鹅膏 *Amanita franzii* Zhu L. Yang *et al.* 由杨祝良提供

灰花纹鹅膏 *Amanita fuliginea* Hongo 由杨祝良提供

灰褶鹅膏 *Amanita griseofolia* Zhu L. Yang 由杨祝良提供

灰豹斑鹅膏 *Amanita griseopantherina* Yang-Yang Cui *et al.* 由刘

建伟提供

赤脚鹅膏 *Amanita gymnopus* Corner & Bas 由刘晓斌提供

黄蜡鹅膏 *Amanita kitamagotake* N. Endo & A. Yamada 由蔡箐提供

黄褐鹅膏 *Amanita ochracea* (Zhu L. Yang) Yang-Yang Cui *et al.* 由刘建伟提供

东方褐盖鹅膏 *Amanita orientifulva* Zhu L. Yang *et al.* 由杨祝良提供

淡圈鹅膏 *Amanita pallidozonata* Yang-Yang Cui *et al.* 由杨祝良提供

小豹斑鹅膏 *Amanita parvipantherina* Zhu L. Yang *et al.* 由杨祝良提供

锈脚鹅膏 *Amanita rubiginosa* Qing Cai *et al.* 由杨祝良提供

凸顶红黄鹅膏 *Amanita rubroflava* Yang-Yang Cui *et al.* 由冯邦提供

红托鹅膏菌 *Amanita rubrovolvata* S. Imai 由杨祝良提供

泰国鹅膏 *Amanita siamensis* Sanmee *et al.* 由杨祝良提供

中华鹅膏 *Amanita sinensis* Zhu L. Yang 由刘建伟提供

亚球基鹅膏 *Amanita subglobosa* Zhu L. Yang 由简四鹏提供

黄盖鹅膏 *Amanita subjunquillea* S. Imai 由杨祝良提供

锥鳞白鹅膏 *Amanita virgineoides* Bas 由杨祝良提供

赭黄黏皮伞 *Zhuliangomyces ochraceoluteus* (P.D. Orton) Redhead 由杨祝良提供

橄榄色黏皮伞 *Zhuliangomyces olivaceus* (Zhu L. Yang *et al.*) Redhead 由杨祝良提供

亚高山松苞菇 *Catathelasma subalpinum* Z.W. Ge 由王向华提供

黄环圆头伞 *Descolea flavoannulata* (Lj.N. Vassiljeva) E. Horak 由杨祝良提供

巨大口蘑 *Macrocybe gigantea* (Massee) Pegler & Lodge 由胡华斌提供

杏黄丝膜菌 *Cortinarius croceus* (Schaeff.) Gray 由杨祝良提供

喜山丝膜菌 *Cortinarius emodensis* Berk. 由刘建伟提供

黑鳞丝膜菌 *Cortinarius nigrosquamosus* Hongo 由杨祝良提供

相似丝膜菌 *Cortinarius similis* (E. Horak) Peintner *et al.* 由杨祝良提供

近血红丝膜菌 *Cortinarius subsanguineus* T.Z. Wei *et al.* 由刘建伟提供

细柄丝膜菌 *Cortinarius tenuipes* (Hongo) Hongo 由杨祝良提供

环带柄丝膜菌 *Cortinarius trivialis* J.E. Lange 由郝艳佳提供

网孢靴耳 *Crepidotus reticulatus* T. Bau & Y.P. Ge 由杨祝良提供

硫磺靴耳 *Crepidotus sulphurinus* Imazeki & Toki 由杨祝良提供

污白拟斜盖伞 *Clitopilopsis albida* S.P. Jian & Zhu L. Yang 由王向华提供

皱纹斜盖菇 *Clitopilus crispus* Pat. 由贾留坤提供

梭孢斜盖伞 *Clitopilus fusiformis* Di Wang & Xiao L. He 由简四鹏提供

灰褐斜盖伞 *Clitopilus ravus* W.Q. Deng & T.H. Li 由王向华提供

皱盖斜盖菇 *Clitopilus rugosiceps* S.P. Jian & Zhu L. Yang 由杨祝良提供

黄绿粉褶蕈 *Entoloma incanum* (Fr.) Hesler 由贾留坤提供

方孢粉褶蕈 *Entoloma murrayi* (Berk. & M.A. Curtis) Sacc. & P. Syd. 由杨祝良提供

近江粉褶蕈 *Entoloma omiense* (Hongo) E. Horak 由刘菲菲提供

肉红方孢粉褶蕈 *Entoloma quadratum* (Berk. & M.A. Curtis) E. Horak 由蔡箐提供

变绿粉褶蕈 *Entoloma virescens* (Sacc.) E. Horak ex Courtec. 由崔杨洋提供

云南粉褶蕈 *Entoloma yunnanense* J.Z. Ying 由王向华提供

白蜡蘑 *Laccaria alba* Zhu L. Yang & Lan Wang 由赵琪提供

橙黄蜡蘑 *Laccaria aurantia* Popa *et al.* 由王向华提供

黄灰蜡蘑 *Laccaria fulvogrisea* Popa *et al.* 由王向华提供

蓝紫蜡蘑 *Laccaria moshuijun* Popa & Zhu L. Yang 由王庚申提供

酒红蜡蘑 *Laccaria vinaceoavellanea* Hongo 由王晶提供

云南蜡蘑 *Laccaria yunnanensis* Popa *et al.* 由王向华提供

硬湿伞 *Hygrocybe firma* (Berk. & Broome) Singer 由杨祝良提供

环柄蜡伞 *Hygrophorus annulatus* C.Q. Wang & T.H. Li 由刘建伟提供

美味蜡伞 *Hygrophorus deliciosus* C.Q. Wang & T.H. Li 由王向华提供

小红菇蜡伞 *Hygrophorus parvirussula* H.Y. Huang & L.P. Tang 由赵宽提供

荷叶地衣亚脐菇 *Lichenomphalia hudsoniana* (H.S. Jenn.) Redhead *et al.* 由杨祝良提供

灰头伞 *Spodocybe rugosiceps* Z. M. He & Zhu L. Yang 由杨祝良提供

纹缘盔孢伞 *Galerina marginata* (Batsch) Kühner 由蔡箐提供

长沟盔孢伞 *Galerina sulciceps* (Berk.) Boedijn 由谢立璟提供

绿褐裸伞 *Gymnopilus aeruginosus* (Peck) Singer 由杨祝良提供

热带紫褐裸伞 *Gymnopilus dilepis* (Berk. & Broome) Singer 由杨祝良提供

橘黄裸伞 *Gymnopilus spectabilis* (Fr.) Singer 由秦姣提供

窄褶滑锈伞 *Hebeloma angustilamellatum* (Zhu L. Yang & Z.W.

Ge) B.J. Rees 由简四鹏提供

小孢滑锈伞 Hebeloma parvisporum Sparre Pedersen et al. 由郝艳佳提供

紫色暗金钱菌 Phaeocollybia purpurea T.Z. Wei et al. 由杨祝良提供

粗鳞丝盖伞 Inocybe calamistrata (Fr.) Gillet 由王向华提供

萝卜色丝盖伞 Inocybe caroticolor T. Bau & Y.G. Fan 由杨祝良提供

土味丝盖伞 Inocybe geophylla P. Kumm. 由王向华提供

黄丝盖伞 Inocybe lutea Kobayasi & Hongo 由杨祝良提供

黄毛裂盖伞 Pseudosperma citrinostipes Y.G. Fan & W.J. Yu 由杨祝良提供

纺锤形马勃 Lycoperdon fusiforme M. Zang 由王向华提供

网纹马勃 Lycoperdon perlatum Pers. 由杨祝良提供

变色丽蘑 Calocybe decolorata X.D. Yu & Jia J. Li 由杨祝良提供

紫皮丽蘑 Calocybe ionides (Bull.) Kühner 由杨祝良提供

赭黄丽蘑 Calocybe ochracea (R. Haller Aar.) Bon 由杨祝良提供

云南格氏伞 Gerhardtia yunnanensis M. Mu & L.P. Tang 由王向华提供

烟熏离褶伞 Lyophyllum deliberatum (Britzelm.) Kreisel 由杨祝良提供

褐离褶伞 Lyophyllum fumosum (Pers.) P.D. Orton 由赵琪提供

墨染离褶伞 Lyophyllum semitale (Fr.) Kühner ex Kalamees 由郝艳佳提供

玉蕈离褶伞 Lyophyllum shimeji (Kawam.) Hongo 由杨祝良提供

球根蚁巢伞 Termitomyces bulborhizus T.Z. Wei et al. 由杨祝良提供

盾尖蚁巢伞 Termitomyces clypeatus R. Heim 由杨祝良提供

真根蚁巢伞 Termitomyces eurhizus (Berk.) R. Heim 由曾念开提供

球盖蚁巢伞 Termitomyces globulus R. Heim & Gooss.-Font. 由杨祝良提供

白蚁谷堆蚁巢伞 Termitomyces heimii Natarajan 由贾留坤提供

小蚁巢伞 Termitomyces microcarpus (Berk. & Broome) R. Heim 由杨祝良提供

条纹蚁巢伞 Termitomyces striatus (Beeli) R. Heim 由杨祝良提供

毛离褶伞 Tricholyophyllum brunneum Qing Cai et al. 由蔡箐提供

大囊伞 Macrocystidia cucumis (Pers.) Joss. 由杨祝良提供

大囊小皮伞 Marasmius macrocystidiosus Kiyashko & E.F. Malysheva 由杨祝良提供

紫条沟小皮伞 Marasmius purpureostriatus Hongo 由吴刚提供

丛生胶孔菌 Favolaschia manipularis (Berk.) Teng 由杨祝良提供

东京胶孔菌 Favolaschia tonkinensis (Pat.) Kuntze 由杨祝良提供

黄鳞小菇 Mycena auricoma Har. Takah. 由杨祝良提供

群生裸脚伞 Gymnopus confluens (Pers.) Antonín et al. 由王向华提供

栎裸脚伞 Gymnopus dryophilus (Bull.) Murrill 由王向华提供

近裸裸脚伞 Gymnopus subnudus (Ellis ex Peck) Halling 由王向华提供

香菇 Lentinula edodes (Berk.) Pegler 由杨祝良提供

鞭囊类脐菇 Omphalotus flagelliformis Zhu L. Yang & B. Feng 由杨祝良提供

蜜环菌 Armillaria mellea (Vahl) P. Kumm. 由曹书琴提供

刺孢伞 Cibaomyces glutinis Zhu L. Yang et al. 由秦姣提供

粗糙金褴伞 Cyptotrama asprata (Berk.) Redhead & Ginns 由杨祝良提供

光盖金褴伞 Cyptotrama glabra Zhu L. Yang & J. Qin 由杨祝良提供

假蜜环菌 Desarmillaria tabescens (Scop.) R.A. Koch & Aime 由李树红提供

冬菇 Flammulina filiformis (Z.W. Ge et al.) P.M. Wang et al. 由杨祝良提供

淡色冬菇 Flammulina rossica Redhead & R.H. Petersen 由杨祝良提供

云南冬菇 Flammulina yunnanensis Z.W. Ge & Zhu L. Yang 由王向华提供

卵孢小奥德蘑 Oudemansiella raphanipes (Berk.) Pegler & T.W.K. Young 由杨祝良提供

亚黏小奥德蘑 Oudemansiella submucida Corner 由杨祝良提供

云南小奥德蘑 Oudemansiella yunnanensis Zhu L. Yang & M. Zang 由杨祝良提供

椭孢拟干蘑 Paraxerula ellipsospora Zhu L. Yang & J. Qin 由杨祝良提供

糙孢玫耳 Rhodotus asperior L.P. Tang et al. 由郝艳佳提供

大囊球果伞 Strobilurus luchuensis Har. Takah. et al. 由杨祝良提供

东方球果伞 Strobilurus orientalis Zhu L. Yang & J. Qin 由杨祝良提供

中华干蘑 Xerula sinopudens R.H. Petersen & Nagas. 由杨祝良提供

硬毛干蘑 Xerula strigosa Zhu L. Yang et al. 由杨祝良提供

勺形亚侧耳 Hohenbuehelia petaloides (Bull.) Schulzer 由杨祝良提供

扇形侧耳 *Pleurotus flabellatus* (Berk. & Broome) Sacc. 由周生文提供

大侧耳 *Pleurotus giganteus* (Berk.) Karun. & K.D. Hyde 由简四鹏提供

肺形侧耳 *Pleurotus pulmonarius* (Fr.) Quél. 由蔡箐提供

网盖光柄菇 *Pluteus thomsonii* (Berk. & Broome) Dennis 由杨祝良提供

多色光柄菇 *Pluteus variabilicolor* Babos 由杨祝良提供

银丝草菇 *Volvariella bombycina* (Schaeff.) Singer 由丁晓霞提供

莫氏草菇 *Volvariella morozovae* E.F. Malysheva & A.V. Alexandrova 由杨祝良提供

褐毛小草菇 *Volvariella subtaylor* Hongo 由杨祝良提供

粘盖包脚菇 *Volvopluteus gloiocephalus* (DC.) Vizzini *et al.* 由杨祝良提供

墨汁拟鬼伞 *Coprinopsis atramentaria* (Bull.) Redhead *et al.* 由赵宽提供

灰盖拟鬼伞 *Coprinopsis cinerea* (Schaeff.) Redhead *et al.* 由杨祝良提供

白绒拟鬼伞 *Coprinopsis lagopus* (Fr.) Redhead *et al.* 由杨祝良提供

白拟鬼伞 *Coprinopsis nivea* (Pers.) Redhead *et al.* 由杨祝良提供

毡毛疣孢菇 *Lacrymaria lacrymabunda* (Bull.) Pat. 由杨祝良提供

薄肉伞 *Parasola plicatilis* (Curtis) Redhead *et al.* 由杨祝良提供

黄白小脆柄菇 *Psathyrella candolleana* (Fr.) Maire 由杨祝良提供

荷叶蘑 *Pseudoclitocybe cyathiformis* (Bull.) Singer 由杨祝良提供

美味扇菇 *Sarcomyxa edulis* (Y.C. Dai *et al.*) T. Saito *et al.* 由刘建伟提供

裂褶菌 *Schizophyllum commune* Fr. 由王向华提供

田头菇 *Agrocybe praecox* (Pers.) Fayod 由杨祝良提供

丛生垂幕菇 *Hypholoma fasciculare* (Huds.) P. Kumm. 由杨祝良提供

毛柄库恩菌 *Kuehneromyces mutabilis* (Schaeff.) Singer & A.H. Sm. 由杨祝良提供

金毛鳞伞 *Pholiota aurivella* (Batsch) P. Kumm. 由吴刚提供

黏环鳞伞 *Pholiota lenta* (Pers.) Singer 由王向华提供

粘皮鳞伞 *Pholiota lubrica* (Pers.) Singer 由王向华提供

小孢鳞伞 *Pholiota microspora* (Berk.) Sacc. 由王庚申提供

多脂翘鳞伞 *Pholiota squarrosoadiposa* J.E. Lange 由杨祝良提供

半球假黑伞 *Protostropharia semiglobata* (Batsch) Redhead *et al.* 由杨祝良提供

皱环球盖菇 *Stropharia rugosoannulata* Farl. ex Murrill 由郝艳佳提供

大白桩菇 *Aspropaxillus giganteus* (Sowerby) Kühner & Maire 由刘建伟提供

假松口蘑 *Tricholoma bakamatsutake* Hongo 由丁晓霞提供

灰环口蘑 *Tricholoma cingulatum* (Almfelt) Jacobashch 由陈果忠提供

油口蘑 *Tricholoma equestre* (L.) P. Kumm. 由刘建伟提供

高地口蘑 *Tricholoma highlandense* Zhu L. Yang *et al.* 由刘建伟提供

松茸 *Tricholoma matsutake* (S. Ito & S. Imai) Singer 由杨祝良提供

拟毒蝇口蘑 *Tricholoma muscarioides* Reschke *et al.* 由杨祝良提供

褐黄口蘑 *Tricholoma olivaceoluteolum* Reschke *et al.* 由杨祝良提供

东方褐盖口蘑 *Tricholoma orientifulvum* X. Xu *et al.* 由丁晓霞提供

皂味口蘑 *Tricholoma saponaceum* (Fr.) P. Kumm. 由刘建伟提供

中华苦酸口蘑 *Tricholoma sinoacerbum* T.H. Li *et al.* 由王向华提供

中华豹斑口蘑 *Tricholoma sinopardinum* Zhu L. Yang *et al.* 由赵宽提供

中华灰褐纹口蘑 *Tricholoma sinoportentosum* Zhu L. Yang *et al.* 由刘建伟提供

直立口蘑 *Tricholoma stans* (Fr.) Sacc. 由冯邦提供

棕灰口蘑 *Tricholoma terreum* (Schaeff.) P. Kumm. 由杨祝良提供

红鳞口蘑 *Tricholoma vaccinum* (Schaeff.) P. Kumm. 由刘晓斌提供

茶薪菇 *Cyclocybe chaxingu* (N.L. Huang) Q.M. Liu *et al.* 由杨祝良提供

杨柳田头菇 *Cyclocybe salicaceicola* (Zhu L. Yang *et al.*) Vizzini 由杨祝良提供

水粉杯伞 *Clitocybe nebularis* (Batsch) P. Kumm. 由王向华提供

疣盖囊皮伞 *Cystoderma granulosum* (Batsch) Fayod 由杨祝良提供

假牛排菌 *Fistulina subhepatica* B.K. Cui & J. Song 由郝艳佳提供

鳞柄卷毛菇 *Floccularia albolanaripes* (G.F. Atk.) Redhead 由杨祝良提供

碱紫漏斗伞 *Infundibulicybe alkaliviolascens* (Bellù) Bellù 由杨祝良提供

细鳞漏斗伞 *Infundibulicybe squamulosa* (Pers.) Harmaja 由何正

蜜提供

肉色香蘑 *Lepista irina* (Fr.) H.E. Bigelow 由杨祝良提供

紫丁香蘑 *Lepista nuda* (Bull.) Cooke 由杨祝良提供

花脸香蘑 *Lepista sordida* (Schumach.) Singer 由王向华提供

黏脐菇 *Myxomphalia maura* (Fr.) Hora 由杨祝良提供

雷丸 *Omphalia lapidescens* (Horan.) E. Cohn & J. Schröt. 由吴刚提供

环带斑褶菇 *Panaeolus cinctulus* (Bolten) Sacc. 由杨祝良提供

大孢斑褶菇 *Panaeolus papilionaceus* (Bull.) Quél. 由郝艳佳提供

半卵形斑褶菇 *Panaeolus semiovatus* (Sowerby) S. Lundell & Nannf. 由杨祝良提供

肉色拟香蘑 *Paralepista flaccida* (Sowerby) Vizzini 由杨祝良提供

白漏斗囊皮杯伞 *Singerocybe alboinfundibuliformis* (S.J. Seok et al.) Zhu L. Yang et al. 由杨祝良提供

热带囊皮杯伞 *Singerocybe humilis* (Berk. & Broome) Zhu L. Yang & J. Qin 由杨祝良提供

黄拟口蘑 *Tricholomopsis decora* (Fr.) Singer 由王向华提供

云南拟口蘑 *Tricholomopsis yunnanensis* (M. Zang) L.R. Liu et al. 由杨祝良提供

漏斗沟褶菌 *Trogia infundibuliformis* Berk. & Broome 由杨祝良提供

毒沟褶菌 *Trogia venenata* Zhu L. Yang et al. 由杨祝良提供

哀牢山具柄干朽菌 *Podoserpula ailaoshanensis* J.L. Zhou & B.K. Cui 由王向华提供

毛木耳 *Auricularia cornea* Ehrenb. 由王向华提供

皱木耳 *Auricularia delicata* (Mont. ex Fr.) Henn. 由王向华提供

黑木耳 *Auricularia heimuer* F. Wu et al. 由王向华提供

西藏木耳 *Auricularia tibetica* Y.C. Dai & F. Wu 由王向华提供

短毛木耳 *Auricularia villosula* Malysheva 由杨祝良提供

焰耳 *Guepinia helvelloides* (DC.) Fr. 由杨祝良提供

念珠金牛肝菌 *Aureoboletus catenarius* G. Wu & Zhu L. Yang 由杨祝良提供

复孔金牛肝菌 *Aureoboletus duplicatoporus* (M. Zang) G. Wu & Zhu L. Yang 由杨祝良提供

绒盖条孢金牛肝菌 *Aureoboletus mirabilis* (Murrill) Halling 由冯邦提供

西藏金牛肝菌 *Aureoboletus thibetanus* (Pat.) Hongo & Nagas. 由杨祝良提供

云南金牛肝菌 *Aureoboletus yunnanensis* G. Wu & Zhu L. Yang 由刘建伟提供

纺锤孢南方牛肝菌 *Austroboletus fusisporus* (Imazeki & Hongo)

Wolfe 由吴刚提供

黏盖南方牛肝菌 *Austroboletus olivaceoglutinosus* K. Das & Dentinger 由吴刚提供

木生条孢牛肝菌 *Boletellus emodensis* (Berk.) Singer 由吴刚提供

胭脂条孢牛肝菌 *Boletellus obscurecoccineus* (Höhn.) Singer 由刘建伟提供

白牛肝菌 *Boletus bainiugan* Dentinger 由杨祝良提供

网盖牛肝菌 *Boletus reticuloceps* (M. Zang et al.) Q.B. Wang & Y.J. Yao 由刘建伟提供

食用牛肝菌 *Boletus shiyong* Dentinger 由杨祝良提供

中华美味牛肝菌 *Boletus sinoedulis* B. Feng et al. 由吴刚提供

紫褐牛肝菌 *Boletus violaceofuscus* W.F. Chiu 由王庚申提供

玫黄黄肉牛肝菌 *Butyriboletus roseoflavus* (Hai B. Li & Hai L. Wei) D. Arora & J.L. Frank 由杨祝良提供

血红黄肉牛肝菌 *Butyriboletus rubrus* (M. Zang) Kui Wu et al. 由吴刚提供

彝食黄肉牛肝菌 *Butyriboletus yicibus* D. Arora & J.L. Frank 由冯邦提供

毡盖美牛肝菌 *Caloboletus panniformis* (Taneyama & Har. Takah.) Vizzini 由杨祝良提供

窄囊裘氏牛肝菌 *Chiua angusticystidiata* Yan C. Li & Zhu L. Yang 由杨祝良提供

裘氏牛肝菌 *Chiua virens* (W.F. Chiu) Yan C. Li & Zhu L. Yang 由杨祝良提供

绿盖裘氏牛肝菌 *Chiua viridula* Yan C. Li & Zhu L. Yang 由吴刚提供

亮橙黄牛肝菌 *Crocinoboletus laetissimus* (Hongo) N.K. Zeng et al. 由李艳春提供

橙黄牛肝菌 *Crocinoboletus rufoaureus* (Massee) N.K. Zeng et al. 由吴刚提供

哈里牛肝菌 *Harrya chromipes* (Frost) Halling et al. 由刘建伟提供

念珠哈里牛肝菌 *Harrya moniliformis* Yan C. Li & Zhu L. Yang 由杨祝良提供

长柄网孢牛肝菌 *Heimioporus gaojiaocong* N.K. Zeng & Zhu L. Yang 由杨祝良提供

日本网孢牛肝菌 *Heimioporus japonicus* (Hongo) E. Horak 由赵宽提供

白柄假疣柄牛肝菌 *Hemileccinum albidum* Mei-Xiang Li et al. 由杨祝良提供

杏仁味庭院牛肝菌 *Hortiboletus amygdalinus* Xue T. Zhu & Zhu

L. Yang 由杨祝良提供

近酒红庭院牛肝菌 *Hortiboletus subpaludosus* (W.F. Chiu) Xue T. Zhu & Zhu L. Yang 由郝艳佳提供

厚瓢牛肝菌 *Hourangia cheoi* (W.F. Chiu) Xue T. Zhu & Zhu L. Yang 由吴刚提供

芝麻厚瓢牛肝菌 *Hourangia nigropunctata* (W.F. Chiu) Xue T. Zhu & Zhu L. Yang 由吴刚提供

暗褐栗色牛肝菌 *Imleria obscurebrunnea* (Hongo) Xue T. Zhu & Zhu L. Yang 由杨祝良提供

亚高山栗色牛肝菌 *Imleria subalpina* Xue T. Zhu & Zhu L. Yang 由冯邦提供

兰茂牛肝菌 *Lanmaoa asiatica* G. Wu & Zhu L. Yang 由杨祝良提供

华金黄下疣柄牛肝菌 *Leccinellum sinoaurantiacum* (M. Zang & R.H. Petersen) Yan C. Li & Zhu L. Yang 由秦姣提供

褐疣柄牛肝菌 *Leccinum scabrum* (Bull.) Gray 由郝艳佳提供

异色疣柄牛肝菌 *Leccinum versipelle* (Fr. & Hök) Snell 由郝艳佳提供

拟栗色粘盖牛肝菌 *Mucilopilus paracastaneiceps* Yan C. Li & Zhu L. Yang 由杨祝良提供

茶褐新牛肝菌 *Neoboletus brunneissimus* (W.F. Chiu) Gelardi et al. 由杨祝良提供

黄孔新牛肝菌 *Neoboletus flavidus* (G. Wu & Zhu L. Yang) N.K. Zeng et al. 由吴刚提供

华丽新牛肝菌 *Neoboletus magnificus* (W.F. Chiu) Gelardi et al. 由吴刚提供

暗褐新牛肝菌 *Neoboletus obscureumbrinus* (Hongo) N.K. Zeng et al. 由杨祝良提供

红孔新牛肝菌 *Neoboletus rubriporus* (G. Wu & Zhu L. Yang) N.K. Zeng et al. 由郝艳佳提供

拟血红新牛肝菌 *Neoboletus sanguineoides* (G. Wu & Zhu L. Yang) N.K. Zeng et al. 由吴刚提供

血红新牛肝菌 *Neoboletus sanguineus* (G. Wu & Zhu L. Yang) N.K. Zeng et al. 由吴刚提供

西藏新牛肝菌 *Neoboletus thibetanus* (Shu R. Wang & Yu Li) Zhu L. Yang et al. 由冯邦提供

美丽褶孔牛肝菌 *Phylloporus bellus* (Mass.) Corner 由周生文提供

翘鳞褶孔牛肝菌 *Phylloporus imbricatus* N.K. Zeng & Zhu L. Yang 由刘建伟提供

潞西褶孔牛肝菌 *Phylloporus luxiensis* M. Zang 由杨祝良提供

红孢牛肝菌 *Porphyrellus porphyrosporus* (Fr.) E.-J. Gilbert 由刘建伟提供

褐点粉末牛肝菌 *Pulveroboletus brunneopunctatus* G. Wu & Zhu L. Yang 由冯邦提供

大孢粉末牛肝菌 *Pulveroboletus macrosporus* G. Wu & Zhu L. Yang 由吴刚提供

暗褐网柄牛肝菌 *Retiboletus fuscus* (Hongo) N.K. Zeng & Zhu L. Yang 由杨祝良提供

考夫曼网柄牛肝菌 *Retiboletus kauffmanii* (Lohwag) N.K. Zeng & Zhu L. Yang 由杨祝良提供

网柄罗氏牛肝菌 *Royoungia reticulata* Yan C. Li & Zhu L. Yang 由杨祝良提供

褐孔皱盖牛肝菌 *Rugiboletus brunneiporus* G. Wu & Zhu L. Yang 由冯邦提供

皱盖牛肝菌 *Rugiboletus extremiorientalis* (Lj.N. Vassiljeva) G. Wu & Zhu L. Yang 由简四鹏提供

高山松塔牛肝菌 *Strobilomyces alpinus* M. Zang et al. 由吴刚提供

环柄松塔牛肝菌 *Strobilomyces cingulatus* Li H. Han & Zhu L. Yang 由韩利红提供

密鳞松塔牛肝菌 *Strobilomyces densisquamosus* Li H. Han & Zhu L. Yang 由韩利红提供

刺头松塔牛肝菌 *Strobilomyces echinocephalus* Gelardi & Vizzini 由杨祝良提供

黄纱松塔牛肝菌 *Strobilomyces mirandus* Corner 由刘菲菲提供

半裸松塔牛肝菌 *Strobilomyces seminudus* Hongo 由杨祝良提供

亚高山褐黄牛肝菌 *Suillellus subamygdalinus* Kuan Zhao & Zhu L. Yang 由杨祝良提供

高原铅紫异色牛肝菌 *Sutorius alpinus* Yan C. Li & Zhu L. Yang 由杨祝良提供

福建邓氏牛肝菌 *Tengioboletus fujianensis* N.K. Zeng & Zhi Q. Liang 由杨祝良提供

橙黄粉孢牛肝菌 *Tylopilus aurantiacus* Yan C. Li & Zhu L. Yang 由杨祝良提供

新苦粉孢牛肝菌 *Tylopilus neofelleus* Hongo 由王向华提供

变绿粉孢牛肝菌 *Tylopilus virescens* (Har. Takah. & Taneyama) N.K. Zeng et al. 由贾留坤提供

高山垂边红孢牛肝菌 *Veloporphyrellus alpinus* Yan C. Li & Zhu L. Yang 由吴刚提供

假垂边红孢牛肝菌 *Veloporphyrellus pseudovelatus* Yan C. Li & Zhu L. Yang 由杨祝良提供

泛生红绒盖牛肝菌 *Xerocomellus communis* Xue T. Zhu & Zhu

L. Yang 由朱学泰提供

柯氏红绒盖牛肝菌 *Xerocomellus corneri* Xue T. Zhu & Zhu L. Yang 由秦姣提供

兄弟绒盖牛肝菌 *Xerocomus fraternus* Xue T. Zhu & Zhu L. Yang 由朱学泰提供

红脚绒盖牛肝菌 *Xerocomus fulvipes* Xue T. Zhu & Zhu L. Yang 由朱学泰提供

近小盖绒盖牛肝菌 *Xerocomus microcarpoides* (Corner) E. Horak 由李方提供

小粗头绒盖牛肝菌 *Xerocomus rugosellus* (W.F. Chiu) F.L. Tai 由杨祝良提供

细绒绒盖牛肝菌 *Xerocomus velutinus* Xue T. Zhu & Zhu L. Yang 由郝艳佳提供

云南绒盖牛肝菌 *Xerocomus yunnanensis* (W.F. Chiu) F.L. Tai 由朱学泰提供

红盖臧氏牛肝菌 *Zangia erythrocephala* Yan C. Li & Zhu L. Yang 由杨祝良提供

绿褐臧氏牛肝菌 *Zangia olivacea* Yan C. Li & Zhu L. Yang 由杨祝良提供

红绿臧氏牛肝菌 *Zangia olivaceobrunnea* Yan C. Li & Zhu L. Yang 由杨祝良提供

臧氏牛肝菌 *Zangia roseola* Yan C. Li & Zhu L. Yang 由杨祝良提供

暗褐脉柄牛肝菌 *Phlebopus portentosus* (Berk. & Broome) Boedijn 由王向华提供

硬皮地星 *Astraeus hygrometricus* (Pers.) Morgan 由杨祝良提供

易混色钉菇 *Chroogomphus confusus* Yan C. Li & Zhu L. Yang 由杨祝良提供

东方色钉菇 *Chroogomphus orientirutilus* Yan C. Li & Zhu L. Yang 由杨祝良提供

拟绒盖色钉菇 *Chroogomphus pseudotomentosus* O.K. Mill. & Aime 由冯邦提供

黏铆钉菇 *Gomphidius glutinosus* (Schaeff.) Fr. 由贾留坤提供

红铆钉菇 *Gomphidius roseus* (Fr.) Oudem. 由杨祝良提供

长囊圆孔牛肝菌 *Gyroporus longicystidiatus* Nagas. & Hongo 由杨祝良提供

褐色圆孔牛肝菌 *Gyroporus paramjitii* K. Das et al. 由杨祝良提供

金黄拟蜡伞 *Hygrophoropsis aurantiaca* (Wulfen) Maire 由杨祝良提供

东方桩菇 *Paxillus orientalis* Gelardi et al. 由杨祝良提供

鸡肾须腹菌 *Rhizopogon jiyaozi* Lin Li & Shu H. Li 由郭婷提供

中华白须腹菌 *Rhizopogon sinoalbidus* Shu H. Li & Lin Li 由韩利红提供

彩色豆马勃 *Pisolithus arhizus* (Scop.) Rauschert 由刘建伟提供

网硬皮马勃 *Scleroderma areolatum* Ehrenb. 由杨祝良提供

黄硬皮马勃 *Scleroderma flavidum* Ellis & Everh. 由丁晓霞提供

云南硬皮马勃 *Scleroderma yunnanense* Y. Wang 由刘建伟提供

高山乳牛肝菌 *Suillus alpinus* X.F. Shi & P.G. Liu 由王向华提供

美洲乳牛肝菌 *Suillus americanus* (Peck) Snell 由杨祝良提供

黄白乳牛肝菌 *Suillus placidus* (Bonord.) Singer 由杨祝良提供

虎皮乳牛肝菌 *Suillus phylopictus* R. Zhang et al. 由赵琪提供

松林乳牛肝菌 *Suillus pinetorum* (W.F. Chiu) H. Engel & Klofac 由杨祝良提供

粘乳牛肝菌 *Suillus viscidus* (L.) Roussel 由王向华提供

黑毛小塔氏菌 *Tapinella atrotomentosa* (Batsch) Šutara 由杨祝良提供

平盖鸡油菌 *Cantharellus applanatus* D. Kumari et al. 由杨祝良提供

华南鸡油菌 *Cantharellus austrosinensis* M. Zhang et al. 由王向华提供华南鸡油菌 *Cantharellus austrosinensis* M. Zhang et al. 由王向华提供

鳞盖鸡油菌 *Cantharellus vaginatus* S.C. Shao et al. 由王向华提供

红色鸡油菌 *Cantharellus phloginus* S.C. Shao & P.G. Liu 由王向华提供

变色鸡油菌 *Cantharellus versicolor* S.C. Shao & P.G. Liu 由王向华提供

臧氏鸡油菌 *Cantharellus zangii* X.F. Tian et al. 由王向华提供

冠锁瑚菌 *Clavulina cristata* (Holmsk.) Schroet 由杨祝良提供

黄锁瑚菌 *Clavulina flava* P. Zhang 由贾留坤提供

皱锁瑚菌 *Clavulina rugosa* (Fr.) Schroet 由杨祝良提供

灰褐喇叭菌 *Craterellus atrobrunneolus* T. Cao & H.S. Yuan 由杨祝良提供

金黄喇叭菌 *Craterellus aureus* Berk. & M.A. Curtis 由杨祝良提供

灰黑喇叭菌 *Craterellus cornucopioides* (L.) Pers. 由刘建伟提供

黄柄喇叭菌 *Craterellus tubaeformis* (Fr.) Quél. 由刘建伟提供

贝氏齿菌 *Hydnum berkeleyanum* K. Das et al. 由秦姣提供

卷边齿菌 *Hydnum repandum* L. 由刘建伟提供

袋形地星 *Geastrum saccatum* Fr. 由杨祝良提供

尖顶地星 *Geastrum triplex* Jungh. 由杨祝良提供

平头棒瑚菌 *Clavariadelphus amplus* J. Zhao et al. 由刘建伟提供

喜山棒瑚菌 *Clavariadelphus himalayensis* Methven 由蔡箐提供

云南棒瑚菌 *Clavariadelphus yunnanensis* Methven 由赵琪提供

紫罗兰钉菇 *Gomphus violaceus* Xue-Ping Fan & Zhu L. Yang 由杨祝良提供

四川疣钉菇 *Turbinellus szechwanensis* (R.H. Petersen) Xue-Ping Fan & Zhu L. Yang 由刘建伟提供

小孢疣钉菇 *Turbinellus parvisporus* Xue-Ping Fan & Zhu L. Yang 由刘建伟提供

亚洲枝瑚菌 *Ramaria asiatica* (R.H. Petersen & M. Zang) R.H. Petersen 由吴刚提供

枝瑚菌 *Ramaria botrytis* (Pers.) Richen 由杨祝良提供

离生枝瑚菌 *Ramaria distinctissima* R.H. Petersen & M. Zang 由杨祝良提供

枯皮枝瑚菌 *Ramaria ephemeroderma* R.H. Petersen & M. Zang 由刘建伟提供

淡红枝瑚菌 *Ramaria hemirubella* R.H. Petersen & M. Zang 由杨祝良提供

细枝瑚菌 *Ramaria linearis* R.H. Petersen & M. Zang 由杨祝良提供

黄绿枝瑚菌 *Ramaria luteoaeruginea* P. Zhang *et al.* 由杨祝良提供

朱细枝瑚菌 *Ramaria rubriattenuipes* R.H. Petersen & M. Zang 由刘建伟提供

红柄枝瑚菌 *Ramaria sanguinipes* R.H. Petersen & M. Zang 由杨祝良提供

斑孢枝瑚菌 *Ramaria zebrispora* R.H. Petersen 由杨祝良提供

钩孢木瑚菌 *Lentaria uncispora* P. Zhang & Zuo H. Chen 由冯邦提供

冷杉钹孔菌 *Coltricia abieticola* Y.C. Dai 由王向华提供

魏氏钹孔菌 *Coltricia weii* Y.C. Dai 由杨祝良提供

鬼笔腹菌 *Phallogaster saccatus* Morgan 由杨祝良提供

中华丽烛衣 *Sulzbacheromyces sinensis* (R.H. Petersen & M. Zang) D. Liu & Li S. Wang 由杨祝良提供

小林块腹菌 *Kobayasia nipponica* (Kobayasi) S. Imai & A. Kawam. 由杨祝良提供

五棱散尾鬼笔 *Lysurus mokusin* (L.) Fr. 由杨祝良提供

冬荪 *Phallus dongsun* T.H. Li *et al.* 由杨祝良提供

海棠竹荪 *Phallus haitangensis* H.L. Li *et al.* 由王向华提供

红托竹荪 *Phallus rubrovolvatus* (M. Zang *et al.*) Kreisel 由杨祝良提供

细皱鬼笔 *Phallus rugulosus* (E. Fisch.) Lloyd 由杨祝良提供

茯苓 *Pachyma hoelen* Fr. 由吴刚提供

华南空洞孢芝 *Foraminispora austrosinensis* (J.D. Zhao & L.W. Hsu) Y.F. Sun & B.K. Cui 由王向华提供

树舌灵芝 *Ganoderma applanatum* (Pers.) Pat. 由杨祝良提供

白肉灵芝 *Ganoderma leucocontextum* T.H. Li *et al.* 由吴刚提供

灵芝 *Ganoderma lingzhi* Sheng H. Wu *et al.* 由郭婷提供

亮盖灵芝 *Ganoderma lucidum* (Curtis) P. Karst. 由杨祝良提供

热带灵芝 *Ganoderma tropicum* (Jungh.) Bres. 由王庚申提供

皱盖血乌芝 *Sanguinoderma rugosum* (Blume & T. Nees) Y.F. Sun *et al.* 由王庚申提供

灰树花菌 *Grifola frondosa* (Dicks.) Gray 由蔡箐提供

哀牢山炮孔菌 *Laetiporus ailaoshanensis* B.K. Cui & J. Song 由王向华提供

环纹炮孔菌 *Laetiporus zonatus* B.K. Cui & J. Song 由王向华提供

玫瑰色肉齿耳 *Climacodon roseomaculatus* (Henn. & E. Nyman) Jülich 由王向华提供

多疣波皮革菌 *Cymatoderma elegans* Jungh. 由王庚申提供

中华隐孔菌 *Cryptoporus sinensis* Sheng H. Wu & M. Zang 由杨祝良提供

棱孔漏斗韧伞 *Lentinus arcularius* (Batsch) Zmitr. 由杨祝良提供

环柄韧伞 *Lentinus sajor-caju* (Fr.) Fr. 由杨祝良提供

细鳞韧伞 *Lentinus squarrosulus* Mont. 由王庚申提供

黄柄小孔菌 *Microporus xanthopus* (Fr.) Kuntze 由简四鹏提供

黄褐黑斑根孔菌 *Picipes badius* (Pers.) Zmitr. & Kovalenko 由王向华提供

猪苓多孔菌 *Polyporus umbellatus* (Pers.) Fr. 由王庚申提供

朱红密孔菌 *Pycnoporus cinnabarinus* (Jacq.) P. Karst. 由杨祝良提供

杂色栓菌 *Trametes versicolor* (L.) Lloyd 由杨祝良提供

宽叶绣球菌 *Sparassis latifolia* Y.C. Dai & Zheng Wang 由刘建伟提供

亚高山绣球菌 *Sparassis subalpina* Q. Zhao *et al.* 由冯邦提供

橙黄地花孔菌 *Albatrellus confluens* (Alb. & Schwein.) Kotl. & Pouzar 由刘建伟提供

冠状地花菌 *Albatrellus cristatus* (Schaeff.) Kotl. & Pouzar 由郭婷提供

奇丝地花孔菌 *Albatrellus dispansus* (Lloyd) Canf. & Gilb. 由赵琪提供

大孢地花孔菌 *Albatrellus ellisii* (Berk.) Pouzar 由蔡箐提供

西藏地花孔菌 *Albatrellus tibetanus* H.D. Zheng & P.G. Liu 由杨祝良提供

云南地花孔菌 *Albatrellus yunnanensis* H.D. Zheng & P.G. Liu

由王向华提供

小孢耳匙菌 *Auriscalpium microsporum* P.M. Wang & Zhu L. Yang 由杨祝良提供

东方耳匙菌 *Auriscalpium orientale* P.M. Wang & Zhu L. Yang 由杨祝良提供

近圆瘤孢孔菌 *Bondarzewia submesenterica* Jia J. Chen *et al.* 由郝艳佳提供

喜山猴头菌 *Hericium yumthangense* K. Das *et al.* 由刘建伟提供

冷杉乳菇 *Lactarius abieticola* X.H. Wang 由王向华提供

橙红乳菇 *Lactarius akahatsu* Nobuj. Tanaka 由王向华提供

高山毛脚乳菇 *Lactarius alpinihirtipes* X.H. Wang 由王向华提供

水环乳菇 *Lactarius aquizonatus* Kytöv. 由王向华提供

短囊体乳菇 *Lactarius brachycystidiatus* X.H. Wang 由王向华提供

栗褐乳菇 *Lactarius castaneus* W.F. Chiu 由杨祝良提供

鸡足山乳菇 *Lactarius chichuensis* W.F. Chiu 由王向华提供

黄褐乳菇 *Lactarius cinnamomeus* W.F. Chiu 由王向华提供

松乳菇 *Lactarius deliciosus* (L.) Gray 由杨祝良提供

云杉乳菇 *Lactarius deterrimus* Gröger 由杨祝良提供

纤细乳菇 *Lactarius gracilis* Hongo 由杨祝良提供

红汁乳菇 *Lactarius hatsudake* Nobuj. Tanaka 由杨祝良提供

横断山乳菇 *Lactarius hengduanensis* X.H. Wang 由王向华提供

毛脚乳菇 *Lactarius hirtipes* J.Z. Ying 由王向华提供

蜡蘑状乳菇 *Lactarius laccarioides* Wisitr. & Verbeken 由王向华提供

木生乳菇 *Lactarius lignicola* W.F. Chiu 由杨祝良提供

褐黄乳菇 *Lactarius luridus* (Pers.) Gray 由王向华提供

东方油味乳菇 *Lactarius orientiliquietus* X.H. Wang 由王向华提供

淡环乳菇 *Lactarius pallidizonatus* X.H. Wang 由王向华提供

拟脆乳菇 *Lactarius pseudofragilis* X.H. Wang 由王向华提供

假红汁乳菇 *Lactarius pseudohatsudake* X.H. Wang 由王向华提供

窝柄黄乳菇 *Lactarius scrobiculatus* (Scop.) Fr. 由王向华提供

中华环纹乳菇 *Lactarius sinozonarius* X.H. Wang 由杨祝良提供

亚靛蓝乳菇 *Lactarius subindigo* Verbeken & E. Horak 由王向华提供

毛头乳菇 *Lactarius torminosus* (L.) Fr. 由王向华提供

常见乳菇 *Lactarius trivialis* (Fr.) Fr. 由王向华提供

迷惑多汁乳菇 *Lactifluus deceptivus* (Peck) Kuntze 由王向华提供

达哇里多汁乳菇 *Lactifluus dwaliensis* (K. Das *et al.*) K. Das 由王向华提供

绒毛多汁乳菇 *Lactifluus echinatus* (Thiers) De Crop 由王向华提供

稀褶茸多汁乳菇 *Lactifluus gerardii* (Peck) Kuntze 由简四鹏提供

赭汁多汁乳菇 *Lactifluus ochrogalactus* (M. Hashiya) X.H. Wang 由吴刚提供

长绒多汁乳菇 *Lactifluus pilosus* (Verbeken *et al.*) Verbeken 由王向华提供

宽囊多汁乳菇 *Lactifluus pinguis* (Van de Putte & Verbeken) Van de Putte 由杨祝良提供

辣味多汁乳菇 *Lactifluus piperatus* (L.) Roussel 由韩利红提供

假稀褶多汁乳菇 *Lactifluus pseudohygrophoroides* H. Lee & Y.W. Lim 由吴刚提供

薄囊体多汁乳菇 *Lactifluus tenuicystidiatus* (X.H. Wang & Verbeken) X.H. Wang 由杨祝良提供

热带中华多汁乳菇 *Lactifluus tropicosinicus* X.H. Wang 由王向华提供

多型多汁乳菇 *Lactifluus versiformis* Van de Putte *et al.* 由王向华提供

假多叉叉褶菇 *Multifurca pseudofurcata* X.H. Wang 由蔡箐提供

喜山叉褶菇 *Multifurca roxburghii* Buyck & V. Hofst. 由王向华提供

环纹叉褶菇 *Multifurca zonaria* (Buyck & Desjardin) Buyck & V. Hofst. 由王向华提供

紫罗兰红菇 *Russula amethystina* Quél. 由王向华提供

暗绿红菇 *Russula atroaeruginea* G.J. Li *et al.* 由杨祝良提供

金红红菇 *Russula aureorubra* K. Das *et al.* 由王向华提供

百丽红菇 *Russula bella* Hongo 由王向华提供

短柄红菇 *Russula brevipes* Peck 由王向华提供

栲裂皮红菇 *Russula castanopsidis* Hongo 由王向华提供

裘氏红菇 *Russula chiui* G.J. Li & H.A. Wen 由王向华提供

致密红菇 *Russula compacta* Frost 由王向华提供

蓝黄红菇 *Russula cyanoxantha* (Schaeff.) Fr. 由王向华提供

密褶红菇 *Russula densifolia* Gillet 由王向华提供

诱吐红菇 *Russula emetica* (Schaeff.) Pers. 由王向华提供

灰肉红菇 *Russula griseocarnosa* X.H. Wang *et al.* 由简四鹏提供

日本红菇 *Russula japonica* Hongo 由李海蛟提供

桂樱红菇 *Russula laurocerasi* Melzer 由王向华提供

马关红菇 *Russula maguanensis* J. Wang *et al.* 由王向华提供

稀褶红菇 *Russula nigricans* Fr. 由王向华提供

黑绿红菇 *Russula nigrovirens* Q. Zhao *et al.* 由王向华提供

假蓖形红菇 *Russula pseudopectinatoides* G.J. Li & H.A. Wen 由王向华提供

斑柄红菇 *Russula punctipes* Singer 由王向华提供

紫细红菇 *Russula purpureogracilis* F. Hampe *et al.* 由王向华提供

玫瑰红菇 *Russula rosea* Pers. 由王向华提供

辛巴红菇 *Russula shingbaensis* K. Das & S.L. Mill. 由王向华提供

四川红菇 *Russula sichuanensis* G.J. Li & H.A. Wen 由杨祝良提供

亚稀褶红菇 *Russula subnigricans* Hongo 由王向华提供

亚条纹红菇 *Russula substriata* J. Wang *et al.* 由王向华提供

辛迪红菇 *Russula thindii* K. Das & S.L. Mill. 由王向华提供

菱红菇 *Russula vesca* Fr. 由王向华提供

酒褐红菇 *Russula vinosobrunneola* G.J. Li & R.L. Zhao 由王向华提供

绿红菇 *Russula virescens* (Schaeff.) Fr. 由刘建伟提供

红边绿红菇 *Russula viridirubrolimbata* J.Z. Ying 由王向华提供

白黑拟牛肝菌 *Boletopsis leucomelaena* (Pers.) Fayod 由王向华提供

金黄亚齿菌 *Hydnellum aurantiacum* (Batsch) P. Karst. 由王向华提供

翘鳞肉齿菌 *Sarcodon imbricatus* (L.) P. Karst. 由王向华提供

苦肉齿菌 *Sarcodon lidongensis* Y.H. Mu & H.S. Yuan 由王向华提供

粗糙肉齿菌 *Sarcodon scabrosus* (Fr.) P. Karst. 由王向华提供

簇扇菌 *Polyozellus multiplex* (Underw.) Murrill 由杨祝良提供

橙黄糙孢革菌 *Thelephora aurantiotincta* Corner 由杨祝良提供

干巴菌 *Thelephora ganbajun* M. Zang 由王向华提供

糙孢革菌 *Thelephora terrestris* Ehrh. ex Fr. 由王向华提供

金耳 *Naematelia aurantialba* (Bandoni & M. Zang) Millanes & Wedin 由刘建伟提供

云南茶耳 *Phaeotremella yunnanensis* L.F. Fan *et al.* 由刘建伟提供

脑状黄银耳 *Tremella cerebriformis* Chee J. Chen 由杨祝良提供

杏黄银耳 *Tremella flava* Chee J. Chen 由杨祝良提供

银耳 *Tremella fuciformis* Berk. 由赵琪提供

拟胶瑚菌 *Tremellodendropsis tuberosa* (Grev.) D.A. Crawford 由杨祝良提供

菰黑粉菌 *Ustilago esculenta* Henn. 由杨祝良提供

真菌汉名索引

INDEX OF CHINESE NAMES OF FUNGI

A

哀牢山具柄干朽菌　176
哀牢山焖孔菌　274
暗褐栗色牛肝菌　201
暗褐脉柄牛肝菌　232
暗褐网柄牛肝菌　213
暗褐新牛肝菌　206
暗绿红菇　316

B

白柄假疣柄牛肝菌　197
白参　146
白葱　188
白黑拟牛肝菌　338
白蜡蘑　88
白辣菌　310
白漏斗囊皮杯伞　171
白毛小口盘菌　36
白奶浆菌　309
白拟鬼伞　142
白牛肝　185
白牛肝菌　185
白泡菌　79
白绒拟鬼伞　141
白肉灵芝　271
白蚁谷堆蚁巢伞　114
百丽红菇　317
斑孢枝瑚菌　262
斑柄红菇　330
斑痣盘菌目　45
坂氏齿菌科　338-341

半卵形斑褶菇　170
半裸松塔牛肝菌　220
半球假黑伞　153
半球土盘菌　30
棒瑚菌科　254, 255
薄囊体多汁乳菇　311
薄肉伞　143
杯状疣杯菌　40
北风菌　111
贝氏齿菌　252
背土菌　318
鞭囊类脐菇　123
变绿粉孢牛肝菌　224
变绿粉褶蕈　87
变绿红菇　337
变色鸡油菌　247
变色丽蘑　107
变异盘菌　28
波状根盘菌　33

C

彩色豆马勃　239
糙孢革菌　343
糙孢革菌科　341-343
糙孢革菌目　338-343
糙孢玫耳　132
草鸡枞　64
侧耳科　135-137
层腹菌科　96-101
茶褐牛肝菌　204
茶褐新牛肝菌　204

茶树菇　162
茶薪菇　162
长柄网孢牛肝菌　195
长沟盔孢伞　97
长囊圆孔牛肝菌　235
长绒多汁乳菇　309
常见乳菇　305
橙红乳菇　289
橙黄糙孢革菌　342
橙黄地花孔菌　283
橙黄粉孢牛肝菌　222
橙黄蜡蘑　89
橙黄牛肝菌　194
橙黄网孢盘菌　29
齿菌科　245-253
赤脚鹅膏　68
赤芝　272
虫草科　16
锤舌菌科　18
锤舌菌目　18
纯黄白鬼伞　61
刺孢伞　124
刺皮菇　55
刺头松塔牛肝菌　219
丛耳科　42
丛生垂幕菇　147
丛生胶孔菌　119
粗糙金褴伞　125
粗糙肉齿菌　341
粗鳞丝盖伞　102
簇扇菌　341

簇生离褶伞	110	冬菇	128	高原铅紫异色牛肝菌	221
		冬荪	267	革耳科	276
D		冻蘑	146	格孢腔菌目	44
达哇里多汁乳菇	307	毒沟褶菌	175	根盘菌科	33
大白桩菇	154	毒红菇	324	钩孢木瑚菌	263
大孢斑褶菇	170	短柄红菇	318	菰黑粉菌	347
大孢地花孔菌	285	短毛木耳	179	谷堆鸡㙡	114
大孢粉末牛肝菌	213	短囊体乳菇	291	谷堆菌	114
大孢花褶伞	170	盾尖蚁巢伞	112	谷熟菌	294, 296
大孢毛杯菌	34	多地歪盘菌	37	冠锁瑚菌	249
大侧耳	136	多孔菌科	277-281	冠状地花孔菌	284
大丛耳	42	多孔菌目	269-282	冠状环柄菇	58
大红菌	325	多色光柄菇	138	光柄菇科	137-140
大脚菇	206	多型多汁乳菇	312	光盖环柄菇	57
大理蘑菇	49	多疣波皮革菌	276	光盖金褴伞	126
大囊球果伞	132	多脂翘鳞伞	152	光盖鳞伞	151
大囊伞	117			鬼笔腹菌	265
大囊伞科	117	**E**		鬼笔腹菌科	265
大囊小皮伞	117	鹅蛋菌	69	鬼笔科	266-269
大青褶伞	54	鹅膏科	64-76	鬼笔目	266-269
大球盖菇	153	耳包革科	343	桂樱红菇	326
大伞	78	耳盘菌科	15		
大香菇	136	耳匙菌科	286, 287	**H**	
袋形地星	253			哈里牛肝菌	194
担子菌门	48	**F**		海棠竹荪	268
淡红枝瑚菌	260	泛生红绒盖牛肝菌	225	荷叶地衣亚脐菇	95
淡环乳菇	300	方孢粉褶蕈	86	荷叶蘑	145
淡圈鹅膏	70	纺锤孢南方牛肝菌	183	褐点粉末牛肝菌	212
淡色冬菇	129	纺锤形马勃	105	褐黄口蘑	157
蛋黄菌	69	肺形侧耳	137	褐黄乳菇	298
地锤菌科	45	粉褶蕈科	83-88	褐孔皱盖牛肝菌	215
地花孔菌科	283-286	粪伞科	77	褐离褶伞	110
地星科	253, 254	茯苓	269	褐毛小草菇	139
地星目	253, 254	茯苓菌	269	褐牛肝	204, 206, 232
淀粉伏革菌科	176	辐片包目	265	褐色圆孔牛肝菌	236
淀粉伏革菌目	176	福建邓氏牛肝菌	221	褐疣柄牛肝菌	203
碟状马鞍菌	21	复孔金牛肝菌	180	黑柄粪壳	47
钉菇科	256-262			黑粉菌科	347
钉菇目	254-263	**G**		黑粉菌目	347
东方耳匙菌	287	橄榄色黏皮伞	76	黑鳞丝膜菌	79
东方褐盖鹅膏	70	干巴糙孢革菌	342	黑轮层炭壳	46
东方褐盖口蘑	158	干巴菌	342	黑绿红菇	329
东方球果伞	133	高地口蘑	156	黑毛小塔氏菌	245
东方色钉菇	233	高脚葱	195	黑毛桩菇	245
东方油味乳菇	299	高山垂边红孢牛肝菌	224	黑木耳	178
东方皱马鞍菌	22	高山毛脚乳菇	290	黑牛肝	204, 232
东方桩菇	237	高山乳牛肝菌	241	黑皮鸡㙡	130
东京胶孔菌	120	高山松塔牛肝菌	217	横断山乳菇	296
冬虫夏草	18	高山线虫草	16	红孢牛肝菌	211
冬虫夏草菌	18	高山线虫草菌	16	红边绿红菇	338

红柄枝瑚菌	262	黄环圆头伞	77	鸡足山乳菇	293
红葱	202	黄灰蜡蘑	90	假杯伞科	145
红盖臧氏牛肝菌	230	黄脚绒盖牛肝菌	227	假蒄形红菇	329
红菇科	289-338	黄孔新牛肝菌	205	假垂边红孢牛肝菌	225
红菇目	283-338	黄喇叭菌	251	假多叉叉褶菇	313
红见手	202, 206-209	黄蜡鹅膏	69	假红汁乳菇	301
红孔新牛肝菌	207	黄癞头	215, 216	假卷盖马鞍菌	23
红鳞口蘑	161	黄鳞小菇	121	假蜜环菌	127
红绿臧氏牛肝菌	231	黄绿粉褶蕈	85	假木耳	15
红铆钉菇	235	黄绿枝瑚菌	261	假牛排菌	164
红色鸡油菌	246	黄毛裂盖伞	104	假脐菇科	162
红托鹅膏菌	72	黄蘑	146	假松口蘑	154
红托竹荪	268	黄拟口蘑	173	假松茸	154
红靴耳	82	黄纱松塔牛肝菌	219	假稀褶多汁乳菇	310
红褶小伞	63	黄丝盖伞	104	尖顶地星	254
红汁乳菇	296	黄锁瑚菌	249	碱紫漏斗伞	165
红芝	272	黄头竹荪	268	见手青	188, 202, 206-209
猴头菌科	288	黄硬皮马勃	240	胶勺	179
厚瓤牛肝菌	199	黄褶大环柄菇	62	胶陀螺菌	43
蝴蝶菌	175	灰豹斑鹅膏	68	睫毛毛杯菌	33
虎皮乳牛肝菌	243	灰杯菌	145	金耳	343
虎掌菌	286, 338	灰盖拟鬼伞	141	金瓜花	294
花脸香蘑	167	灰褐喇叭菌	250	金号角	251
华金黄小疣柄牛肝菌	202	灰褐斜盖伞	84	金红红菇	317
华丽新牛肝菌	206	灰黑喇叭菌	251	金黄耳包革	343
华南鸡油菌	246	灰花纹鹅膏	67	金黄喇叭菌	251
华南空洞孢芝	270	灰环口蘑	155	金黄鳞盖菌	125
滑肚子	244	灰喇叭菌	251	金黄拟蜡伞	236
滑菇	151	灰老头	74	金黄亚齿菌	339
滑子蘑	151	灰肉红菇	325	金毛鳞伞	149
环柄蜡伞	93	灰树花菌	274	近丁香紫白环蘑	60
环柄韧伞	278	灰头伞	95	近江粉褶蕈	86
环柄松塔牛肝菌	217	灰褶鹅膏	67	近酒红庭院牛肝菌	198
环柄香菇	278	火把鸡㙡	114	近裸裸脚伞	122
环带斑褶菇	169	火丝菌科	29, 32	近乳白马鞍菌	24
环带柄丝膜菌	81	火炭菌	323, 333	近小盖绒盖牛肝菌	228
环纹叉褶菇	315			近血红丝膜菌	80
环纹炮孔菌	275	**J**		近圆瘤孢孔菌	287
黄白乳牛肝菌	244	鸡蛋菌	69	近紫侧盘菌	31
黄白小脆柄菇	144	鸡肾菌	237	酒褐红菇	337
黄柄鹅膏	66	鸡肾须腹菌	237	酒红蜡蘑	91
黄柄喇叭菌	252	鸡腿菇	55	橘黄裸伞	99
黄柄小孔菌	279	鸡腿蘑	55	矩孢马鞍菌	22
黄地勺菌	45	鸡腰子	237	巨大口蘑	78
黄盖鹅膏	74	鸡油菌目	245, 253	巨大香菇	136
黄褐鹅膏	69	鸡㙡	112, 113, 115	巨伞	78
黄褐黑斑根孔菌	279	鸡㙡胆	47	具柄侧盘菌	31
黄褐乳菇	294	鸡㙡蛋	47	具托大环柄菇	62
黄虎掌菌	285	鸡㙡花	115	卷边齿菌	253
黄环变红鹅膏	65	鸡㙡香	47	卷边马鞍菌	21

卷毛蘑菇　51

K

喀斯特蘑菇　53
糠鳞杵柄鹅膏　66
考夫曼网柄牛肝菌　214
栲裂皮红菇　319
柯氏红绒盖牛肝菌　226
科位置未定属种　163-175, 179
口蘑科　154-161
枯皮枝瑚菌　259
苦肉齿菌　340
块菌科　40-42
宽囊多汁乳菇　309
宽叶绣球菌　282

L

喇叭菌　251
喇叭陀螺菌　256
蜡蘑状乳菇　297
蜡伞科　92-95
辣味多汁乳菇　310
兰茂牛肝菌　202
蓝黄红菇　322
蓝紫蜡蘑　90
老君山腔块菌　20
老君山线虫草　17
老君山线虫草菌　17
老人头　77
雷丸　169
类脐菇科　121-123
棱孔漏斗韧伞　277
冷菌　111
冷杉钹孔菌　264
冷杉集毛菌　264
冷杉乳菇　289
离生枝瑚菌　259
离褶伞科　107-116
丽江块菌　42
栎裸脚菇　122
栎裸脚伞　122
栎树青　322
栗褐乳菇　292
莲叶衣科　266
莲叶衣目　266
亮橙黄牛肝菌　193
亮盖灵芝　272
裂皮黄脚蘑菇　50
裂褶菌　146
裂褶菌科　146

鳞柄环柄菇　59
鳞柄卷毛菇　165
鳞盖红菇　331
鳞盖鸡油菌　247
灵芝　272
灵芝科　270-273
菱红菇　336
硫磺靴耳　82
瘤孢孔菌科　287
漏斗沟褶菌　174
潞西褶孔牛肝菌　211
露水鸡枞　130
卵孢小奥德蘑　130
萝卜色丝盖伞　103
绿盖表氏牛肝菌　193
绿褐裸伞　97
绿褐臧氏牛肝菌　230
绿红菇　337
绿褶托菇　54

M

麻栎菌　322
马鞍菌科　21-24
马勃科　105, 106
马关红菇　327
马皮泡　240
麦角菌科　15
毛柄库恩菌　148
毛脚乳菇　297
毛离褶伞　116
毛木耳　177
毛头鬼伞　55
毛头乳菇　304
毛缘毛杯菌　36
铆钉菇科　233-235
玫瑰红菇　331
玫瑰色肉齿耳　276
玫黄黄肉牛肝菌　188
美孢菌科　78
美丽褶孔牛肝菌　210
美味蜡伞　94
美味扇菇　146
美洲乳牛肝菌　242
迷惑多汁乳菇　306
米汤菌　94, 167
密鳞松塔牛肝菌　218
密褶红菇　323
蜜环菌　124
蘑菇科　49-63
蘑菇目　49-175

莫氏草菇　139
墨染离褶伞　111
墨水菌　90
墨汁拟鬼伞　140
木耳科　177-179
木耳目　177-179
木瑚菌科　263
木生乳菇　298
木生条孢牛肝菌　184

N

奶浆菌　307-312
南瓜花　294
脑状黄银耳　345
脑状猪块菌　40
闹马肝　223
拟层孔菌科　269
拟脆乳菇　301
拟毒蝇口蘑　157
拟冠状环柄菇　58
拟胶瑚菌　347
拟胶瑚菌科　347
拟胶瑚菌目　347
拟蜡伞科　236
拟栗色黏盖牛肝菌　204
拟绒盖色钉菇　234
拟血红新牛肝菌　208
黏盖包脚菇　140
黏盖南方牛肝菌　184
黏环鳞伞　149
黏铆钉菇　234
黏皮鳞伞　150
黏脐菇　168
黏乳牛肝菌　244
念珠哈里牛肝菌　195
念珠金牛肝菌　180
牛肝菌科　180-231
牛肝菌目　180-245

P

盘菌科　27, 28
盘菌目　19-42
膨瑚菌科　124-134
皮条菌　89-92
平盖鸡油菌　245
平盘菌科　19, 20
平盘肉杯菌　38
平头棒瑚菌　254

Q

奇丝地花孔菌	284
浅鳞白鬼伞	61
荞粑粑菌	210
荞面菌	210
翘鳞肉齿菌	339
翘鳞褶孔牛肝菌	210
青萍盘菌	27
青头菌	337, 338
秋生羊肚菌	25
球盖菇科	147-153
球盖蚁巢伞	114
球根蚁巢伞	112
裘氏红菇	320
裘氏牛肝菌	192
群生裸脚菇	121
群生裸脚伞	121

R

热带灵芝	273
热带囊皮杯伞	172
热带中华多汁乳菇	312
热带紫褐裸伞	98
日本红菇	326
日本网孢牛肝菌	196
绒盖条孢金牛肝菌	181
绒毛多汁乳菇	307
柔膜菌目	15
肉杯菌科	33-38
肉红方孢粉褶蕈	87
肉鸡㙡	166
肉盘菌科	39
肉色拟香蘑	171
肉色香蘑	166
肉座菌目	15-18
乳牛肝菌科	241-244
润滑锤舌菌	18

S

扇菇科	146
扇形侧耳	136
勺形亚侧耳	135
神农架肉杯菌	38
石灰菌	318
食用牛肝菌	187
树花孔菌科	274
树舌灵芝	271
刷把菌	257, 262
双孢蘑菇	49
双环菇科	77
双囊菌科	232
水粉杯伞	163
水环乳菇	290
丝盖伞科	102-104
丝膜菌科	78-81
四川地锤菌	45
四川红菇	333
四川鹿花菌	20
四川疣钉菇	256
松口蘑	156
松林乳牛肝菌	243
松露	41
松毛菌	122
松茸	156
松乳菇	294
梭孢斜盖伞	84

T

塔鸡油菌	176
泰国鹅膏	73
炭角菌科	46, 47
炭角菌目	46, 47
炭团菌科	46
汤姆森光柄菇	137
套鞋带	114
梯棱羊肚菌	26
田头菇	147
条纹蚁巢伞	115
铜绿菌	289, 294, 296
凸顶红黄鹅膏	72
土味丝盖伞	103
兔儿菌	64
椭孢拟干蘑	131

W

网孢靴耳	82
网柄罗氏牛肝菌	214
网盖光柄菇	137
网盖牛肝菌	186
网纹马勃	106
网硬皮马勃	239
微牛肝菌科	232
魏氏铆孔菌	264
魏氏集毛菌	264
纹缘盔孢伞	96
窝柄黄乳菇	302
乌灵参	47
污白拟斜盖伞	83
污胶鼓菌	43
五棱散尾鬼笔	267

X

西藏地花孔菌	285
西藏金牛肝菌	182
西藏木耳	178
西藏新牛肝菌	209
稀褶红菇	328
稀褶茸多汁乳菇	308
喜山棒瑚菌	255
喜山叉褶菇	314
喜山猴头菌	288
喜山丝膜菌	79
细柄青褶伞	53
细柄丝膜菌	81
细环柄菇	56
细鳞漏斗伞	166
细鳞韧伞	278
细鳞香菇	278
细绒绒盖牛肝菌	229
细枝瑚菌	260
细皱鬼笔	269
纤细乳菇	295
线虫草科	16-18
相似丝膜菌	80
香菇	123
香蕈	123
小白菌	175
小孢耳匙菌	286
小孢滑锈伞	101
小孢鳞伞	151
小孢疣钉菇	257
小豹斑鹅膏	71
小粗头绒盖牛肝菌	228
小脆柄菇科	140-144
小菇科	119-121
小红菇蜡伞	94
小林块腹菌	266
小皮伞科	117, 118
小塔氏菌科	245
小托柄鹅膏	65
小蚁巢伞	115
辛巴红菇	332
辛迪红菇	335
新苦粉孢牛肝菌	223
星裂盘菌科	43
星裂盘菌目	43
杏黄丝膜菌	78
杏黄银耳	345
杏仁味庭院牛肝菌	197
兄弟绒盖牛肝菌	226
绣球菌科	282

锈革孔菌科	264	疣盖囊皮伞	164	中华丽烛衣	266
锈革孔菌目	264	疣革菌	343	中华美味牛肝菌	187
锈脚鹅膏	71	诱吐红菇	324	中华肉球菌	46
锈绒蘑菇	52	玉蕈离褶伞	111	中华歪盘菌	37
须腹菌科	237, 238	圆孔牛肝菌科	235, 236	中华隐孔菌	277
炮孔菌科	274, 275	云南暗盘菌	39	中条山马鞍菌	24
靴耳科	82	云南棒瑚菌	255	轴腹菌科	88-92
雪白白环蘑	60	云南侧盘菌	32	皱暗盘菌	39
血红黄肉牛肝菌	189	云南茶耳	344	皱盖牛肝菌	216
血红新牛肝菌	209	云南地花孔菌	286	皱盖乌芝	273
		云南冬菇	129	皱盖斜盖菇	85
Y		云南粉褶蕈	88	皱盖血乌芝	273
亚靛蓝乳菇	304	云南格氏伞	109	皱环球盖菇	153
亚高山褐黄牛肝菌	220	云南金牛肝菌	183	皱孔菌科	276
亚高山栗色牛肝菌	201	云南蜡蘑	92	皱面马鞍菌	23
亚高山松苞菇	77	云南拟口蘑	174	皱木耳	177
亚高山绣球菌	282	云南绒盖牛肝菌	229	皱锁瑚菌	250
亚黏小奥德蘑	130	云南小奥德蘑	131	皱纹斜盖菇	83
亚球基鹅膏	74	云南硬皮马勃	240	朱红密孔菌	281
亚条纹红菇	334	云杉乳菇	295	朱细枝瑚菌	261
亚稀褶红菇	333			珠鸡白环蘑	59
亚洲枝瑚菌	257	**Z**		猪拱菌	41
胭脂条孢牛肝菌	185	杂色栓菌	281	猪苓	280
烟熏离褶伞	110	臧氏鸡油菌	248	猪苓多孔菌	280
烟云杯伞	163	臧氏牛肝菌	231	猪嘴菌	328
焰耳	179	皂味口蘑	158	竹红菌	15
羊肠菌	21	窄孢胶陀盘菌	32	竹黄	44
羊肚菌科	25, 26	窄囊裘氏牛肝菌	192	竹黄菌	44
杨柳田头菇	162	窄褶滑锈伞	100	竹黄科	44
叶状耳盘菌	15	毡盖美牛肝菌	191	竹生肉球菌	46
一窝菌	110, 111	毡毛小脆柄菇	143	竹生亚肉座菌	15
彝食黄肉牛肝菌	190	毡毛疣孢菇	143	桩菇科	237
异色疣柄牛肝菌	203	赭黄丽蘑	108	锥鳞白鹅膏	75
易混色钉菇	233	赭黄黏皮伞	76	子囊菌门	14
银耳	346	赭色鹿花菌	19	紫丁香蘑	167
银耳科	344-346	赭汁多汁乳菇	308	紫褐鳞环柄菇	56
银耳目	343-346	真根蚁巢伞	113	紫褐牛肝菌	188
银丝草菇	138	芝麻厚瓤牛肝菌	200	紫灰侧盘菌	30
隐花青鹅膏	64	枝瑚菌	258	紫见手	206
印度块菌	41	直立口蘑	160	紫罗兰钉菇	256
印度毛杯菌	34	指甲菌	175	紫罗兰红菇	316
硬毛干蘑	134	致密红菇	321	紫牛肝	188
硬皮地星	232	中国毛杯菌	35	紫皮丽蘑	107
硬皮马勃科	239, 240	中华白须腹菌	238	紫色暗金钱菌	101
硬湿伞	92	中华豹斑口蘑	159	紫条沟小皮伞	118
蛹虫草	16	中华鹅膏	73	紫细红菇	331
蛹虫草菌	16	中华干蘑	134	紫星裂盘菌	28
油口蘑	155	中华环纹乳菇	303	棕灰口蘑	161
疣孢褐盘菌	27	中华灰褐纹口蘑	160		
疣杯菌科	40	中华苦酸口蘑	159		

真菌拉丁名索引 I

INDEX OF LATIN NAMES OF FUNGI I

A

Agaricaceae	49-63
Agaricales	49-175
Agaricus bisporus	49
Agaricus daliensis	49
Agaricus endoxanthus	50
Agaricus flocculosipes	51
Agaricus hanthanaensis	52
Agaricus karstomyces	53
Agrocybe praecox	147
Albatrellaceae	283-286
Albatrellus confluens	283
Albatrellus cristatus	284
Albatrellus dispansus	284
Albatrellus ellisii	285
Albatrellus tibetanus	285
Albatrellus yunnanensis	286
Aleuria aurantia	29
Amanita caojizong	64
Amanita citrinoannulata	65
Amanita farinosa	65
Amanita flavipes	66
Amanita franzii	66
Amanita fuliginea	67
Amanita griseofolia	67
Amanita griseopantherina	68
Amanita gymnopus	68
Amanita kitamagotake	69
Amanita ochracea	69
Amanita orientifulva	70
Amanita pallidozonata	70
Amanita parvipantherina	71
Amanita rubiginosa	71

Amanita rubroflava	72
Amanita rubrovolvata	72
Amanita siamensis	73
Amanita sinensis	73
Amanita subglobosa	74
Amanita subjunquillea	74
Amanita virgineoides	75
Amanitaceae	64-76
Amauroderma austrosinense	270
Amylocorticiaceae	176
Amylocorticiales	176
Armillaria mellea	124
Armillaria tabescens	127
Ascomycota	14
Aspropaxillus giganteus	154
Astraeus hygrometricus	232
Aureoboletus catenarius	180
Aureoboletus duplicatoporus	180
Aureoboletus mirabilis	181
Aureoboletus thibetanus	182
Aureoboletus yunnanensis	183
Auricularia cornea	177
Auricularia delicata	177
Auricularia heimuer	178
Auricularia tibetica	178
Auricularia villosula	179
Auriculariaceae	177-179
Auriculariales	177-179
Auriscalpiaceae	286, 287
Auriscalpium microsporum	286
Auriscalpium orientale	287
Austroboletus fusisporus	183
Austroboletus olivaceoglutinosus	184

B

Bankeraceae	338-341
Basidiomycota	48
Biannulariaceae	77
Bolbitiaceae	77
Boletaceae	180-231
Boletales	180-245
Boletellus emodensis	184
Boletellus puniceus	185
Boletinellaceae	232
Boletopsis leucomelaena	338
Boletus bainiugan	185
Boletus reticuloceps	186
Boletus shiyong	187
Boletus sinoedulis	187
Boletus violaceofuscus	188
Bondarzewia submesenterica	287
Bondarzewiaceae	287
Bulgaria inquinans	43
Butyriboletus roseoflavus	188
Butyriboletus rubrus	189
Butyriboletus yicibus	190

C

Callistosporiaceae	78
Caloboletus panniformis	191
Calocybe decolorata	107
Calocybe ionides	107
Calocybe ochracea	108
Cantharellales	245-253
Cantharellus applanatus	245
Cantharellus austrosinensis	246
Cantharellus phloginus	246

Cantharellus vaginatus	247
Cantharellus versicolor	247
Cantharellus zangii	248
Catathelasma subalpinum	77
Chiua angusticystidiata	192
Chiua virens	192
Chiua viridula	193
Chlorophyllum demangei	53
Chlorophyllum molybdites	54
Choiromyces cerebriformis	40
Chroogomphus confusus	233
Chroogomphus orientirutilus	233
Chroogomphus pseudotomentosus	234
Cibaomyces glutinis	124
Clarkeinda trachodes	54
Clavariadelphaceae	254, 255
Clavariadelphus amplus	254
Clavariadelphus himalayensis	255
Clavariadelphus yunnanensis	255
Clavicipitaceae	15
Clavulina cristata	249
Clavulina flava	249
Clavulina rugosa	250
Climacodon roseomaculatus	276
Clitocybe nebularis	163
Clitopilopsis albida	83
Clitopilus crispus	83
Clitopilus fusiformis	84
Clitopilus ravus	84
Clitopilus rugosiceps	85
Coltricia abieticola	264
Coltricia weii	264
Cookeina garethjonesii	33
Cookeina indica	34
Cookeina insititia	34
Cookeina sinensis	35
Cookeina tricholoma	36
Coprinopsis atramentaria	140
Coprinopsis cinerea	141
Coprinopsis lagopus	141
Coprinopsis nivea	142
Coprinus comatus	55
Cordierites frondosus	15
Cordieritidaceae	15
Cordyceps militaris	16
Cordycipitaceae	16
Cortinariaceae	78-81
Cortinarius croceus	78
Cortinarius emodensis	79
Cortinarius nigrosquamosus	79
Cortinarius similis	80
Cortinarius subsanguineus	80
Cortinarius tenuipes	81
Cortinarius trivialis	81

Craterellus atrobrunneolus	250
Craterellus aureus	251
Craterellus cornucopioides	251
Craterellus tubaeformis	252
Crepidotaceae	82
Crepidotus reticulatus	82
Crepidotus sulphurinus	82
Crocinoboletus laetissimus	193
Crocinoboletus rufoaureus	194
Cryptoporus sinensis	277
Cudonia sichuanensis	45
Cudoniaceae	45
Cyclocybe chaxingu	162
Cyclocybe salicaceicola	162
Cymatoderma elegans	276
Cyptotrama asprata	125
Cyptotrama glabra	126
Cystoderma granulosum	164
D	
Daldinia concentrica	46
Desarmillaria tabescens	127
Descolea flavoannulata	77
Diplocystidiaceae	232
Discinaceae	19, 20
E	
Echinoderma asperum	55
Engleromyces sinensis	46
Entoloma incanum	85
Entoloma murrayi	86
Entoloma omiense	86
Entoloma quadratum	87
Entoloma virescens	87
Entoloma yunnanense	88
Entolomataceae	83-88
F	
Favolaschia manipularis	119
Favolaschia tonkinensis	120
Favolus arcularius	277
Fistulina subhepatica	164
Flammulina filiformis	128
Flammulina rossica	129
Flammulina yunnanensis	129
Floccularia albolanaripes	165
Fomitopsidaceae	269
Foraminispora austrosinensis	270
G	
Galerina marginata	96
Galerina sulciceps	97
Ganoderma applanatum	271
Ganoderma leucocontextum	271

Ganoderma lingzhi	272
Ganoderma lucidum	272
Ganoderma tropicum	273
Ganodermataceae	270-273
Geastraceae	253, 254
Geastrales	253, 254
Geastrum saccatum	253
Geastrum triplex	254
Gerhardtia yunnanensis	109
Gomphaceae	256-262
Gomphales	254-263
Gomphidiaceae	233-235
Gomphidius glutinosus	234
Gomphidius roseus	235
Gomphus violaceus	256
Grifola frondosa	274
Grifola umbellata	280
Grifolaceae	274
Guepinia helvelloides	179
Gymnopilus aeruginosus	97
Gymnopilus dilepis	98
Gymnopilus spectabilis	99
Gymnopus confluens	121
Gymnopus dryophilus	122
Gymnopus subnudus	122
Gyromitra infula	19
Gyromitra sichuanensis	20
Gyroporaceae	235, 236
Gyroporus longicystidiatus	235
Gyroporus paramjitii	236
H	
Harrya chromipes	194
Harrya moniliformis	195
Hebeloma angustilamellatum	100
Hebeloma parvisporum	101
Heimioporus gaojiaocong	195
Heimioporus japonicus	196
Helotiales	15
Helvella acetabulum	21
Helvella involuta	21
Helvella oblongispora	22
Helvella orienticrispa	22
Helvella pseudoreflexa	23
Helvella rugosa	23
Helvella sublactea	24
Helvella zhongtiaoensis	24
Helvellaceae	21-24
Hemileccinum albidum	197
Hericiaceae	288
Hericium yumthangense	288
Hohenbuehelia petaloides	135
Hortiboletus amygdalinus	197
Hortiboletus subpaludosus	198

Hourangia cheoi	199	*Lactarius castaneus*	292	*Lepiota cristata*	58
Hourangia nigropunctata	200	*Lactarius chichuensis*	293	*Lepiota cristatanea*	58
Humaria hemisphaerica	30	*Lactarius cinnamomeus*	294	*Lepiota furfuraceipes*	59
Hydnaceae	245-253	*Lactarius deliciosus*	294	*Lepista irina*	166
Hydnangiaceae	88-92	*Lactarius deterrimus*	295	*Lepista nuda*	167
Hydnellum aurantiacum	339	*Lactarius gracilis*	295	*Lepista sordida*	167
Hydnotrya laojunshanensis	20	*Lactarius hatsudake*	296	*Leucoagaricus meleagris*	59
Hydnum berkeleyanum	252	*Lactarius hengduanensis*	296	*Leucoagaricus nivalis*	60
Hydnum repandum	253	*Lactarius hirtipes*	297	*Leucoagaricus subpurpureolilacinus*	60
Hygrocybe firma	92	*Lactarius laccarioides*	297	*Leucocoprinus birnbaumii*	61
Hygrophoraceae	92-95	*Lactarius lignicola*	298	*Leucocoprinus cretaceus*	61
Hygrophoropsidaceae	236	*Lactarius luridus*	298	*Lichenomphalia hudsoniana*	95
Hygrophoropsis aurantiaca	236	*Lactarius orientiliquietus*	299	Lycoperdaceae	105, 106
Hygrophorus annulatus	93	*Lactarius pallidizonatus*	300	*Lycoperdon fusiforme*	105
Hygrophorus deliciosus	94	*Lactarius pseudofragilis*	301	*Lycoperdon perlatum*	106
Hygrophorus parvirussula	94	*Lactarius pseudohatsudake*	301	Lyophyllaceae	107-116
Hymenochaetaceae	264	*Lactarius scrobiculatus*	302	*Lyophyllum deliberatum*	110
Hymenochaetales	264	*Lactarius sinozonarius*	303	*Lyophyllum fumosum*	110
Hymenogastraceae	96-101	*Lactarius subindigo*	304	*Lyophyllum infumatum*	110
Hypholoma fasciculare	147	*Lactarius torminosus*	304	*Lyophyllum semitale*	111
Hypocreales	15-18	*Lactarius trivialis*	305	*Lyophyllum shimeji*	111
Hypocrella bambusae	15	*Lactifluus deceptivus*	306	*Lysurus mokusin*	267
Hypoxylaceae	46	*Lactifluus dwaliensis*	307		
Hysterangiales	265	*Lactifluus echinatus*	307	**M**	
		Lactifluus gerardii	308	*Macrocybe gigantea*	78
I		*Lactifluus ochrogalactus*	308	*Macrocystidia cucumis*	117
Imleria obscurebrunnea	201	*Lactifluus pilosus*	309	Macrocystidiaceae	117
Imleria subalpina	201	*Lactifluus pinguis*	309	*Macrolepiota subcitrophylla*	62
Incertae sedis	163-175, 179	*Lactifluus piperatus*	310	*Macrolepiota velosa*	62
Infundibulicybe alkaliviolascens	165	*Lactifluus pseudohygrophoroides*	310	Marasmiaceae	117, 118
Infundibulicybe squamulosa	166	*Lactifluus tenuicystidiatus*	311	*Marasmius macrocystidiosus*	117
Inocybaceae	102-104	*Lactifluus tropicosinicus*	312	*Marasmius purpureostriatus*	118
Inocybe calamistrata	102	*Lactifluus versiformis*	312	*Melanophyllum haematospermum*	63
Inocybe caroticolor	103	Laetiporaceae	274, 275	Meruliaceae	276
Inocybe geophylla	103	*Laetiporus ailaoshanensis*	274	*Microporus xanthopus*	279
Inocybe lutea	104	*Laetiporus zonatus*	275	*Microstoma floccosum*	36
		Lanmaoa asiatica	202	*Morchella galilaea*	25
K		*Leccinellum sinoaurantiacum*	202	*Morchella importuna*	26
Kobayasia nipponica	266	*Leccinum scabrum*	203	Morchellaceae	25, 26
Kuehneromyces mutabilis	148	*Leccinum versipelle*	203	*Mucilopilus paracastaneiceps*	204
		Lentaria uncispora	263	*Multifurca pseudofurcata*	313
L		Lentariaceae	263	*Multifurca roxburghii*	314
Laccaria alba	88	*Lentinula edodes*	123	*Multifurca zonaria*	315
Laccaria aurantia	89	*Lentinus arcularius*	277	*Mycena auricoma*	121
Laccaria fulvogrisea	90	*Lentinus sajor-caju*	278	Mycenaceae	119-121
Laccaria moshuijun	90	*Lentinus squarrosulus*	278	*Myxomphalia maura*	168
Laccaria vinaceoavellanea	91	*Leotia lubrica*	18		
Laccaria yunnanensis	92	Leotiaceae	18	**N**	
Lacrymaria lacrymabunda	143	Leotiales	18	*Naematelia aurantialba*	343
Lactarius abieticola	289	Lepidostromataceae	266	Naemateliaceae	343
Lactarius akahatsu	289	Lepidostromatales	266	*Neoboletus brunneissimus*	204
Lactarius alpinihirtipes	290	*Lepiota brunneolilacea*	56	*Neoboletus flavidus*	205
Lactarius aquizonatus	290	*Lepiota clypeolaria*	56	*Neoboletus magnificus*	206
Lactarius brachycystidiatus	291	*Lepiota coloratipes*	57	*Neoboletus obscureumbrinus*	206

Neoboletus rubriporus	207	
Neoboletus sanguineoides	208	
Neoboletus sanguineus	209	
Neoboletus thibetanus	209	

O

Omphalia lapidescens	169
Omphalotaceae	121-123
Omphalotus flagelliformis	123
Ophiocordyceps highlandensis	16
Ophiocordyceps laojunshanensis	17
Ophiocordyceps sinensis	18
Ophiocordycipitaceae	16-18
Otidea purpureogrisea	30
Otidea stipitata	31
Otidea subpurpurea	31
Otidea yunnanensis	32
Oudemansiella raphanipes	130
Oudemansiella submucida	130
Oudemansiella yunnanensis	131

P

Pachyma hoelen	269
Panaceae	276
Panaeolus cinctulus	169
Panaeolus papilionaceus	170
Panaeolus semiovatus	170
Paralepista flaccida	171
Parasola plicatilis	143
Paraxerula ellipsospora	131
Paxillaceae	237
Paxillus orientalis	237
Peziza badia	27
Peziza limnaea	27
Peziza varia	28
Pezizaceae	27, 28
Pezizales	1-42
Phacidiaceae	43
Phacidiales	43
Phaeocollybia purpurea	101
Phaeotremella yunnanensis	344
Phallaceae	266-269
Phallales	266-269
Phallogaster saccatus	265
Phallogastraceae	265
Phallus dongsun	267
Phallus haitangensis	268
Phallus rubrovolvatus	268
Phallus rugulosus	269
Phillipsia chinensis	37
Phillipsia domingensis	37
Phlebopus portentosus	232
Phlogiotis helvelloides	179
Pholiota aurivella	149

Pholiota lenta	149
Pholiota lubrica	150
Pholiota microspora	151
Pholiota nameko	151
Pholiota squarrosoadiposa	152
Phylloporus bellus	210
Phylloporus imbricatus	210
Phylloporus luxiensis	211
Physalacriaceae	124-134
Picipes badius	279
Pisolithus arhizus	239
Pisolithus tinctorius	239
Plectania rhytidia	39
Plectania yunnanensis	39
Pleosporales	44
Plcurotaceae	135-137
Pleurotus flabellatus	136
Pleurotus giganteus	136
Pleurotus pulmonarius	137
Pluteaceae	137-140
Pluteus thomsonii	137
Pluteus variabilicolor	138
Podoserpula ailaoshanensis	176
Podosordaria nigripes	47
Polyozellus multiplex	341
Polyporaceae	277-281
Polyporales	269-282
Polyporus umbellatus	280
Porphyrellus porphyrosporus	211
Protostropharia semiglobata	153
Psathyrella candolleana	144
Psathyrellaceae	140-144
Pseudoclitocybaceae	145
Pseudoclitocybe cyathiformis	145
Pseudosperma citrinostipes	104
Pulveroboletus brunneopunctatus	212
Pulveroboletus macrosporus	213
Pycnoporus cinnabarinus	281
Pyronemataceae	29-32

R

Ramaria asiatica	257
Ramaria botrytis	258
Ramaria distinctissima	259
Ramaria ephemeroderma	259
Ramaria hemirubella	260
Ramaria linearis	260
Ramaria luteoaeruginea	261
Ramaria rubriattenuipes	261
Ramaria sanguinipes	262
Ramaria zebrispora	262
Retiboletus fuscus	213
Retiboletus kauffmanii	214
Rhizina undulata	33

Rhizinaceae	33
Rhizopogon jiyaozi	237
Rhizopogon sinoalbidus	238
Rhizopogonaceae	237, 238
Rhodotus asperior	132
Rhytismatales	45
Royoungia reticulata	214
Rugiboletus brunneiporus	215
Rugiboletus extremiorientalis	216
Russula amethystina	316
Russula atroaeruginea	316
Russula aureorubra	317
Russula bella	317
Russula brevipes	318
Russula castanopsidis	319
Russula chiui	320
Russula compacta	321
Russula cyanoxantha	322
Russula densifolia	323
Russula emetica	324
Russula griseocarnosa	325
Russula japonica	326
Russula laurocerasi	326
Russula lepida	331
Russula maguanensis	327
Russula nigricans	328
Russula nigrovirens	329
Russula pseudopectinatoides	329
Russula punctipes	330
Russula purpureogracilis	331
Russula rosea	331
Russula senecis	330
Russula shingbaensis	332
Russula sichuanensis	333
Russula subnigricans	333
Russula substriata	334
Russula thindii	335
Russula vesca	336
Russula vinosobrunneola	337
Russula virescens	337
Russula viridirubrolimbata	338
Russulaceae	289-338
Russulales	283-338

S

Sanguinoderma rugosum	273
Sarcodon imbricatus	339
Sarcodon lidongensis	340
Sarcodon scabrosus	341
Sarcomyxa edulis	146
Sarcomyxaceae	146
Sarcoscypha mesocyatha	38
Sarcoscypha shennongjiana	38
Sarcoscyphaceae	33-39

Sarcosphaera coronaria	28	
Schizophyllaceae	146	
Schizophyllum commune	146	
Scleroderma areolatum	239	
Scleroderma flavidum	240	
Scleroderma yunnanense	240	
Sclerodermataceae	239, 240	
Shiraia bambusicola	44	
Shiraiaceae	44	
Singerocybe alboinfundibuliformis	171	
Singerocybe humilis	172	
Sparassidaceae	282	
Sparassis latifolia	282	
Sparassis subalpina	282	
Spathularia flavida	45	
Spodocybe rugosiceps	95	
Strobilomyces alpinus	217	
Strobilomyces cingulatus	217	
Strobilomyces densisquamosus	218	
Strobilomyces echinocephalus	219	
Strobilomyces mirandus	219	
Strobilomyces seminudus	220	
Strobilurus luchuensis	132	
Strobilurus orientalis	133	
Stropharia rugosoannulata	153	
Strophariaceae	147-153	
Suillaceae	241-244	
Suillellus subamygdalinus	220	
Suillus alpinus	241	
Suillus americanus	242	
Suillus phylopictus	243	
Suillus pinetorum	243	
Suillus placidus	244	
Suillus viscidus	244	
Sulzbacheromyces sinensis	266	
Sutorius alpinus	221	
T		
Tapinella atrotomentosa	245	
Tapinellaceae	245	
Tarzetta catinus	40	
Tarzettaceae	40	
Tengioboletus fujianensis	221	
Termitomyces bulborhizus	112	
Termitomyces clypeatus	112	
Termitomyces eurhizus	113	
Termitomyces globulus	114	
Termitomyces heimii	114	
Termitomyces microcarpus	115	
Termitomyces striatus	115	
Thelephora aurantiotincta	342	
Thelephora ganbajun	342	
Thelephora terrestris	343	
Thelephoraceae	341-343	
Thelephorales	338-343	
Trametes versicolor	281	
Tremella cerebriformis	345	
Tremella flava	345	
Tremella fuciformis	346	
Tremellaceae	344-346	
Tremellales	343-346	
Tremellodendropsidaceae	347	
Tremellodendropsidales	347	
Tremellodendropsis tuberosa	347	
Trichaleurina tenuispora	32	
Tricholoma bakamatsutake	154	
Tricholoma cingulatum	155	
Tricholoma equestre	155	
Tricholoma highlandense	156	
Tricholoma matsutake	156	
Tricholoma muscarioides	157	
Tricholoma olivaceoluteolum	157	
Tricholoma orientifulvum	158	
Tricholoma saponaceum	158	
Tricholoma sinoacerbum	159	
Tricholoma sinopardinum	159	
Tricholoma sinoportentosum	160	
Tricholoma stans	160	
Tricholoma terreum	161	
Tricholoma vaccinum	161	
Tricholomataceae	154-161	
Tricholomopsis decora	173	
Tricholomopsis yunnanensis	174	
Tricholyophyllum brunneum	116	
Trogia infundibuliformis	174	
Trogia venenata	175	
Tubariaceae	162	
Tuber indicum	41	
Tuber lijiangense	42	
Tuberaceae	40-42	
Turbinellus parvisporus	257	
Turbinellus szechwanensis	256	
Tylopilus aurantiacus	222	
Tylopilus neofelleus	223	
Tylopilus virescens	224	
U		
Ustilaginaceae	347	
Ustilaginales	347	
Ustilago esculenta	347	
V		
Veloporphyrellus alpinus	224	
Veloporphyrellus pseudovelatus	225	
Volvariella bombycina	138	
Volvariella morozovae	139	
Volvariella subtaylor	139	
Volvopluteus gloiocephalus	140	
W		
Wynnea gigantea	42	
Wynneaceae	42	
X		
Xerocomellus communis	225	
Xerocomellus corneri	226	
Xerocomus fraternus	226	
Xerocomus fulvipes	227	
Xerocomus microcarpoides	228	
Xerocomus rugosellus	228	
Xerocomus velutinus	229	
Xerocomus yunnanensis	229	
Xerula sinopudens	134	
Xerula strigosa	134	
Xylaria nigripes	47	
Xylariaceae	46, 47	
Xylariales	46, 47	
Z		
Zangia erythrocephala	230	
Zangia olivacea	230	
Zangia olivaceobrunnea	231	
Zangia roseola	231	
Zhuliangomyces ochraceoluteus	76	
Zhuliangomyces olivaceus	76	

A

abieticola, Coltricia	264
abieticola, Lactarius	289
acetabulum, Helvella	21
aeruginosus, Gymnopilus	97
Agaricaceae	49-63
Agaricales	49-175
ailaoshanensis, Laetiporus	274
ailaoshanensis, Podoserpula	176
akahatsu, Lactarius	289
alba, Laccaria	88
Albatrellaceae	283-286
albida, Clitopilopsis	83
albidum, Hemileccinum	197
alboinfundibuliformis, Singerocybe	171
albolanaripes, Floccularia	165
alkaliviolascens, Infundibulicybe	165
alpinihirtipes, Lactarius	290
alpinus, Strobilomyces	217
alpinus, Suillus	241
alpinus, Sutorius	221
alpinus, Veloporphyrellus	224
Amanitaceae	64-76
americanus, Suillus	242
amethystina, Russula	316
amplus, Clavariadelphus	254
amygdalinus, Hortiboletus	197
Amylocorticiaceae	176
Amylocorticiales	176
angusticystidiata, Chiua	192
angustilamellatum, Hebeloma	100
annulatus, Hygrophorus	93
applanatum, Ganoderma	271

applanatus, Cantharellus	245
aquizonatus, Lactarius	290
arcularius, Favolus	277
arcularius, Lentinus	277
areolatum, Scleroderma	239
arhizus, Pisolithus	239
Ascomycota	14
asiatica, Lanmaoa	202
asiatica, Ramaria	257
asperior, Rhodotus	132
asperum, Echinoderma	55
asprata, Cyptotrama	125
atramentaria, Coprinopsis	140
atroaeruginea, Russula	316
atrobrunneolus, Craterellus	250
atrotomentosa, Tapinella	245
aurantia, Aleuria	29
aurantia, Laccaria	89
aurantiaca, Hygrophoropsis	236
aurantiacum, Hydnellum	339
aurantiacus, Tylopilus	222
aurantialba, Naematelia	343
aurantiotincta, Thelephora	342
aureorubra, Russula	317
aureus, Craterellus	251
auricoma, Mycena	121
Auriculariaceae	177-179
Auriculariales	177-179
Auriscalpiaceae	286, 287
aurivella, Pholiota	149
austrosinense, Amauroderma	270
austrosinensis, Cantharellus	246
austrosinensis, Foraminispora	270

B

badia, Peziza	27
badius, Picipes	279
bainiugan, Boletus	185
bakamatsutake, Tricholoma	154
bambusae, Hypocrella	15
bambusicola, Shiraia	44
Bankeraceae	338-341
Basidiomycota	48
bella, Russula	317
bellus, Phylloporus	210
berkeleyanum, Hydnum	252
Biannulariaceae	77
birnbaumii, Leucocoprinus	61
bisporus, Agaricus	49
Bolbitiaceae	77
Boletaceae	180-231
Boletales	180-245
Boletinellaceae	232
bombycina, Volvariella	138
Bondarzewiaceae	287
botrytis, Ramaria	258
brachycystidiatus, Lactarius	291
brevipes, Russula	318
brunneiporus, Rugiboletus	215
brunneissimus, Neoboletus	204
brunneolilacea, Lepiota	56
brunneopunctatus, Pulveroboletus	212
brunneum, Tricholyophyllum	116
bulborhizus, Termitomyces	112

C

calamistrata, Inocybe	102

Callistosporiaceae	78	Cudoniaceae	45	*flaccida, Paralepista*	171
candolleana, Psathyrella	144	*cyanoxantha, Russula*	322	*flagelliformis, Omphalotus*	123
Cantharellales	245-253	*cyathiformis, Pseudoclitocybe*	145	*flava, Clavulina*	249
caojizong, Amanita	64			*flava, Tremella*	345
caroticolor, Inocybe	103	**D**		*flavida, Spathularia*	45
castaneus, Lactarius	292	*daliensis, Agaricus*	49	*flavidum, Scleroderma*	240
castanopsidis, Russula	319	*deceptivus, Lactifluus*	306	*flavidus, Neoboletus*	205
catenarius, Aureoboletus	180	*decolorata, Calocybe*	107	*flavipes, Amanita*	66
catinus, Tarzetta	40	*decora, Tricholomopsis*	173	*flavoannulata, Descolea*	77
cerebriformis, Choiromyces	40	*deliberatum, Lyophyllum*	110	*floccosum, Microstoma*	36
cerebriformis, Tremella	345	*delicata, Auricularia*	177	*flocculosipes, Agaricus*	51
chaxingu, Cyclocybe	162	*deliciosus, Hygrophorus*	94	Fomitopsidaceae	269
cheoi, Hourangia	199	*deliciosus, Lactarius*	294	*franzii, Amanita*	66
chichuensis, Lactarius	293	*demangei, Chlorophyllum*	53	*fraternus, Xerocomus*	226
chinensis, Phillipsia	37	*densifolia, Russula*	323	*frondosa, Grifola*	274
chiui, Russula	320	*densisquamosus, Strobilomyces*	218	*frondosus, Cordierites*	15
chromipes, Harrya	194	*deterrimus, Lactarius*	295	*fuciformis, Tremella*	346
cinctulus, Panaeolus	169	*dilepis, Gymnopilus*	98	*fujianensis, Tengioboletus*	221
cinerea, Coprinopsis	141	Diplocystidiaceae	232	*fuliginea, Amanita*	67
cingulatum, Tricholoma	155	Discinaceae	19, 20	*fulvipes, Xerocomus*	227
cingulatus, Strobilomyces	217	*dispansus, Albatrellus*	284	*fulvogrisea, Laccaria*	90
cinnabarinus, Pycnoporus	281	*distinctissima, Ramaria*	259	*fumosum, Lyophyllum*	110
cinnamomeus, Lactarius	294	*domingensis, Phillipsia*	37	*furfuraceipes, Lepiota*	59
citrinoannulata, Amanita	65	*dongsun, Phallus*	267	*fuscus, Retiboletus*	213
citrinostipes, Pseudosperma	104	*dryophilus, Gymnopus*	122	*fusiforme, Lycoperdon*	105
Clavariadelphaceae	254, 255	*duplicatoporus, Aureoboletus*	180	*fusiformis, Clitopilus*	84
Clavicipitaceae	15	*dwaliensis, Lactifluus*	307	*fusisporus, Austroboletus*	183
clypeatus, Termitomyces	112				
clypeolaria, Lepiota	56	**E**		**G**	
coloratipes, Lepiota	57	*echinatus, Lactifluus*	307	*galilaea, Morchella*	25
comatus, Coprinus	55	*echinocephalus, Strobilomyces*	219	*ganbajun, Thelephora*	342
commune, Schizophyllum	146	*edodes, Lentinula*	123	Ganodermataceae	270-273
communis, Xerocomellus	225	*edulis, Sarcomyxa*	146	*gaojiaocong, Heimioporus*	195
compacta, Russula	321	*elegans, Cymatoderma*	276	*garethjonesii, Cookeina*	33
concentrica, Daldinia	46	*ellipsospora, Paraxerula*	131	Geastraceae	253, 254
confluens, Albatrellus	283	*ellisii, Albatrellus*	285	Geastrales	253, 254
confluens, Gymnopus	121	*emetica, Russula*	324	*geophylla, Inocybe*	103
confusus, Chroogomphus	233	*emodensis, Boletellus*	184	*gerardii, Lactifluus*	308
Cordieritidaceae	15	*emodensis, Cortinarius*	79	*gigantea, Macrocybe*	78
Cordycipitaceae	16	*endoxanthus, Agaricus*	50	*gigantea, Wynnea*	42
cornea, Auricularia	177	Entolomataceae	83-88	*giganteus, Aspropaxillus*	154
corneri, Xerocomellus	226	*ephemeroderma, Ramaria*	259	*giganteus, Pleurotus*	136
cornucopioides, Craterellus	251	*equestre, Tricholoma*	155	*glabra, Cyptotrama*	126
coronaria, Sarcosphaera	28	*erythrocephala, Zangia*	230	*globulus, Termitomyces*	114
Cortinariaceae	78-81	*esculenta, Ustilago*	347	*gloiocephalus, Volvopluteus*	140
Crepidotaceae	82	*eurhizus, Termitomyces*	113	*glutinis, Cibaomyces*	124
cretaceus, Leucocoprinus	61	*extremiorientalis, Rugiboletus*	216	*glutinosus, Gomphidius*	234
crispus, Clitopilus	83			Gomphaceae	256-262
cristata, Clavulina	249	**F**		Gomphales	254-263
cristata, Lepiota	58	*farinosa, Amanita*	65	Gomphidiaceae	233-235
cristatanea, Lepiota	58	*fasciculare, Hypholoma*	147	*gracilis, Lactarius*	295
cristatus, Albatrellus	284	*filiformis, Flammulina*	128	*granulosum, Cystoderma*	164
croceus, Cortinarius	78	*firma, Hygrocybe*	92	Grifolaceae	274
cucumis, Macrocystidia	117	*flabellatus, Pleurotus*	136	*griseocarnosa, Russula*	325

griseofolia, Amanita	67	
griseopantherina, Amanita	68	
gymnopus, Amanita	68	
Gyroporaceae	235, 236	

H

haematospermum, Melanophyllum	63
haitangensis, Phallus	268
hanthanaensis, Agaricus	52
hatsudake, Lactarius	296
heimii, Termitomyces	114
heimuer, Auricularia	178
Helotiales	15
Helvellaceae	21-24
helvelloides, Guepinia	179
helvelloides, Phlogiotis	179
hemirubella, Ramaria	260
hemisphaerica, Humaria	30
hengduanensis, Lactarius	296
Hericiaceae	288
highlandense, Tricholoma	156
highlandensis, Ophiocordyceps	16
himalayensis, Clavariadelphus	255
hirtipes, Lactarius	297
hoelen, Pachyma	269
hudsoniana, Lichenomphalia	95
humilis, Singerocybe	172
Hydnaceae	245-253
Hydnangiaceae	88-92
hygrometricus, Astraeus	232
Hygrophoraceae	92-95
Hygrophoropsidaceae	236
Hymenochaetaceae	264
Hymenochaetales	264
Hymenogastraceae	96-101
Hypocreales	15-18
Hypoxylaceae	46
Hysterangiales	265

I

imbricatus, Phylloporus	210
imbricatus, Sarcodon	339
importuna, Morchella	26
incanum, Entoloma	85
Incertae sedis	163-175, 179
indica, Cookeina	34
indicum, Tuber	41
infula, Gyromitra	19
infumatum, Lyophyllum	110
infundibuliformis, Trogia	174
Inocybaceae	102-104
inquinans, Bulgaria	43
insititia, Cookeina	34
involuta, Helvella	21

ionides, Calocybe	107
irina, Lepista	166
japonica, Russula	326
japonicus, Heimioporus	196
jiyaozi, Rhizopogon	237

K

karstomyces, Agaricus	53
kauffmanii, Retiboletus	214
kitamagotake, Amanita	69

L

laccarioides, Lactarius	297
lacrymabunda, Lacrymaria	143
Laetiporaceae	274, 275
laetissimus, Crocinoboletus	193
lagopus, Coprinopsis	141
laojunshanensis, Hydnotrya	20
laojunshanensis, Ophiocordyceps	17
lapidescens, Omphalia	169
latifolia, Sparassis	282
laurocerasi, Russula	326
lenta, Pholiota	149
Lentariaceae	263
Leotiaceae	18
Leotiales	18
lepida, Russula	331
Lepidostromataceae	266
Lepidostromatales	266
leucocontextum, Ganoderma	271
leucomelaena, Boletopsis	338
lidongensis, Sarcodon	340
lignicola, Lactarius	298
lijiangense, Tuber	42
limnaea, Peziza	27
linearis, Ramaria	260
lingzhi, Ganoderma	272
longicystidiatus, Gyroporus	235
lubrica, Leotia	18
lubrica, Pholiota	150
luchuensis, Strobilurus	132
lucidum, Ganoderma	272
luridus, Lactarius	298
lutea, Inocybe	104
luteoaeruginea, Ramaria	261
luxiensis, Phylloporus	211
Lycoperdaceae	105, 106
Lyophyllaceae	107-116

M

Macrocystidiaceae	117
macrocystidiosus, Marasmius	117
macrosporus, Pulveroboletus	213
magnificus, Neoboletus	206

maguanensis, Russula	327
manipularis, Favolaschia	119
Marasmiaceae	117, 118
marginata, Galerina	96
matsutake, Tricholoma	156
maura, Myxomphalia	168
meleagris, Leucoagaricus	59
mellea, Armillaria	124
Meruliaceae	276
mesocyatha, Sarcoscypha	38
microcarpoides, Xerocomus	228
microcarpus, Termitomyces	115
microspora, Pholiota	151
microsporum, Auriscalpium	286
militaris, Cordyceps	16
mirabilis, Aureoboletus	181
mirandus, Strobilomyces	219
mokusin, Lysurus	267
molybdites, Chlorophyllum	54
moniliformis, Harrya	195
Morchellaceae	25, 26
morozovae, Volvariella	139
moshuijun, Laccaria	90
multiplex, Polyozellus	341
murrayi, Entoloma	86
muscarioides, Tricholoma	157
mutabilis, Kuehneromyces	148
Mycenaceae	119-121

N

Naemateliaceae	343
nameko, Pholiota	151
nebularis, Clitocybe	163
neofelleus, Tylopilus	223
nigricans, Russula	328
nigripes, Podosordaria	47
nigripes, Xylaria	47
nigropunctata, Hourangia	200
nigrosquamosus, Cortinarius	79
nigrovirens, Russula	329
nipponica, Kobayasia	266
nivalis, Leucoagaricus	60
nivea, Coprinopsis	142
nuda, Lepista	167

O

oblongispora, Helvella	22
obscurebrunnea, Imleria	201
obscureumbrinus, Neoboletus	206
ochracea, Amanita	69
ochracea, Calocybe	108
ochraceoluteus, Zhuliangomyces	76
ochrogalactus, Lactifluus	308
olivacea, Zangia	230

olivaceobrunnea, Zangia	231	
olivaceoglutinosus, Austroboletus	184	
olivaceoluteolum, Tricholoma	157	
olivaceus, Zhuliangomyces	76,	
omiense, Entoloma	86	
Omphalotaceae	121-123	
Ophiocordycipitaceae	16-18	
orientale, Auriscalpium	287	
orientalis, Paxillus	237	
orientalis, Strobilurus	133	
orienticrispa, Helvella	22	
orientifulva, Amanita	70	
orientifulvum, Tricholoma	158	
orientiliquietus, Lactarius	299	
orientirutilus, Chroogomphus	233	

P

pallidizonatus, Lactarius	300
pallidozonata, Amanita	70
Panaceae	276
panniformis, Caloboletus	191
papilionaceus, Panaeolus	170
paracastaneiceps, Mucilopilus	204
paramjitii, Gyroporus	236
parvipantherina, Amanita	71
parvirussula, Hygrophorus	94
parvisporum, Hebeloma	101
parvisporus, Turbinellus	257
Paxillaceae	237
perlatum, Lycoperdon	106
petaloides, Hohenbuehelia	135
Pezizaceae	27, 28
Pezizales	1-42
Phacidiaceae	43
Phacidiales	43
Phallaceae	266-269
Phallales	266-269
Phallogastraceae	265
phloginus, Cantharellus	246
phylopictus, Suillus	243
Physalacriaceae	124-134
pilosus, Lactifluus	309
pinetorum, Suillus	243
pinguis, Lactifluus	309
piperatus, Lactifluus	310
placidus, Suillus	244
Pleosporales	44
Pleurotaceae	135-137
plicatilis, Parasola	143
Pluteaceae	137-140
Polyporaceae	277-281
Polyporales	269-282
porphyrosporus, Porphyrellus	211
portentosus, Phlebopus	232

praecox, Agrocybe	147
Psathyrellaceae	140-144
Pseudoclitocybaceae	145
pseudofragilis, Lactarius	301
pseudofurcata, Multifurca	313
pseudohatsudake, Lactarius	301
pseudohygrophoroides, Lactifluus	310
pseudopectinatoides, Russula	329
pseudoreflexa, Helvella	23
pseudotomentosus, Chroogomphus	234
pseudovelatus, Veloporphyrellus	225
pulmonarius, Pleurotus	137
punctipes, Russula	330
puniceus, Boletellus	185
purpurea, Phaeocollybia	101
purpureogracilis, Russula	331
purpureogrisea, Otidea	30
purpureostriatus, Marasmius	118
Pyronemataceae	29-32
quadratum, Entoloma	87

R

raphanipes, Oudemansiella	130
ravus, Clitopilus	84
repandum, Hydnum	253
reticulata, Royoungia	214
reticulatus, Crepidotus	82
reticuloceps, Boletus	186
Rhizinaceae	33
Rhizopogonaceae	237, 238
rhytidia, Plectania	39
Rhytismatales	45
rosea, Russula	331
roseoflavus, Butyriboletus	188
roseola, Zangia	231
roseomaculatus, Climacodon	276
roseus, Gomphidius	235
rossica, Flammulina	129
roxburghii, Multifurca	314
rubiginosa, Amanita	71
rubriattenuipes, Ramaria	261
rubriporus, Neoboletus	207
rubroflava, Amanita	72
rubrovolvata, Amanita	72
rubrovolvatus, Phallus	268
rubrus, Butyriboletus	189
rufoaureus, Crocinoboletus	194
rugosa, Clavulina	250
rugosa, Helvella	23
rugosellus, Xerocomus	228
rugosiceps, Clitopilus	85
rugosiceps, Spodocybe	95
rugosoannulata, Stropharia	153
rugosum, Sanguinoderma	273

rugulosus, Phallus	269
Russulaceae	289-338
Russulales	283-338

S

saccatum, Geastrum	253
saccatus, Phallogaster	265
sajor-caju, Lentinus	278
salicaceicola, Cyclocybe	162
sanguineoides, Neoboletus	208
sanguineus, Neoboletus	209
sanguinipes, Ramaria	262
saponaceum, Tricholoma	158
Sarcomyxaceae	146
Sarcoscyphaceae	33-39
scabrosus, Sarcodon	341
scabrum, Leccinum	203
Schizophyllaceae	146
Sclerodermataceae	239, 240
scrobiculatus, Lactarius	302
semiglobata, Protostropharia	153
seminudus, Strobilomyces	220
semiovatus, Panaeolus	170
semitale, Lyophyllum	111
senecis, Russula	330
shennongjiana, Sarcoscypha	38
shimeji, Lyophyllum	111
shingbaensis, Russula	332
Shiraiaceae	44
shiyong, Boletus	187
siamensis, Amanita	73
sichuanensis, Cudonia	45
sichuanensis, Gyromitra	20
sichuanensis, Russula	333
similis, Cortinarius	80
sinensis, Amanita	73
sinensis, Cookeina	35
sinensis, Cryptoporus	277
sinensis, Engleromyces	46
sinensis, Ophiocordyceps	18
sinensis, Sulzbacheromyces	266
sinoacerbum, Tricholoma	159
sinoalbidus, Rhizopogon	238
sinoaurantiacum, Leccinellum	202
sinoedulis, Boletus	187
sinopardinum, Tricholoma	159
sinoportentosum, Tricholoma	160
sinopudens, Xerula	134
sinozonarius, Lactarius	303
sordida, Lepista	167
Sparassidaceae	282
spectabilis, Gymnopilus	99
squamulosa, Infundibulicybe	166
squarrosoadiposa, Pholiota	152

squarrosulus, Lentinus	278	*thomsonii, Pluteus*	137	*vinaceoavellanea, Laccaria*	91
stans, Tricholoma	160	*tibetanus, Albatrellus*	285	*vinosobrunneola, Russula*	337
stipitata, Otidea	31	*tibetica, Auricularia*	178	*violaceofuscus, Boletus*	188
striatus, Termitomyces	115	*tinctorius, Pisolithus*	239	*violaceus, Gomphus*	256
strigosa, Xerula	134	*tonkinensis, Favolaschia*	120	*virens, Chiua*	192
Strophariaceae	147-153	*torminosus, Lactarius*	304	*virescens, Entoloma*	87
subalpina, Imleria	201	*trachodes, Clarkeinda*	54	*virescens, Russula*	337
subalpina, Sparassis	282	Tremellaceae	344-346	*virescens, Tylopilus*	224
subalpinum, Catathelasma	77	Tremellales	343-346	*virgineoides, Amanita*	75
subamygdalinus, Suillellus	220	Tremellodendropsidaceae	347	*viridirubrolimbata, Russula*	338
subcitrophylla, Macrolepiota	62	Tremellodendropsidales	347	*viridula, Chiua*	193
subglobosa, Amanita	74	*tricholoma, Cookeina*	36	*viscidus, Suillus*	244
subhepatica, Fistulina	164	Tricholomataceae	154-161		
subindigo, Lactarius	304	*triplex, Geastrum*	254	**W**	
subjunquillea, Amanita	74	*trivialis, Cortinarius*	81	*weii, Coltricia*	264
sublactea, Helvella	24	*trivialis, Lactarius*	305	Wynneaceae	42
submesenterica, Bondarzewia	287	*tropicosinicus, Lactifluus*	312		
submucida, Oudemansiella	130	*tropicum, Ganoderma*	273	**X**	
subnigricans, Russula	333	*tubaeformis, Craterellus*	252	*xanthopus, Microporus*	279
subnudus, Gymnopus	122	Tubariaceae	162	Xylariaceae	46, 47
subpaludosus, Hortiboletus	198	Tuberaceae	40-42	Xylariales	46, 47
subpurpurea, Otidea	31	*tuberosa, Tremellodendropsis*	347		
subpurpureolilacinus, Leucoagaricus	60			**Y**	
subsanguineus, Cortinarius	80	**U**		*yicibus, Butyriboletus*	190
substriata, Russula	334	*umbellata, Grifola*	280	*yumthangense, Hericium*	288
subtaylor, Volvariella	139	*umbellatus, Polyporus*	280	*yunnanense, Entoloma*	88
Suillaceae	241-244	*uncispora, Lentaria*	263	*yunnanense, Scleroderma*	240
sulciceps, Galerina	97	*undulata, Rhizina*	33	*yunnanensis, Albatrellus*	286
sulphurinus, Crepidotus	82	Ustilaginaceae	347	*yunnanensis, Aureoboletus*	183
szechwanensis, Turbinellus	256	Ustilaginales	347	*yunnanensis, Clavariadelphus*	255
				yunnanensis, Flammulina	129
T		**V**		*yunnanensis, Gerhardtia*	109
tabescens, Armillaria	127			*yunnanensis, Laccaria*	92
tabescens, Desarmillaria	127	*vaccinum, Tricholoma*	161	*yunnanensis, Otidea*	32
Tapinellaceae	245	*vaginatus, Cantharellus*	247	*yunnanensis, Oudemansiella*	131
Tarzettaceae	40	*varia, Peziza*	28	*yunnanensis, Phaeotremella*	344
tenuicystidiatus, Lactifluus	311	*variabilicolor, Pluteus*	138	*yunnanensis, Plectania*	39
tenuipes, Cortinarius	81	*velosa, Macrolepiota*	62	*yunnanensis, Tricholomopsis*	174
tenuispora, Trichaleurina	32	*velutinus, Xerocomus*	229	*yunnanensis, Xerocomus*	229
terrestris, Thelephora	343	*venenata, Trogia*	175		
terreum, Tricholoma	161	*versicolor, Cantharellus*	247	**Z**	
Thelephoraceae	341-343	*versicolor, Trametes*	281	*zangii, Cantharellus*	248
Thelephorales	338-343	*versiformis, Lactifluus*	312	*zebrispora, Ramaria*	262
thibetanus, Aureoboletus	182	*versipelle, Leccinum*	203	*zhongtiaoensis, Helvella*	24
thibetanus, Neoboletus	209	*vesca, Russula*	336	*zonaria, Multifurca*	315
thindii, Russula	335	*villosula, Auricularia*	179	*zonatus, Laetiporus*	275